BOUNDARY ELEMENTS Theory and Applications

境界要素法
―基本と応用―

J.T.カチカデーリス ▶著

田中正隆・荒井雄理 ▶訳

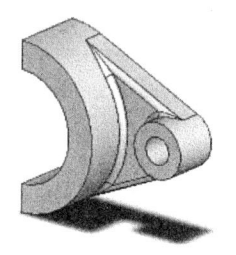

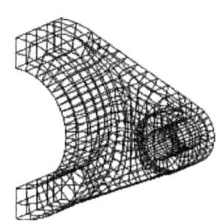

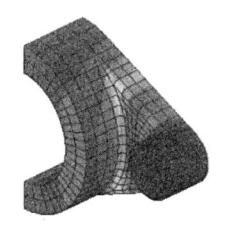

朝倉書店

BOUNDARY ELEMENTS:
Theory and Applications

John T. Katsikadelis
Department of Civil Engineering,
National Technical University of Athens,
Athens, Greece

© 2002 Elsevier Science Ltd. All rights reserved.

This work is protected under copyright by Elsevier Science, and the following terms and conditions apply to its use:

Photocopying
Single photocopies of single chapters may be made for personal use as allowed by national copyright laws. Permission of the Publisher and payment of a fee is required for all other photocopying, including multiple or systematic copying, copying for advertising or promotional purposes, resale, and all forms of document delivery. Special rates are available for educational institutions that wish to make photocopies for non-profit educational classroom use.

Permissions may be sought directly from Elsevier Science Global Rights Department, PO Box 800, Oxford OX5 1DX, UK; phone: (+44) 1865 843830, fax: (+44) 1865 853333, e-mail: permissions@elsevier.co.uk. You may also contact Global Rights directly through Elsevier's home page (http://www.elsevier.com), by selecting 'Obtaining Permissions'.

Derivative Works
Tables of contents may be reproduced for internal circulation, but permission of Elsevier Science is required for external resale or distribution of such material.
Permission of the Publisher is required for all other derivative works, including compilations and translations.

Electronic Storage or Usage
Permission of the Publisher is required to store or use electronically any material contained in this work, including any chapter or part of a chapter.

Except as outlined above, no part of this work may be reproduced, stored in a retrieval system or transmitted in any form or by any means, electronic, mechanical, photocopying, recording or otherwise, without prior written permission of the Publisher.
Address permissions requests to: Elsevier Science Global Rights Department, at the mail, fax and e-mail addresses noted above.

Notice
No responsibility is assumed by the Publisher for any injury and/or damage to persons or property as a matter of products liability, negligence or otherwise, or from any use or operation of any methods, products, instructions or ideas contained in the material herein. Because of rapid advances in the medical sciences, in particular, independent verification of diagnoses and drug dosages should be made.

Author asserts the moral rights.

First edition 2002
ISBN: 0-080-44107-6

This edition of Boundary Elements by John T Katsikadelis is published by arrangement with Elsevier Ltd, The Boulevard, Langford Lane, Kidlington, OX5 1GB, England.

The Japanese translation was undertaken by a control of Asakura Publishing Co., Ltd.

訳者まえがき

　境界要素法 (BEM) は 1980 年代の初めに，差分法 (FDM)，有限要素法 (FEM) に続く「第三の波」として登場し，計算力学の分野に大きなフィーバーを巻き起こしました．この折りに境界要素法に関する多くの本が内外で出版され，国際会議も頻繁に開催されました．本書の訳者である田中もその一角を占めて，執筆や講演や研究発表に多忙な一時期を過ごしました．その後，境界要素法に関するフィーバーが収まり，計算力学の新しいホライズンに向けての模索が多方面にわたり続けられて今日に至っています．しかしながら，境界要素法に関連する国際会議は今でも年に数回も開催されていますし，国際会議等でこの主題に関するオーガナイズド・セッションが盛んに企画されています．また，新しい書籍も引き続き出版されています．本書はそのうちの一冊であり，境界要素法の数学的基礎からわかりやすく解説し，工学分野の具体的問題の解析への応用を示しています．解析プログラムのソースコードを朝倉書店のホームページよりダウンロードすることにより，読者は具体的な問題解決方法を手元のパソコンで確かめながら境界要素法の基本を理解できるようになっています．

　さて，微分方程式を数値的に解くという立場では，3つの解法 (FDM, FEM, BEM) は原理的にどのような問題にも適用できますので，この3つの解法が数値シミュレーションの中心技術として認識されています．しかしながら，それぞれの解法にはそれぞれ長短があって，ある種のフィーバーが収まると，いわば「餅は餅屋に」という状況で棲み分けをするようになっています．差分法は反復計算が避けられない流体流動などの非線形問題を中心に，また有限要素法は販路をさらに広げ線形問題から非線形問題までを取扱えるソフトウェアが充実し，あたかも数値解析手法の「デファクト・スタンダード」のようになっています．これは，正確で信頼できる数値解析を追求する立場からは，誠に嘆かわしい現状と言えるかもしれません．

　市場が縮小していくという状況にあって，境界要素法はその特長が遺憾なく

発揮できる，まさに「知る人ぞ知る」分野に応用されています．地震や騒音，あるいは環境汚染や電磁場などの問題では無限の広がりをもつ媒体中の現象をシミュレーションしなければならず，この問題を厳密に解析できるのは境界要素法しかないことは事実です．また最近は，「メッシュレス解法」と称する解析手法が有限要素法をベースにして盛んに研究されていますが，境界要素法をベースにするなら，さらにエレガントで良好な解法が構築できるように思います．そのため，この点から境界要素法を再評価する動きがすでに始まっています．

さらに境界要素法に希望がもてるのは，高速多重極展開による解法の高速化と高精度化の試みです．多重極展開法は天文学や分子動力学の分野で日常的に用いられていますが，このアイディアを境界要素法と結合すれば，無駄な計算を省略してさらなる大規模計算が可能になります．並列処理化と並んで，境界要素法の今後の発展を支える技術がいま活発に研究されています．

このような「境界要素法の再評価」の時期に，境界要素法の数学的基礎から具体的問題への応用までをわかりやすく記述した本書を翻訳出版できることを嬉しく思います．本書の翻訳が「境界要素法の再評価」を側面から加速することを期待しています．

本書の翻訳は著者からの熱心な働きかけにより実現したと言えます．国際会議でたびたびお会いし昵懇の間柄の著者から本書の原著出版を知らされ，さらに日本語への翻訳を強く依頼されました．翻訳は，原著初版の改訂版となるべき原稿をもとに行うこととし，著者と綿密な打合せをしながら，原著初版に含まれている誤りやわかりにくい表現は可能な限り取り除き，よりわかりやすくするように努力しました．

最後に，翻訳出版を引き受けられ，出版までの作業を根気よくご支援いただいた朝倉書店編集部の皆様に厚くお礼申し上げます．

2004年9月　長野にて

訳者を代表して　田中正隆

まえがき

　最近の30年間は，電子コンピュータが目覚しく進化するとともに，コンピュータの性能が非常に多大で幅広く有効であることが示されてきた．そのことで，コンピュータを駆使した手法の発展が加速され，工学問題への応用，橋から航空機，機械要素からトンネルや人体にわたる幅広い分野における構造物の解析と設計への応用が活発になった．すべての工学分野において「計算 (computational)」を付けて表される，例えば，計算力学，計算流体力学，計算構造力学，計算構造振動学などのような，新しい科学のサブ領域が出現した．有限要素法 (FEM) と境界要素法 (BEM) は最も一般的な計算手法である．FEM は有効な数値解析手法として確立しており，工学分野では最もよく知られているが，BEM はその有効性，精度の高さと計算コストが低いという可能性を示しながら，後発の技術として登場した．

　BEM を一般課程で教える大学はいまなお増え続けているが，学生ばかりでなくエンジニアにも，BEM の根底にある理論と工学問題に対する適用の手助けとなるような教科書が不足している．その本質的な理由は，BEM の課程が主に大学院に設けられており，そのために，数学と工学の根底にある基本概念の大部分が学部の課程において教えられていないからである．このことより，出版されている BEM に関する教科書は，すでにいくらか BEM に関わったことのある科学者もしくは研究者に向けられており，産業界で境界要素法ソフトウェアをこれから用いようとしているエンジニアや BEM を初めて学ぶ学生を対象にして書かれていない．

　この事実により，現在あなたが手にしている本を書くことになったのである．最近25年間での BEM の発展に対する著者の研究，並びに，ギリシャのアテネ国際技術大学の土木工学部で長年にわたり BEM 課程で教鞭をとったことで得られた経験をもとにして，この本を記述した．著者のねらいは，エンジニアだけでなく学生にも BEM を理解しやすくすることであった．そのために，そのような方法で題材を表し，系統立てることに努めた．そのため，本書は"読者にとって親しみやすい"，そして簡単に内容を理解してもらうように，学生が学部生のうちで学ぶ数学と力学のみを考慮に入れている．この努力の結果，学生には馴染みのない数学の理論を極力少なくする方法で様々な支配微分方程式に対する境界積分方程式の導出や，解の積分表現，基本解の導出を含む種々の面で斬新な方法で BEM を説明する方法をとった．著者の研究や文献から表示式をそのまま引用するのは簡単であるが，本書では添字記号やテンソル記号を用いなかった．その制約にもかかわらず，本書を完璧なものとし，読者自身が理論を十分展開できるように，必要とされるすべての数学的予備知識は記述してある．

本書の執筆にあたって，BEM をより詳しく完全に理解してもらうために必要とされる題目は強調して説明しておいた．それらの題目は以下のとおりである：
- (i) 物理問題の定式化．
- (ii) 支配微分方程式と境界条件によって表現される数学問題(境界値問題)の定式化．
- (iii) 微分方程式の境界積分方程式への変換．この題目により，特解，いわゆる基本解がどのように利用されるか，そしてその関数の特異な挙動を読者に馴染ませることができる．
- (iv) 領域積分の境界線積分への変換，あるいは純粋な境界積分方程式を得るための領域積分の除去．
- (v) 境界積分方程式の数値解．この題目は本書の重要な部分を占めているが，現実的な工学問題を解くための強力な計算手法となる BEM のプログラミングを取扱う．その内容は，境界の境界要素への分割，形状のモデリング，境界値の近似，並びに，通常または特異線積分の評価技術，および一般に実際の問題を線形代数方程式系で近似する手法である．
- (vi) 様々な問題に対する数値解析を実行する FORTRAN プログラムの詳細な記述．読者にはプログラムに関する必要な情報と，どのように扱うかという情報が準備されているため，読者自身で本書に含まれている問題以外に対して BEM に基づいたコンピュータプログラムを作成することが可能である．
- (vii) 代表的な問題に対する前述のコンピュータプログラムの使用と，それに対応する物理系の挙動の考察．

本書を通して，すべての基本概念は，例題について詳細に検討し必要なすべての説明を補足する方法で示される．さらに，本書のそれぞれの章には問題の解き方が豊富に盛り込まれている．これらの問題には 3 つの目的が込められている．そのうちの 1 つは，本書に記述されている理論をより良く，簡単にその適用を理解してもらうことである．もう 1 つは，より難しく，より拡張された理論を必要とする特別な場合における基本概念を理解してもらうことであり，そして最後の 1 つは小さな課題ではあるが，学生に BEM プログラムの開発とプログラム［訳注：日本語版では朝倉書店のホームページからダウンロードして利用することができる．以下同じ］に慣れてもらうことである．

上記の後者の問題は特に重要で，学生が，現実の工学問題を解くための手法として BEM は非常に効果的かつ有効であることを理解する手助けとなる．これらの問題を通して，BEM がとても強力な数値解析手法であって，物理学問題を取扱う別の理論的アプローチではないということを認識できる．著者が BEM を教えることで得た経験から，この種の問題を学生が最も好むことがわかっている．自分のもつ知識を集積して BEM を理解したと確信できるので，学生たちは楽しんで問題を解く．

本書で紹介しているサンプルプログラムは，幅広い問題の解析に用いることができる．その中には，一般的なポテンシャル問題，ねじり問題，熱伝導問題，膜や板の横変形問題，非圧縮性流体の流れ，等方性または異方性，均質または非均質物体，並び

に単連結または多重連結の2次元弾性問題がある．応用が変化に富んでいるので，幅広い分野のエンジニアに有益である．本書が読者に，簡単，円滑，かつ好ましい方法でBEMを紹介し，BEMが工学問題を解くための近代的でロバストな計算手法であるという認識を普及させるようになることを望んでいる．

最後に，著者の以前の学生でテキサスA&M大学の客員助教授Filis Kokkinos博士に感謝する．本書の原稿を注意深く読んでいただき，構成の変更に対して的確な意見を述べていただいた，Filis Kokkinos博士の批評とコメントにはとても感謝している．また，数値解析結果の確認といくつかの式を導出してくれた，私の研究室の博士課程学生G.C. Tsiatas氏にも感謝する．

2002年1月

J.T. Katsikadelis

日本語版によせて

　境界要素法は実用上の工学問題を解くための強力な計算手法として疑う余地がないものとなった．この解法以外にも，例えば領域型解法として，差分法や有限要素法などが計算手法として確立している．本書は，20世紀の最後の四半世紀の間での世界各国の多数の研究者らのたゆまない研究に対する答えであり，現在の日本のエンジニアや科学者らが導いてくれたものも含んでいる．

　本書は境界要素法とその背景にある基本的な理論をはっきりさせること，その数値的応用と種々の工学問題への適用を目的として書かれたものである．本書は，読者に親しみやすい境界要素法の入門書として，内容を簡単に理解できるよう構成されており，工学を学ぶ学生やエンジニアを対象にしたものでもある．

　私は，2002年にElsevier出版社により英語で発行された"*Boundary Elements: Theory and Applications*"が日本語に翻訳されるのを大変誇りに思う．しかもその翻訳が，境界要素法の発展に貢献してきた第一人者である信州大学工学部の田中正隆教授の下で行われたことに大変感謝している．この機会に彼の努力に厚くお礼を申し上げる．

　私は，本書が日本での境界要素法のさらなる普及に大きく貢献することを，また日本の研究心おう盛な学生達に歓迎されることを希望している．

　最後に，本書の翻訳出版を引き受けてくれた朝倉書店に心から感謝の意を表する．

　2004年1月　アテネにて

J.T. Katsikadelis

目　次

1. 境界要素法概論 ……………………………………………………………… **1**
　1.1　はじめに ………………………………………………………………… 1
　1.2　境界要素法と有限要素法 ……………………………………………… 2
　1.3　BEMの発展史 …………………………………………………………… 4
　1.4　本書の構成 ……………………………………………………………… 7
　1.5　サンプルプログラムについて ………………………………………… 8
　1.6　参 考 文 献 ……………………………………………………………… 8

2. 数学的予備知識 ……………………………………………………………… **12**
　2.1　はじめに ………………………………………………………………… 12
　2.2　Gauss-Greenの定理 …………………………………………………… 12
　2.3　Gaussの発散定理 ……………………………………………………… 14
　2.4　Greenの第2公式 ……………………………………………………… 14
　2.5　随伴作用素 ……………………………………………………………… 15
　2.6　Diracデルタ関数 ……………………………………………………… 16
　2.7　お わ り に ……………………………………………………………… 20

3. 2次元ポテンシャル問題に対する境界要素法 …………………………… **22**
　3.1　はじめに ………………………………………………………………… 22
　3.2　基 本 解 ………………………………………………………………… 23
　3.3　Laplace方程式に対するBEMの直接法 …………………………… 25
　3.4　Poisson方程式に対するBEMの直接法 …………………………… 29
　　3.4.1　Greenの恒等式を適用する方法 ……………………………… 29
　　3.4.2　Poisson方程式をLaplace方程式に変換する方法 ………… 29
　3.5　領域積分の境界積分への変換 ………………………………………… 31
　3.6　異方性体のポテンシャル問題に対するBEM ……………………… 33
　　3.6.1　解の積分表示式 ………………………………………………… 33
　　3.6.2　基 本 解 ………………………………………………………… 34
　　3.6.3　境界積分方程式 ………………………………………………… 36
　3.7　お わ り に ……………………………………………………………… 37

4. BEM の数値解析プログラム … 40
- 4.1 はじめに … 40
- 4.2 一定要素を用いた BEM … 42
- 4.3 線積分の評価 … 45
- 4.4 領域積分の評価 … 48
- 4.5 Poisson 方程式に対する2重相反法 … 49
- 4.6 一定要素を用いて Laplace 方程式を解くプログラム LABECON … 52
- 4.7 複数の境界を有する領域 … 65
- 4.8 複数の境界をもつ領域に対するプログラム LABECONMU … 66
- 4.9 領域分割法 … 70
- 4.10 おわりに … 75

5. 境界要素の解析技術 … 78
- 5.1 はじめに … 78
- 5.2 線形要素 … 79
- 5.3 線形要素を用いる BEM … 83
- 5.4 線形要素上の線積分の評価 … 87
  - 5.4.1 外側積分 … 87
  - 5.4.2 内側積分 … 89
  - 5.4.3 影響係数対角項の間接的評価 … 97
- 5.5 高次要素 … 98
- 5.6 疑似特異積分 … 104
- 5.7 おわりに … 107

6. 境界要素法の応用 … 111
- 6.1 はじめに … 111
- 6.2 非円形断面棒のねじり … 111
  - 6.2.1 ゆがみ関数 … 111
  - 6.2.2 応力の評価 … 120
  - 6.2.3 一定要素を用いてねじり問題を解くプログラム TORSCON … 121
  - 6.2.4 異方性材のねじり … 128
- 6.3 弾性膜のたわみ … 130
- 6.4 単純支持板の曲げ問題 … 134
- 6.5 熱伝導問題 … 136
- 6.6 流体流れの問題 … 141
- 6.7 結論 … 146
- 6.8 おわりに … 147

7. 2次元静弾性問題に対する BEM — 151
- 7.1 はじめに — 151
- 7.2 平面弾性の式 — 151
  - 7.2.1 平面ひずみ — 151
  - 7.2.2 平面応力 — 157
- 7.3 Betti の相反恒等式 — 159
- 7.4 基本解 — 160
- 7.5 単位集中力による応力 — 165
- 7.6 単位集中力による境界の表面力 — 165
- 7.7 解の積分表示 — 166
- 7.8 境界積分方程式 — 168
- 7.9 応力の積分表示式 — 172
- 7.10 境界積分方程式の数値解 — 173
  - 7.10.1 未知境界量の評価 — 173
  - 7.10.2 物体内部の変位の評価 — 175
  - 7.10.3 物体内部の応力の評価 — 175
  - 7.10.4 境界上の応力の評価 — 176
- 7.11 物体力 — 177
  - 7.11.1 直接の数値的評価 — 177
  - 7.11.2 特解を用いた評価 — 177
  - 7.11.3 領域積分の境界積分への変換 — 179
- 7.12 一定要素による平面性弾性問題を解くプログラム ELBECON — 181
- 7.13 おわりに — 202

A. r の導関数 — 207

B. Gauss 数値積分 — 209
- B.1 正則関数の Gauss 積分 — 209
- B.2 対数特異性を有する積分 — 216
- B.3 正則関数の2重積分 — 216
  - B.3.1 長方形領域に対する Gauss 積分 — 217
  - B.3.2 三角形領域に対する Gauss 積分 — 218
- B.4 2重特異積分 — 223
  - B.4.1 Laplace 方程式に対する基本解の領域積分 — 224
  - B.4.2 Navier の方程式に対する基本解の領域積分 — 225
- B.5 参考文献 — 225

目次

演習問題の解法 ……………………………………………………………… 227

索　引 ……………………………………………………………………… 237

```
┌─── ● サンプルプログラムについて ───────────────┐
│                                                    │
│  本書では演習用としてFORTRAN言語で記述されたサン  │
│  プルプログラムを利用します（1.5節参照）．サンプルプログ │
│  ラムは以下のサイトよりダウンロードすることができます． │
│      朝倉書店ホームページ http://www.asakura.co.jp より │
│  〔図書目録索引〕→〔14.機械工学〕→〔機械工学一般〕 │
│  →〔境界要素法〕と進み，「ダウンロード」ボタンをクリッ │
│  クして下さい．                                    │
└────────────────────────────────────┘
```

1 境界要素法概論

1.1 はじめに

　境界要素法 (BEM = Boundary Element Method) が計算力学の分野において魅力的な数値解析手法となった 25 年前から，この手法に関していくつかの本が出版されてきた [1–15]．これらの本はその近代的な解析手法の理論的な背景と数値的応用を記している．したがって，「このトピックスに関してさらにもう 1 冊本を書く目的は何か？」という疑問が生じるのは当然であろう．それについての答えはきわめて簡単である．現在出版されているすべての本は解析手法を包括的に記述しているが，大抵の部分は簡潔に記されている．つまりそれらは科学的利用のため，とりわけすでにその手法に関わっている科学者向けに書かれたものであり，初めて BEM を学ぶ学生向けではないと言えよう．工学問題を解くための近代的手法として，BEM は本来エンジニアを対象にしているので，彼らに理解されるように記述されていなければならない．高等数学を駆使すると工学問題を解くための便利な手段としてより，応用数学の一つの課題として境界要素法を考えることになりがちであることを常に心にとどめておかないといけない．例えば，テンソルを使えば簡潔で上品な定式化ができるが，それをすれば工学を学ぶ学生を片隅に追いやってしまう．このために，あなたが手にしているこの本は BEM について記述し，微分積分学と数値積分の基礎知識を結合させることだけですべての必要な方程式を導出している．この本の範囲は，BEM をわかりやすく記述し，解法のすべてを深く学ぶのではなく，簡単な問題に対する適用にとどめる．支配微分方程式が 2 次元 Laplace 方程式または Poisson 方程式で与えられる境界値問題や平面弾性問題について説明する．この本のかなりの部分で，BEM の数値プログラミングとそれの工学問題への適用を記述している．すべての場合において，数値解析プログラムは FORTRAN 言語で書かれている．これらのプログラムは工学上重要な問題を解くが，決して専門的ではなく教育的なものである．主として，プログラムの開発に求められる論理的段階を記述し，読者を BEM ソフトウェア開発に慣れさせてくれる．今あなたが手にするこの本が，学生達と同様に現場の技術者たちに BEM を理解する手助けになること，そしてこの本が提供するコンピュータプログラムまたは自作のプログラムを，直面している問題に適用する手助けになることを期待する．

加えて，著者は BEM が最先端の計算手法として世に広く受け入れられることにこの本が貢献することを信じてやまない．

1.2 境界要素法と有限要素法

境界要素法 (BEM) は，力学系の挙動，とりわけ外力が作用している工学的構造物を解析するための技術である．負荷という用語がここでは一般的意味で使われており，系 (温度場，変位場，応力場など) の応答を記述する 0 でない場の関数を生じさせる外的要因を意味する．そしてそれは熱，表面力，物体力あるいは非均質の境界条件 (すなわち支点が沈むような境界条件) などである．

構造物の挙動の研究は，今日ではコンピュータを使用して行われている．その理由ははっきりとしており，数値シミュレーションの方が実験によるシミュレーションよりもコストが低いからである．数値モデル化は負荷を受ける構造や幾何学的構造など幅広い分野の研究に用いることができ，建設を進める前に最適設計解を決定することにも用いることができる．

最近 30 年間で構造物の数値解析に用いられた手法は，主に有限要素法 (FEM = Finite Element Method) であった．実際 FEM は現実的工学問題を解いてきた．すなわち，2 次元あるいは 3 次元における，任意の形状，任意の負荷，線形または非線形的挙動を伴う構成式の変化などの構造要素の解析である．当然のことながら，FEM は最近 30 年間，近代的な解析ツールとして価値をもってきた．「すでに FEM が工学的問題を解く手法としてあるのに，なぜ BEM を必要とするのか？」という当然の疑問がある．その答えは，ある種の問題に対して有限要素によるモデリングが非効率的であり面倒であることだ．そのため FEM は工学問題においてその応用が一般的であるにもかかわらず，欠点がないわけではない．それらの最も重要なものは次のとおりである．

(i) 離散化 (要素分割) を物体が占めているすべての領域について行う．したがって，有限要素のメッシュ生成とそのチェックが難しく，とりわけ物体形状が簡単でない場合において面倒になり時間を浪費してしまう．例えば，空洞が存在する場合，ノッチや角がある場合，解の勾配が大きくなるこれらのこのような特定の部分で，メッシュの改善や高い要素密度が必要とされる (図 1.1a)．

(ii) 解の精度を向上させるためや，デザインの変更を反映させるために離散化モデルを修正することは難しいことであり，それには多大な時間と労力が必要とされる．

(iii) 無限領域，すなわち半無限空間あるいは有限空間の相補的な残りの領域で FEM を適用するためには，境界に近い部分に仮想的な境界を構成しなければならない．このことは解の精度を下げ，そしてときには見せかけの解や間違った解を導くことになる．

(iv) 4 次あるいはそれ以上の高次の微分方程式で記述される問題 (例えば，板の方程式，6 次のシェルの方程式，8 次あるいはさらに高次の方程式) に対しては，要素

1.2 境界要素法と有限要素法

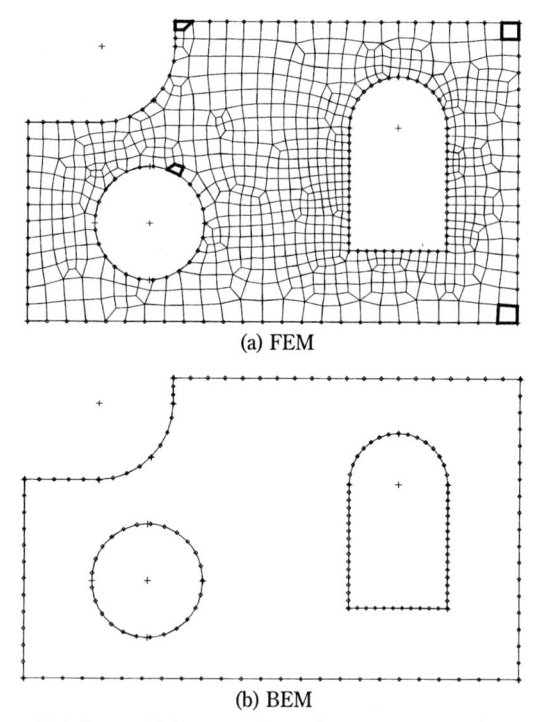

(a) FEM

(b) BEM

図 1.1 (a) 領域 (FEM) と (b) 境界 (BEM) の離散化

の適合性を保つために退屈な作業をしなければならず，FEM は実用的ではなくなる．
(v) FEM は問題の未知量である場の関数値を正確に計算するが，その勾配を決定する場合には有効ではない．勾配が大きな部分において精度はかなり落ちる．

FEM の欠点である (i), (ii) は，NASTRAN のような自動的に順応性のあるメッシュを生成する機能をもつ最新の専門的な有限要素法ソフトを使用することで克服できる．本質的に，有限要素メッシュを生成する作業は難しい幾何学的問題であり，いくつかの場合には，FEM によって解かれる物理問題よりもさらに難しいということがわかる．ここで新たな欠点として，FEM のメッシュを作成するプログラムソースが非公開であり，異なる科学分野の特別な知識がそれらを作成する上で必要とされることがあげられる．エンジニアがメッシュ生成に必要とされる科学分野を学ぼうとすれば，物理問題を解くという本来の目的を見失うことになりかねない．これに対して，境界要素法は次のような多くの利点をもつ．

(i) 離散化は物体の境界のみで行われる．このことは BEM による数値モデリングを容易にし，未知数の次数が 1 つ減る (図 1.1b)．このように，設計変更を反映する再モデリングが簡単になる．

(ii) 無限領域については，外部問題として簡単に定式化される．基本解は無限遠方においてある種の条件，例えば動的問題に対する Sommerfeld の放射条件を満足しなければならない．このやり方で，有限領域に対して開発されたコンピュータプログラムをほとんど変更することなく，無限領域における問題を解くのに使用できる．このことは FEM では不可能である．
(iii) BEM はとりわけ場の関数の導関数 (例えば，流束，ひずみ，応力，モーメントなど) を計算する場合に効率的である．集中ソースやモーメントが領域内部にあろうが，境界上にあろうが簡単に取扱うことができる．
(iv) BEM では，問題としている領域の任意の点および任意の時間の解とその導関数を評価できる．これができるのは，微分可能で数式として利用できる連続な数学的表現として解の積分表現を用いているからである．これは FEM では不可能である．なぜなら，FEM は節点でしか解を得られないからである．
(v) BEM はクラックなど特殊な幾何学的構造をもつ領域に対する問題を解くのに都合がよい．

発展中の現段階では，BEM は次に示す短所がある．すなわち，
(i) BEM の適用にはいわゆる基本解を必要とする．BEM は，基本解が決定できないか，わからない問題に対して使用することができない．例えば，係数が変化するような微分方程式で記述される問題がこれにあたる．BEM は明らかに重ね合わせの原理が成り立たない非線形問題に適用できない．この場合 BEM では，領域を離散化して評価しなければならない領域積分が生じる．しかし，このことで当然ながら，この手法の境界だけの解法という特性が損なわれる．最近，熱心な研究者が上記の欠点を克服する努力をしている．
(ii) BEM の数値解析プログラムでは，係数マトリックスが非対称のフルマトリックスの線形代数方程式系が生じる．しかしながら FEM モデルでは，それに対応するマトリックスは対称でバンド型というとても優れた性質をもつ．BEM のこの欠点は，係数マトリックスがきわめて小さいということによって釣り合いがとれている．FEM と BEM の一般的な係数マトリックスの形を図1.2に示す．

1.3 BEM の発展史

1980年代の初めまで，BEMは境界積分方程式法(BIEM = Boundary Integral Equation Method) として知られていた．物理的数学問題を解く１つの手法としての原点は，G. Green[16] の研究の中にある．彼は 1828 年に，いわゆる Green 関数を Laplace 方程式の Dirichlet あるいは Neumann 問題に導入することで解の積分方程式表現の定式化を与えた．1872 年に，Betti[17] は弾性論の方程式を積分し，それらの解を積分形で導く一般的な手法を示した．基本的には，これは弾性論の Navier の式に対する Green の公式の直接的拡張とみなされる．1885 年に Somigliana[18] は Betti の相反定理を使用し，物体力および境界上の変位と表面力を式中に含めて，弾性問題の解の積分表示を

1.3 BEMの発展史

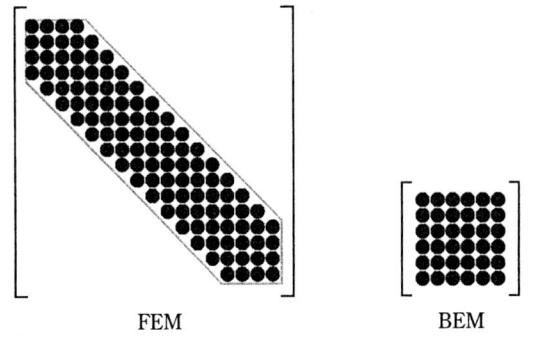

FEM　　　　　　BEM

図1.2　FEMとBEMの係数マトリックス

導いた．

しかしながら，境界要素法の基になっているのはFredholmに由来すると言えよう．20世紀の初めにおいて，彼はポテンシャル理論の問題[19]に対して未知の境界値を求めるために特異境界積分方程式を用いた最初の人物である．実際，この手法は適切な物理的数学問題に対して必要な境界条件を決定するための数学的手段として用いられ，問題を解くための手法としては用いられていなかった．これは当然のことであり，以前もまた今でも，導出される特異積分方程式の解析解を見つけることは不可能である．前述の手法において，未知の境界値は直接的な物理学的または幾何学的意味をもつので，それらはBEMの直接法と呼ばれる．これらの手法の他に，未知の境界値が直接的な物理学的または幾何学的意味をもたないBEM定式化があり，それらはBEMの間接法[20, 21, 22]と呼ばれている．これらの手法についての詳しい解説は文献[23]を見られたい．Sherman[24, 25]，Mikhlin[26]，およびMuskhelishvili[27]らは複素関数を用いて，平面弾性問題の解法として境界積分方程式法を展開している．

積分方程式の解析解は，きわめて簡単な幾何学的境界をもついくつかの領域に対して得られた．不幸なことに，Fredholmの研究は，彼の考えを実現することができるコンピュータより先立ったものであった．このため，境界積分方程式法は1950年代の終わりまで無視されてきた．その後コンピュータの出現により，その手法は工学的問題を解く魅力的な数値手法としてスポットライトをあびて戻ってきた．境界積分方程式の解を得るための数値手法は発達し，他の手法では取扱えない幾何学的に複雑な境界をもつ困難な物理問題は，このとき初めてBIEMによって解かれたのである．コンピュータ技術としてBEMの基礎を準備する初めの仕事は，1960年代初頭に現れた．Jaswon[28]とSymm[29]はFredholm方程式を用いて，ポテンシャル理論[30, 31]の2次元問題をいくつか解いた．前節で述べたBEMのメリットは研究者たちをひきつけ，そして彼らをその手法のさらなる発展へと駆り立てた．Rizzo[32]とCruse[33]らはそれぞれ，2次元および3次元弾性問題に手法を適用した．CruseとRizzo[35]が動弾性問題を解き，RizzoとShippy[34]は異方性弾性問題に拡張した．IgnaczakとNowacki[36]

らは熱弾性問題の積分方程式を表し，Mendelson[37] は弾塑性問題の研究を行った．

前述のすべての問題の支配微分方程式は2階の偏微分方程式となる．他の問題は重調和方程式によって支配される．この場合，解の積分表示はRayleigh-Greenの恒等式[38] によって導出された．そしてその解析法は板曲げや，Airy の応力関数によって定式化された平面弾性に適用された．定式化は2つの境界積分方程式から成り立ち，1つの式はいずれかの境界未知量に対するものである．最初の式は場の関数の積分表示の境界特性から現れる．一方，2番目の式は，場の関数のラプラシアンまたは境界の法線方向に関する微分のどちらかの積分表示から得られる．Katsikadelis らによって示された2番目のアプローチ [39] は主流の1つとなり，後に Bezine[40] と Stern[41] により板の曲げ問題の解法として採用された．BEM によって解析された板の曲げ問題の詳細に関しては文献 [42] を参照されたい．1980年代後半にはすでに，幅広い分野の工学問題に対して BEM が応用されていることを示す出版物を多数見つけることができる．それらの中には，静的あるいは動的，線形あるいは非線形の弾性やシェルおよび板の問題，動弾性，波動や地震工学，地盤工学，構造−地盤や流体−構造の連成問題，流体力学の問題，接触問題，破壊力学，電磁気問題，熱伝導，音響，空力学，腐食，最適化，感度解析，逆問題，システム同定問題など様々な問題について書かれている．今日において BEM は成熟し，工学問題を解析するためのきわめて強力な手法となり，領域型解法に代わる解析法となっていると言える．この手法は BEM (境界要素法) という名が付けられている．それは，境界積分方程式を解くこと (すなわち，境界を離散化して境界要素とする) ことに由来している．BEM に基づいたソフトウェアは，単一または並列処理構造のコンピュータに対して開発された．その中には，BEASY[43] のような高性能でプロフェッショナルな解析ソフトウェアもある．1978年に C.Brebbia は，BEM の最初の国際会議を開いた．それ以来，BEM の国際会議は毎年，国際境界要素法学会 (ISBE) や国際境界要素法協会 (IABEM) によって開催されている．さらに，計算力学の分野すべての会議で BEM のセッションが設けられている．この膨大な研究の詳しい記述をすれば大きな部分を占めてしまい，この本の守備範囲を超えてしまう．しかし，興味をもった読者は，解説論文 [44–47] および上記の会議 (ISBE, IABEM) の論文集を参照してほしいし，サウサンプトン計算力学出版社の多くの出版物も参考にしていただきたい．

BEM における今後の発展は，この手法の短所を克服することに向けられる．そこでは，複雑な時間依存問題や，基本解がわからない線形問題，および非線形問題を取扱う．この種の問題では，得られる積分方程式が領域積分を含み，BEM の適用を複雑にさせる．この困難の大部分を上手く克服すると同時に，境界だけを離散化するという BEM の特性を温存する有効なテクニックとして，2重相反法 (DRM)[48]，またはアナログ方程式法 (AEM) の適用が挙げられる [49, 50]．2重相反法にはいくつかの制限があるが，後者は一般的で2重相反法の制限はとり除かれている．

1.4 本書の構成

1.1節で述べているように，本書の目的は工学を勉強している学生にわかりやすくBEMを理解してもらうことである．このため，その適用は，簡単だが最も代表的な問題に限定する．この基本的な考えから，本書は緒言と7つの章，並びに本の最後にある2つの付録から構成される．すべての章は適切な参考文献を補足し，進んだ勉学のための推奨文献も入れてある．本書で説明されている概念を読者が練習するのを助けるために，それぞれの章の終わりにいくつかの練習問題を付けてある．

2章では，BEMの開発に必要とされるいくつかの予備的な数学的概念を記す．その概念とは，Gaussの発散定理，Greenの相反定理 (Greenの第2公式)，そしてデルタ関数の定義とその性質などである．

3章では，いくつかのポテンシャル論の問題に対するBEMの直接法が展開されている．すなわち，2次元のLaplace方程式あるいはPoisson方程式に対する境界値問題である．それは，均質直交異方性あるいは一般的な異方性物体を支配する，定数係数の2階偏微分方程式の一般的な場合にも拡張される．

4章では，BEMの数値プログラムと特異境界積分方程式の数値解について記述する．教育上の目的のために解法は一定境界要素に対してだけ与え，コンピュータプログラムはFORTRAN言語で記述されている．このプログラムは十分に説明されており，その構造は系統立って与えられているため，学生はBEMソフトウェアの論理に慣れることができる．領域が空洞を含む場合についてもこの手法は適用できるが，この場合は別のコンピュータプログラムが用意されている．最終的には，部分領域法 (元の領域を副領域に分割) がBEMに向いていることがわかるだろう．

5章では，境界要素の技術について説明する．特異積分方程式が境界要素を用いることで数値的に積分されている．その要素はサブパラメトリック要素，アイソパラメトリック要素，スーパーパラメトリック要素であり，それらの線形または曲線要素を境界に貼り付けることである．この章のかなりの部分は，特異あるいは超特異積分の評価にあてられている．

6章では，Laplace方程式あるいはPoisson方程式の境界値問題に帰する工学問題に対するBEMの適用を記述する．特にBEMを，等方性材料あるいは異方性材料に関するSaint-Venantのねじり問題，膜の曲げ問題，単純支持板の曲げ問題，熱伝導問題，非圧縮性流体の非回転流れ問題などに適用する．これらのそれぞれの問題に対して，読者にはコンピュータプログラムと代表的な例題が与えられている．

7章では，平面弾性問題について説明する．基本解とそれに対応する境界積分方程式が簡単な方法で導出されているので，学生はすべての段階で式のチェックをし，課題を理解することができるだろう．コンピュータプログラムはこの問題に対しても与えられており，いくつかの数値的応用を示すことでプログラムを使うのに慣れさせ，他方で手法の有効性を実証する．

付録Aは，積分方程式における核関数の使用を容易にする便利な関係を列挙している．付録Bは，1次元および2次元における通常または特異積分に対するGauss求積法(数値積分)を記述してある．そして最後に，6つの章の末尾にある問題から選択した問題に対するヒントあるいは解答を示した．

1.5 サンプルプログラムについて

本書のいくつかの章に記述してあるコンピュータプログラムは，Webからダウンロードして利用することができる(xページ参照)．利用できるプログラムは以下のとおりである．

1. LABECON.FOR / RECT-1.FOR / ELLIPSE-1.FOR：最初のプログラムは一定要素を用いてLaplace方程式を解くものである．一方，他の2つのプログラムは長方形領域または楕円形領域のデータを作成するものである．
2. LABECONMU.FOR / RECT-2.FOR：最初のプログラムは領域内に空洞を含むLaplace方程式を解き，次のプログラムは多重連結領域(例4.3)のデータを作成するものである．
3. TORSCON.FOR / RECT-3.FOR / ELLIPSE-3.FOR：最初のプログラムはねじり問題を解くものであり，他の2つは長方形または楕円形断面のデータを作成するプログラムである．
4. FLUIDCON.FOR：このプログラムは非圧縮性流体の非回転流れについて解析するプログラムである．
5. ELBECON.FOR / RECT-4.FOR / RECTEL-MU.FOR：最初のプログラムは平面弾性問題(平面ひずみおよび平面応力)を解くプログラムである．次のプログラムは長方形領域に対するデータを作成するものであり，3番目のプログラムは複数の境界を有する領域(例7.3)のデータを作成するものである．

1.6 参考文献

[1] Brebbia, C.A., 1978. *The Boundary Element Method for Engineers*, Pentech Press, London.
[2] Banerjee, P.K. and Butterfield, R., 1981. *Boundary Element Methods in Engineering Science*, McGraw-Hill, New York.
[3] Brebbia, C.A., Telles, J.C.F. and Wrobel, L.C., 1984. *Boundary Element Techniques*, Computational Mechanics Publications, Southampton.
[4] Hartmann, F., 1989. *Introduction to Boundary Elements*, Springer-Verlag, Berlin.
[5] Becker, A.A., 1992. *The Boundary Element Method in Engineering: A Complete Course*, McGraw-Hill, New York.
[6] Beer, G. and Watson, J.O., 1992. *Introduction to Finite and Boundary Element*

Methods for Engineers, John Wiley and Sons, New York.
[7] Chen, G. and Zhou, J., 1992. *Boundary Element Methods*, Academic Press, London.
[8] El-Zafrany, A., 1993. *Techniques of the Boundary Element Method*, Prentice Hall PTR.
[9] Banerjee, P.K., 1994. *The Boundary Element Methods in Engineering*, McGraw-Hill, London.
[10] Hall, W.S., 1994. *The Boundary Element Method*, Kluwer Academic Publishers, Dordrecht.
[11] Kane, J.H., 1994. *Boundary Element Analysis in Engineering Continuum Mechanics*, Prentice Hall, Englewood Cliffs, New Jersey.
[12] Trevelyan, J., 1994. *Boundary Elements for Engineers: Theory and Applications*, Computational Mechanics Publications, Southampton.
[13] Gaul, L. and Fiedler, C., 1997. *Methode der Randelemente in Statik und Dynamik*, Vieveg-Verlag, Baunschweig/Wiesbaden.
[14] Paris, F. and Canas, J., 1997. *Boundary Element Method: Fundamentals and Applications*, Oxford University Press.
[15] Brebbia, C.A. and Dominguez, J., 2001. *Boundary Elements: An Introductory Course*, 2nd edition, Computational Mechanics Publications, Southampton.
[16] Green, G., 1828. *An Essay on the Application on Mathematical Analysis to the Theories of Electricity and Magnetism*, Notingham.
[17] Betti, E., 1872. Theoria dell' Elasticita, *il Nuovo Cimento*, Ser. 2, pp.7-10.
[18] Somigliana, C., 1885. Sopra l' Equilibrio di' un Corpo Elastico Isotropo, *Il Nuovo Comento*, Ser. 3, pp.17-20.
[19] Fredholm, I., 1903. Sur une Classe d' Equations Fonctionelles, *Acta Mathematica*, Vol.27, pp.365-390.
[20] Kupradze, V.D., 1965. *Potential Methods in the Theory of Elasticity*, Israel Program for Scientific Translations, Jerusalem.
[21] Kellog, O.D., 1967. *Foundations of Potential Theory*, Springer-Verlag, Berlin.
[22] Jaswon, M.A. and Symm, G.T., 1977. *Integral Equation Methods in Potential Theory and Elastostatics*, Academic Press, London.
[23] Katsikadelis, J.T., 1982. *The Analysis of Plates on Elastic Foundation by the Boundary Integral Equation Method*, Ph.D. Dissertation, Polytechnic University of New York, N.Y.
[24] Sherman, D.I., 1940. On the Solution of the Plane Static Problem of the Theory of Elasticity for Displacements Given on the Boundary, *Dokl. Akad. Nauk SSSR*, Vol.27, pp.911-913.
[25] Sherman, D.I., 1940. On the Solution of the Plane Static Problem of the Theory

of Elasticity for Given External Forces, *Dokl. Akad Nauk SSSR*, Vol.28, pp.25-28.
[26] Mikhlin, S.G., 1957. *Integral Equations*, Pergamon Press, London.
[27] Muskhelishvili, N.I., 1963. *Some Basic Problems of the Theory of Elasticity*, Noordhoff, Holland.
[28] Jaswon, M.A., 1963. Integral Equation Methods in Potential Theory I, *Proceedings of the Royal Society*, Ser. A, Vol.275, pp.23-32.
[29] Symm, G.T., 1963. Integral Equation Methods in Potential Theory II, *Proceedings of the Royal Society*, Ser. A, Vol.275, pp.33-46.
[30] Jaswon, M.A. and Ponter, A.R., 1963. An Integral Equation Solution of the Torsion Problem, *Proceedings of the Royal Society*, Ser. A, Vol.275, pp.237-246.
[31] Symm, G.T., 1966. An Integral Equation Solution in Conformal Mapping, *Numerische Mathematik*, Vol.9, pp.250-258.
[32] Rizzo, F.J., 1967. An Integral Equation Approach to Boundary Value Problems of Classical Elastostatics, *Quarterly of Applied Mathematics*, Vol.25, pp.83-95.
[33] Cruse, T., 1969. Numerical Solutions in Three-Dimensional Elastostatics, *International Journal of Solids and Structures*, Vol.5, pp.1259-1274.
[34] Rizzo, F.J. and Shippy, D., 1970. A Merhod for Stress Determination in Plane Anisotropic Elastic Bodies, *Journal of Composite Materials*, Vol.4, pp.36-61.
[35] Cruse, T. and Rizzo, F.J., 1968. A Direct Formulation and Numerical Solution of the Transient Elastodynamic Problem-I, *International Journal of Mathematical Analysis and Applications*, Vol.22, pp.244-259.
[36] Ignaczak, J. and Nowacki, W., 1968. Singular Integral Equations in Thermoelasticity, *International Journal of Engineering Sciences*, Vol.4, pp.53-68.
[37] Mendelson, A., 1973. Solution of the Elastoplastic Torsion Problem by Boundary Integral Method, *NASA*, TN D-7418.
[38] Bergman, S. and Schiffer, M., 1953. *Kernel Functions and Elliptic Differential Equations in Mathematical Physics*, Academic Press, New York.
[39] Katsikadelis, J.T., Massalas, C.V. and Tzivanidis, G.J., 1977. An Integral Equation Solution of the Plane Problem of the Theory of Elasticity, *Mechanics Research Communications*, Vol.4, pp.199-208.
[40] Bezine, G., 1978. Boundary Integral Equations for Plate Flexure with Arbitrary Boundary Conditions, *Mechanics Research Communications*, Vol.5, pp.197-206.
[41] Stern, M., 1979. A General Boundary Integral Formulation for the Numerical Solution of Plate Bending Problems, *International Journal of Solids and Structures*, Vol.15, pp.769-782.
[42] Beskos, D.E. (ed.), 1991. *Boundary Element Analysis of Plates and Shells*, Springer-Verlag, Berlin.
[43] Trevelyan, J., 1993. Applications of the BEASY Boundary Element Software

in Engineering Industry, in: Aliabadi, M.H. (ed.), *Industrial Applications of the Boundary Element Method*, Computational Mechanics Publications, Southampton.

[44] Tanaka, M., 1983. Some Recent Advances in Boundary Element Methods, *Applied Mechanics Reviews*, Vol.36, No.5, pp.627-634.

[45] Beskos, D.E., 1987. Boundary Element Methods in Dynamic Analysis. Part I, *Applied Mechanics Reviews*, Vol.40, pp.1-23.

[46] Tanaka, M., Sladek, V. and Sladek, J., 1994. Regularization Techniques Applied to Boundary Element Methods, *Applied Mechanics Reviews*, Vol.47, No.10, pp.457-499.

[47] Beskos, D.E., 1997. Boundary Element Methods in Dynamic Analysis. Part II, *Applied Mechanics Reviews*, Vol.50, pp.149-197.

[48] Partridge, P.W., Brebbia, C.A. and Wrobel, L.C., 1992. *The Dual Reciprocity Method, Computational Mechanics Publications*, Southampton.

[49] Katsikadelis, J.T. and Nerantzaki, M.S., 1998. A Boundary-Only BEM for Linear and Nonlinear Problems, in: Kassab, A., Brebbia, C.A. and Chopra, M. (eds.), *Boundary Elements* XX, pp.309-320, Computational Mechanics Publications, Southampton.

[50] Katsikadelis, J.T. and Nerantzaki, M.S., 1999. The BEM for Nonlinear Problems, *Engineering Analysis with Boundary Elements*, Vol.23, pp.365-373.

2 数学的予備知識

2.1 はじめに

本章では，境界要素法(BEM)の式変形と理解に必要ないくつかの数学的関係式を記述する．これらの関係式は巻末の付録に含めることもできるが，読者にそれらの理論的基礎とBEMの式変形をするうえで重要な役割を担うことを理解してもらうためここに記述する．それらの式は本書でたびたび使われる．特に，領域内の物理系の応答を支配する微分方程式を境界上の積分方程式に変形する際に本書でしばしば使用される．これらの数学的概念を理解すれば，読者が後で使用する際に自信をもつであろう．

2.2 Gauss-Greenの定理

Gauss-Greenの定理は基本恒等式であり，それは領域 Ω にわたっての導関数の積分とその境界 Γ 上での関数の積分とを関係付けるものである．領域は2次元あるいは3次元であるとする．説明を簡単にするため，ここでは2次元の関係式を導出する．曲線 Γ によって囲まれる平面領域 Ω を考え，まず関数 $f(x,y)$ の x に関する導関数を考える．領域 Ω に関する積分は2重積分として書くことができ，その積分はまず x に関して，次に y に関して実行される．したがって，以下のように書くことができる．

$$\int_\Omega \frac{\partial f}{\partial x} d\Omega = \int_{y_1}^{y_2} \left(\int_{x_1}^{x_2} \frac{\partial f}{\partial x} dx \right) dy = \int_{y_1}^{y_2} \{f(x_2,y) - f(x_1,y)\} dy \tag{2.1}$$

ただし，

$$x_1 = x_1(y), \quad x_2 = x_2(y) \tag{2.2}$$

図2.1より次式を得る．

$$\frac{dy}{ds} = \cos\alpha = n_x \rightarrow dy = n_x ds \tag{2.3a}$$

$$-\frac{dx}{ds} = \sin\alpha = n_y \rightarrow dx = -n_y ds \tag{2.3b}$$

ただし，n_x および n_y は境界 Γ に対する単位法線ベクトル $\mathbf{n}$ の各成分である．式(2.3b)における負の記号は，角度 α が x 軸方向に対して反時計回りに測定された場合，dx と

2.2 Gauss-Green の定理

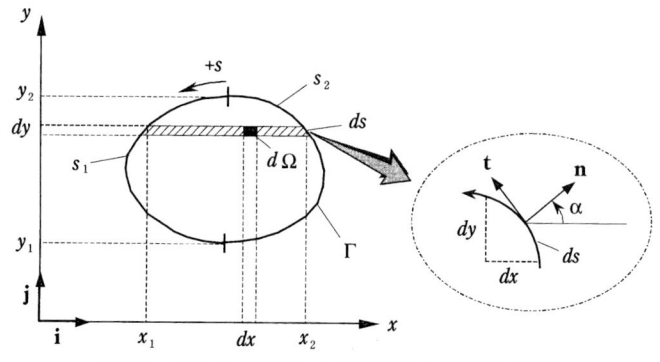

図 2.1 曲線 Γ で囲まれた平面領域 Ω に関する積分

$\sin \alpha$ が反対の記号となることによる (図 2.1 を参照). その結果式 (2.1) は次のようになる.

$$\int_{y_1}^{y_2} \{f(x_2,y) - f(x_1,y)\} dy = \int_{s_2} f(x_2,y) n_x ds - \int_{s_1} f(x_1,y) n_x ds \tag{2.4}$$

上述の式は, y が y_1 から y_2 に変化するとき, s_1 の積分はマイナス方向 (時計回り) に実行されることを示している. s に関する積分に関して同一方向を使用することで, 式 (2.4) における右辺の 2 つの項は 1 つの式にまとめることができる.

$$\int_{\Omega} \frac{\partial f}{\partial x} d\Omega = \int_{\Gamma} f n_x ds \tag{2.5}$$

式 (2.5) において, x を y と入れ替えることで次式を得る.

$$\int_{\Omega} \frac{\partial f}{\partial y} d\Omega = \int_{\Gamma} f n_y ds \tag{2.6}$$

g を f とは異なる x と y の関数とすれば, 式 (2.5) と (2.6) は次のように表される.

$$\int_{\Omega} \frac{\partial (fg)}{\partial x} d\Omega = \int_{\Gamma} fg n_x ds = \int_{\Omega} g \frac{\partial f}{\partial x} d\Omega + \int_{\Omega} f \frac{\partial g}{\partial x} d\Omega \rightarrow$$

$$\int_{\Omega} g \frac{\partial f}{\partial x} d\Omega = -\int_{\Omega} f \frac{\partial g}{\partial x} d\Omega + \int_{\Gamma} fg n_x ds \tag{2.7}$$

$$\int_{\Omega} \frac{\partial (fg)}{\partial y} d\Omega = \int_{\Gamma} fg n_y ds = \int_{\Omega} g \frac{\partial f}{\partial y} d\Omega + \int_{\Omega} f \frac{\partial g}{\partial y} d\Omega \rightarrow$$

$$\int_{\Omega} g \frac{\partial f}{\partial y} d\Omega = -\int_{\Omega} f \frac{\partial g}{\partial y} d\Omega + \int_{\Gamma} fg n_y ds \tag{2.8}$$

式 (2.7) と (2.8) は 2 次元における部分積分の公式であり, Gauss-Green の定理として知られている.

2.3 Gauss の発散定理

発散定理は Gauss-Green 定理の応用として簡単に導くことができる．ベクトル場 $\mathbf{u}=u\mathbf{i}+v\mathbf{j}$ を考える．$\mathbf{i}$, $\mathbf{j}$ は x 軸および y 軸に沿う単位ベクトルを示し，$u = u(x, y)$, $v = v(x, y)$ はその成分である．式 (2.5) に対し $f = u$ を，式 (2.6) に対し $f = v$ を適用し，それらを加えることで次式を得る．

$$\int_\Omega \left(\frac{\partial u}{\partial x} + \frac{\partial v}{\partial y} \right) d\Omega = \int_\Gamma (un_x + vn_y)\, ds \tag{2.9}$$

座標 x と y がそれぞれ x_1 と x_2 によって表されるならば，ベクトル場 $\mathbf{u}$ の成分は u_i ($i = 1, 2$) によって表され，法線方向ベクトル $\mathbf{n}$ の成分は n_i によって示される．したがって，式 (2.9) は次のように書くことができる．

$$\int_\Omega \left(\frac{\partial u_1}{\partial x_1} + \frac{\partial u_2}{\partial x_2} \right) d\Omega = \int_\Gamma (u_1 n_1 + u_2 n_2)\, ds \tag{2.10}$$

あるいは，総和規約を用いて次のように表される．

$$\int_\Omega \frac{\partial u_i}{\partial x_i} d\Omega = \int_\Gamma u_i n_i\, ds \quad (i = 1, 2) \tag{2.11}$$

式 (2.9), (2.10) および (2.11) は，ベクトル記号を用いて次のように表すこともできる．

$$\int_\Omega \nabla \cdot \mathbf{u}\, d\Omega = \int_\Gamma \mathbf{u} \cdot \mathbf{n}\, ds \tag{2.12}$$

ただし，ベクトル記号 ∇ は以下のように定義される．

$$\nabla \equiv \mathbf{i}\frac{\partial}{\partial x} + \mathbf{j}\frac{\partial}{\partial y} = \mathbf{i}_1 \frac{\partial}{\partial x_1} + \mathbf{i}_2 \frac{\partial}{\partial x_2} \tag{2.13}$$

∇ はスカラー場の勾配を作り出す微分演算子である．$\nabla \cdot \mathbf{u}$ の成分，すなわちベクトル ∇ と $\mathbf{u}$ の内積は，領域 Ω 内部の点におけるベクトル場 $\mathbf{u}$ の発散と呼ばれる．一方，$\mathbf{u} \cdot \mathbf{n}$ は境界 Γ 上の点におけるベクトル場の流束と呼ばれる．後者の内積は，$\mathbf{n}$ 方向における $\mathbf{u}$ の射影を表している．式 (2.12) はベクトル場の全発散と全流束とを関係付けており，それは Gauss の発散定理として知られている．この定理は微分積分学において最も重要な定理の 1 つである．

2.4 Green の第 2 公式

領域 Ω 内において 2 回連続微分可能であり，境界 Γ 上において 1 回微分可能な関数 $u = u(x, y)$ と $v = v(x, y)$ を考える．式 (2.7) に対して $g = v$, $f = \frac{\partial u}{\partial x}$ を，また式 (2.8) に対して $g = v$, $f = \frac{\partial u}{\partial y}$ を適用し，得られた表示式を加えることで以下の式を得る．

$$\int_\Omega v\left(\frac{\partial^2 u}{\partial x^2}+\frac{\partial^2 u}{\partial y^2}\right)d\Omega = -\int_\Omega \left(\frac{\partial u}{\partial x}\frac{\partial v}{\partial x}+\frac{\partial u}{\partial y}\frac{\partial v}{\partial y}\right)d\Omega$$
$$+\int_\Gamma v\left(\frac{\partial u}{\partial x}n_x+\frac{\partial u}{\partial y}n_y\right)ds \qquad (2.14)$$

同様に,式 (2.7) に対して $g=u$ と $f=\frac{\partial v}{\partial x}$ を,また式 (2.8) に対して $g=u$ と $f=\frac{\partial v}{\partial y}$ を適用し,得られた式を加えれば以下の式を得る.

$$\int_\Omega u\left(\frac{\partial^2 v}{\partial x^2}+\frac{\partial^2 v}{\partial y^2}\right)d\Omega = -\int_\Omega \left(\frac{\partial u}{\partial x}\frac{\partial v}{\partial x}+\frac{\partial u}{\partial y}\frac{\partial v}{\partial y}\right)d\Omega$$
$$+\int_\Gamma u\left(\frac{\partial v}{\partial x}n_x+\frac{\partial v}{\partial y}n_y\right)ds \qquad (2.15)$$

式 (2.14) から式 (2.15) を差し引くと以下の式を得る.

$$\int_\Omega \left(v\nabla^2 u - u\nabla^2 v\right)d\Omega = \int_\Gamma \left(v\frac{\partial u}{\partial n}-u\frac{\partial v}{\partial n}\right)ds \qquad (2.16)$$

ここで ∇^2 は Laplace 演算子または調和演算子であり,次のように定義される.

$$\nabla^2 \equiv \nabla\cdot\nabla = \left(\mathbf{i}\frac{\partial}{\partial x}+\mathbf{j}\frac{\partial}{\partial y}\right)\cdot\left(\mathbf{i}\frac{\partial}{\partial x}+\mathbf{j}\frac{\partial}{\partial y}\right) = \frac{\partial^2}{\partial x^2}+\frac{\partial^2}{\partial y^2} \qquad (2.17)$$

一方,

$$\frac{\partial}{\partial n} \equiv \mathbf{n}\cdot\nabla = (n_x\mathbf{i}+n_y\mathbf{j})\cdot\left(\mathbf{i}\frac{\partial}{\partial x}+\mathbf{j}\frac{\partial}{\partial y}\right) = n_x\frac{\partial}{\partial x}+n_y\frac{\partial}{\partial y} \qquad (2.18)$$

は,$\mathbf{n}$ の方向におけるスカラー関数の導関数を導く演算子である.式 (2.16) は調和演算子に対するグリーンの第 2 公式,あるいはグリーンの相反恒等式として知られている.

2.5 随伴作用素

変数係数をもつ次の完全 2 階微分方程式を考える.

$$L(u) = A\frac{\partial^2 u}{\partial x^2}+2B\frac{\partial^2 u}{\partial x\partial y}+C\frac{\partial^2 u}{\partial y^2}+D\frac{\partial u}{\partial x}+E\frac{\partial u}{\partial y}+Fu = 0 \qquad (2.19)$$

ただし,$A, B, \cdots, F$ は領域 Ω 内の x と y の関数として与えられる.式 (2.19) に関数 $v=v(x,y)$ をかけ,領域全体にわたって積分することにより次式を得る.

$$\int_\Omega vL(u)\,d\Omega = 0 \qquad (2.20)$$

いま v は領域 Ω 内で 2 回連続微分可能であり,境界 Γ 上で 1 回微分可能であると仮定する.このとき,式 (2.20) に u の導関数がなくなるまで部分積分を繰り返し,式 (2.7) と (2.8) を考慮することで次式を得る.

$$\int_\Omega \{vL(u)-uL^*(v)\}\,d\Omega = \int_\Gamma (Xn_x+Yn_y)\,ds \qquad (2.21)$$

ただし，

$$L^*(v) = \frac{\partial^2 (Av)}{\partial x^2} + 2\frac{\partial^2 (Bv)}{\partial x \partial y} + \frac{\partial^2 (Cv)}{\partial y^2} - \frac{\partial (Dv)}{\partial x} - \frac{\partial (Ev)}{\partial y} + Fv \qquad (2.22)$$

$$X = A\left(v\frac{\partial u}{\partial x} - u\frac{\partial v}{\partial x}\right) + B\left(v\frac{\partial u}{\partial y} - u\frac{\partial v}{\partial y}\right) + \left(D - \frac{\partial A}{\partial x} - \frac{\partial B}{\partial y}\right)uv \qquad (2.23)$$

$$Y = B\left(v\frac{\partial u}{\partial x} - u\frac{\partial v}{\partial x}\right) + C\left(v\frac{\partial u}{\partial y} - u\frac{\partial v}{\partial y}\right) + \left(E - \frac{\partial B}{\partial x} - \frac{\partial C}{\partial y}\right)uv \qquad (2.24)$$

式 (2.22) で定義される微分演算子 $L^*(\ )$ は，$L(\ )$ の随伴作用素と呼ばれる．式 (2.21) は Green の第 2 公式 (2.16) の一般形であり，式 (2.21) において $A = C = 1$ と $B = D = E = 0$ という特別な場合として簡単に得ることができる．$F \neq 0$ の場合は，この式の左側の積分において Fuv の項を加減算したものと等しいから，式 (2.16) に影響を与えない．A, B, C が一定であり，$D = E = 0$ のとき式 (2.22) は次式となる．

$$L^*(v) = A\frac{\partial^2 v}{\partial x^2} + 2B\frac{\partial^2 v}{\partial x \partial y} + C\frac{\partial^2 v}{\partial y^2} + Fv \qquad (2.25)$$

すなわち，演算子 $L^*(\ )$ は $L(\ )$ と同一であり，その場合 $L(\ )$ の自己随伴と呼ばれる．

式 (2.19) の解の性質は，解くべき問題のタイプと同様に，$\triangle = B^2 - AC$ の値に依存する．次の3つのタイプの式に分類する:

(a) 楕円形の場合　:$\triangle < 0$
(b) 放物線形の場合:$\triangle = 0$
(c) 双曲線形の場合:$\triangle > 0$

2.6　Dirac デルタ関数

固体力学の問題において，集中加重にしばしば直面する．すなわち，きわめて小さな領域 (理論的には，空間的または時間的の1点) に作用する問題である．

例えば，一定の厚さ h をもち半平面空間 $-\infty < 0 < +\infty$，$y \geq 0$ (図 2.2) に存在するような平面弾性体 $\triangle_1$ を考える．同じ厚さ h，半径 R の別の円盤が，半無限物体の自由境界の点 $(x, y) = (0, 0)$ に接触しているものとする．関数 $f(x)$ は物体 $\triangle_1$ の境界上に作用している単位長さ当たりの力の分布を示すものとする．図 2.3 に示す形になる確率は最も高いが，この関数は事前に知ることはできない．しかしながら，それが十分に集中していることがわかっており，次式:

$$\int_{-\infty}^{+\infty} f(x)\,dx = 1 \qquad (2.26)$$

が，物体 $\triangle_1$ 上に作用しているすべての力が 1 に等しいことを表している．関数 $f(x)$ を解析的に決定する問題を省くのであれば，この関数をあらかじめ規定された形に以下の式で仮定できる．

2.6 Dirac デルタ関数

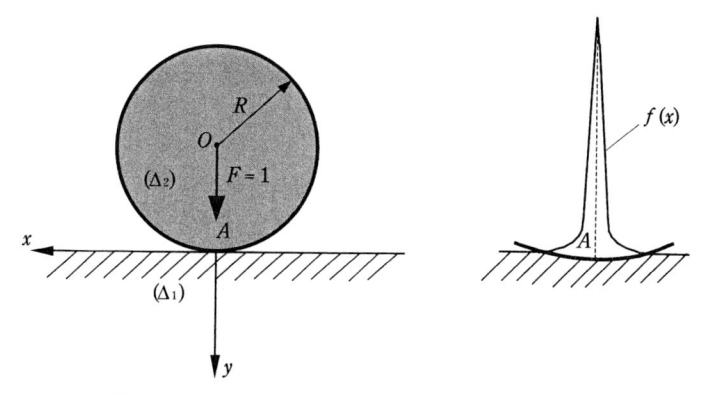

図 2.2 単位集中加重 F が垂直方向に作用する円盤

図 2.3 物体の境界上に作用する力の分布

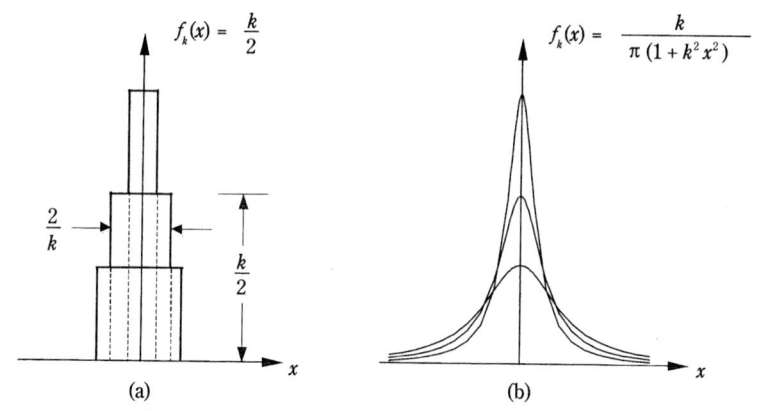

図 2.4 k の大きい値に対する十分に集中した関数 f_k

$$f_k(x) = \begin{cases} k/2, & |x| < \dfrac{1}{k} \\ 0, & |x| \geq \dfrac{1}{k} \end{cases} \quad (2.27)$$

または,

$$f_k(x) = \frac{k}{\pi(1+k^2x^2)} \quad (2.28)$$

ただし, k は正数である.

図 2.4a および図 2.4b は, 式 (2.27) と (2.28) でそれぞれ定義された関数 $f_k(x)$ が, k の大きな値に対して十分に集中したものになることを示している. さらに, それらは式 (2.26) を満足しており, つまりは関数 $f(x)$ と静力学的に等価であることを意味する.

$f(x)$ の分布は物体が変形しにくい場合には, より集中する. このことは, 式 (2.27)

と (2.28) において k の値を増加させることにより表される．例えば，物体が剛体である場合の極限は，$k \to \infty$ により表される．このことは単位長さ当たりの力の仮想的な分布を生じさせ，それを $\delta(x)$ によって表し，以下の式のように定義する．

$$\delta(x) = \lim_{k \to \infty} f_k(x) \tag{2.29}$$

ただし，$f_k(x)$ は式 (2.27) または (2.28) において定義されている関数である．関数 $\delta(x)$ はデルタ関数または Dirac デルタ関数として知られる．数学の分野では，デルタ関数は一般化関数の理論において取扱われる．1つあるいは2つの変数からなる一般化関数としてのデルタ関数の定義を下に与え，BEM の式変形で使われる性質のいくつかを説明する．

1次元のデルタ関数は，ソース点が $x = 0$ に位置するときは定義される次式で定義される．

$$\int_{-\infty}^{+\infty} \delta(x) h(x) \, dx = h(0) \tag{2.30}$$

ソース点が $x = x_0$ に位置するときは次式となる．

$$\int_{-\infty}^{+\infty} \delta(x - x_0) h(x) \, dx = h(x_0) \tag{2.31}$$

関数 $h(x)$ はソース点 $x = 0$ あるいは $x = x_0$ を含む有限間隔において連続であり，その間隔の外側では0の値をもつ．1次元のデルタ関数は次の関係によっても記述できる．

$$\delta(x) = \begin{cases} 0, & x \neq 0 \\ \infty, & x = 0 \end{cases} \tag{2.32a}$$

$$\int_{-\infty}^{+\infty} \delta(x) \, dx = \int_{-\varepsilon}^{+\varepsilon} \delta(x) \, dx = 1 \tag{2.32b}$$

ただし，ε は正数である．この定義により，関数 δ は関数が無限大となる $x = 0$ の点を除いてすべての点で0の値となり，式 (2.32b) を満足する．式 (2.30) は，式 (2.32b) に微分積分学の平均値の定理を用いることによって得られる．図 2.4a を参照し，$\varepsilon = 1/k$ を選択することで，次式を得る．

$$\int_{-\infty}^{+\infty} h(x) \delta(x) = \lim_{\varepsilon \to 0} \int_{-\varepsilon}^{+\varepsilon} h(x) f_k(x) \, dx = \lim_{\varepsilon \to 0} \left[h(x^*) \frac{1}{2\varepsilon} \right] 2\varepsilon$$
$$= \lim_{\varepsilon \to 0} [h(x^*)] = h(0)$$

2次元での Dirac デルタ関数 $\delta(Q - Q_0)$ は，点 $Q_0(x_0, y_0)$ を含む領域 Ω において連続である任意の関数 $h(Q)$ に対して以下のように定義される．

$$\int_{\Omega} \delta(Q - Q_0) h(Q) \, d\Omega_Q = h(Q_0), \quad Q(x, y), Q_0(x_0, y_0) \in \Omega \tag{2.33}$$

2次元のデルタ関数はまた次式で記述できる．

$$\delta(Q - Q_0) = \begin{cases} 0, & Q \neq Q_0 \\ \infty, & Q = Q_0 \end{cases} \tag{2.34a}$$

2.6 Dirac デルタ関数

$$\int_\Omega \delta(Q-Q_0)\,d\Omega_Q = \int_{\Omega^*} \delta(Q-Q_0)\,d\Omega_Q = 1, \quad Q_0(x_0,y_0) \in \Omega^* \subseteq \Omega \quad (2.34\text{b})$$

1次元のデルタ関数 $\delta(x-x_0)$ と対応づけて，2次元のデルタ関数 $\delta(Q-Q_0)$ はある関数群の極限として定義することができる．具体的には，以下のようになる．

$$\delta(Q-Q_0) = \lim_{k \to \infty} f_k(r), \quad Q(x,y), Q_0(x_0,y_0) \in \Omega \quad (2.35)$$

ただし，

$$r = \sqrt{(x-x_0)^2 + (y-x_0)^2}$$

例えば，次の関数について $k \to \infty$ の極限操作を行ったものが，2次元のデルタ関数となる．

$$f_k(r) = \begin{cases} k^2/\pi, & r < \dfrac{1}{k} \\ 0, & r \geq \dfrac{1}{k} \end{cases} \quad (2.36\text{a})$$

または

$$f_k(r) = \frac{ke^{-kr^2}}{\pi} \quad (2.36\text{b})$$

$\delta(Q-Q_0)$ を2つの1次元のデルタ関数の積とすることで以下のように表すこともできる．

$$\delta(Q-Q_0) = \delta(x-x_0)\,\delta(y-y_0) \quad (2.37)$$

いま，以下の変換を考える．

$$\left.\begin{array}{l} x = u(\xi,\eta) \\ y = v(\xi,\eta) \end{array}\right\} \quad (2.38)$$

ただし，u と v はそれらの引数に関して1価の連続で微分可能な関数と仮定する．関数 $\delta(Q-Q_0)$ をデカルト座標 x と y から曲線座標 ξ と η に変換する操作は次のように行われる．

この座標変換において $x=x_0$ と $y=y_0$ は点 $\xi=\xi_0$ と $\eta=\eta_0$ 上に写像されるものとする．座標変換を行うことにより，式 (2.33) の積分：

$$\int_\Omega \delta(x-x_0)\,\delta(y-y_0)\,h(x,y)\,dxdy = h(x_0,y_0)$$

は次式となる．

$$\int_\Omega \delta[u(\xi,\eta)-x_0]\,\delta[v(\xi,\eta)-y_0]\,h(u,v)\,|J|\,d\xi d\eta = h(x_0,y_0) \quad (2.39)$$

ただし，

$$J = \begin{vmatrix} \dfrac{\partial u}{\partial \xi} & \dfrac{\partial v}{\partial \xi} \\ \dfrac{\partial u}{\partial \eta} & \dfrac{\partial v}{\partial \eta} \end{vmatrix}$$

は座標変換のヤコビアンである．
　式 (2.39) は，記号関数：
$$\delta\left[u\left(\xi,\eta\right)-x_0\right]\delta\left[v\left(\xi,\eta\right)-y_0\right]|J|$$
に $u=x_0$, $v=y_0$ の点，つまり $\xi=\xi_0$, $\eta=\eta_0$ における関数 $h(x,y)$ の値を割り当てる．したがって，以下のように表すことができる．
$$\delta\left[u\left(\xi,\eta\right)-x_0\right]\delta\left[v\left(\xi,\eta\right)-y_0\right]|J|=\delta\left(\xi-\xi_0\right)\delta\left(\eta-\eta_0\right)$$
上式はまた，式 (2.38) の変換が非特異 $|J|\neq 0$（逆関係が存在する）ならば，次の形で表すこともできる．
$$\delta\left(x-x_0\right)\delta\left(y-y_0\right)=\frac{\delta\left(\xi-\xi_0\right)\delta\left(\eta-\eta_0\right)}{|J|} \tag{2.40}$$

本章の締めくくりとして，デルタ関数の導関数の性質を示しておく．
(i) 1次元のデルタ関数の m 階導関数に対して以下の式が成立する．
$$\int_b^a h(x)\frac{d^m\delta(x-x_0)}{dx^m}dx=(-1)^m\frac{d^m h(x_0)}{dx^m},\quad (a<x_0<b) \tag{2.41}$$
(ii) 2次元のデルタ関数の $(m+n)$ 階導関数に対して以下の式が成立する．
$$\int_\Omega h(Q)\frac{\partial^{m+n}\delta(Q-Q_0)}{\partial x^m \partial y^n}d\Omega_Q=(-1)^{m+n}\frac{\partial^{m+n}h(Q_0)}{\partial x^m \partial y^n} \tag{2.42}$$
ただし，$Q_0(x_0,y_0), Q(x,y)\in\Omega$ である．

2.7 おわりに

　本章は，この本全体にわたって用いられている BEM の定式化に必要とされる基本的な数学的手段の概要を示す目的で構成されている．さらに詳細なことは，Gauss-Green の定理と Gauss の発散定理について詳細に説明されている参考書，微分積分学の大部分の教科書ばかりではなく，Smirnow[1], Hildebrand[2], Kreyszig[3], Sommerfeld[4] らが書いた工業数学あるいは物理数学などの様々な書籍を参照していただきたい．Dirac デルタ関数についての詳細な議論については Greenberg[5] の本を，さらに進んだ議論については Roach[6], Duff と Naylor[7] らの本を参照していただきたい．

[1] Smirnow, W.I., 1964. *Lehrgang der höeren Mathematik*, Teil II, 6ste Auflage, VEB Deutschder Verlag der Wissenschaften, Berlin.

[2] Hildebrand, F.B., 1962. *Advanced Calculus for Applications*, Prentice Hall, Englewood Cliffs, New Jersey.

[3] Kreyszig, E., 1979. *Advanced Engineering Mathematics*, 4th edition, John Wiley & Sons, New York.

[4] Sommerfeld, A., 1967. *Partial Differential Equations in Physics*, Academic Press, New York and London.

[5] Greenberg, M., 1971. *Application of Green's Functions in Science and Engineer-*

ing, Prentice Hall, Englewood Cliff, New Jersey.
[6] Roach, G.F., 1970. *Green's Functions*, Van Nostrand Reinhold Company, London.
[7] Duff, G.F.D. and Naylor, D., 1966. *Differential Equations of Applied Mathematics*, John Wiley & Sons, New York.

演習問題

2.1 関数 f が次のような場合において領域積分を境界積分に変換せよ．
$$\int_\Omega f d\Omega$$
(i) $f = x$ (ii) $f = y$ (iii) $f = xy$ (iv) $f = x^2$
(v) $f = y^2$ (vi) $f = x^2+y^2$ (vii) $f = \cos x$

2.2 極座標 (r,θ) における微分演算子 ∇^2 を導出し，以下の領域積分を境界 Γ に関する線積分に変換せよ．
$$\int_\Omega \ln r\, d\Omega, \quad r = \sqrt{x^2+y^2}$$

2.3 次の積分を評価せよ．
(i) $\int_a^b \delta(x-x_0)\,dx, \quad a < x_0 < b$ (ii) $\int_a^b \delta(kx)f(x)dx, \quad a < 0 < b$
(iii) $\int_a^b \delta(-x)\,dx, \quad a < 0 < b$ (iv) $\int_a^b \delta^{(n)}(x)\phi(x)\,dx, \quad a < 0 < b$

2.4 以下の式を証明せよ．
(i) $\delta(-x) = \delta(x), \quad a < 0 < b$
(ii) $\delta(ax+by)\delta(cx+dy) = \dfrac{\delta(x)\delta(y)}{|ad-bc|}$

2.5 点 $P(x,y)$ と $P_0(x_0,y_0)$ に対するデルタ関数 $\delta(P-P_0)$ を極座標 r,θ に変換せよ．

2.6 式 (2.22) から (2.24) を用いて，式 (2.21) を導出せよ．

2.7 以下の式を証明せよ．
$$\int_\Omega \nabla^2 u\, d\Omega = \int_\Gamma \frac{\partial u}{\partial n}ds$$

2.8 $L(u) = \nabla^2 u + \mathbf{a}\cdot\nabla u + cu$ が与えられ，$\mathbf{a} = a_x\mathbf{i}+a_y\mathbf{j}$ が任意のベクトルの場合について，以下のことを示せ．
(i) $L^*(u) = \nabla^2 u - \nabla\cdot(\mathbf{a}u) + cu$
(ii) $vL(u) - vL^*(v) = \nabla\cdot(v\nabla u - u\nabla v + \mathbf{a}uv)$
(iii) 作用素 $L(u)$ に対する Green の恒等式を導出せよ．

3 2次元ポテンシャル問題に対する境界要素法

3.1 はじめに

本章では,次のポテンシャル方程式で記述される工学問題の解法について,境界要素法を展開する.

$$\nabla^2 u = f(x,y) \quad (x,y \in \Omega) \tag{3.1}$$

上式がポテンシャル論の支配微分方程式であり, $f=0$ の場合は Laplace 方程式, $f \neq 0$ の場合は Poisson 方程式として知られている.この方程式の解 $u = u(x,y)$ は,領域 Ω に分布されるソース $f(x,y)$ により生じる領域 Ω 内の点 (x,y) に生じるポテンシャルを表している.ポテンシャル方程式 (3.1) は様々な物理系における応答を記述している.これは,定常状態の流れの問題,例えば流体流動,熱流動,電流などや,角材のねじり,膜のたわみなどに現れる.2.5 節で与えられた定義より,式 (3.1) は $\triangle < 0$ となる楕円形の場合である.この方程式の解は,境界 Γ をもつ閉じた領域 Ω において求めることができる.このとき,境界 Γ 上で関数 u または Γ に対する法線方向導関数 $\partial u / \partial n$ が規定されている.すなわち,この方程式の解は境界 Γ 上で規定されている境界条件を満足しなければならない.ポテンシャル方程式に対する境界値問題は次のように分類することができる:

(i) Dirichlet 問題

$$\nabla^2 u = f \quad \text{in } \Omega \tag{3.2a}$$
$$u = \bar{u} \quad \text{on } \Gamma \tag{3.2b}$$

(ii) Neumann 問題

$$\nabla^2 u = f \quad \text{in } \Omega \tag{3.3a}$$
$$\frac{\partial u}{\partial n} = \bar{u}_n \quad \text{on } \Gamma \tag{3.3b}$$

(iii) 混合問題

$$\nabla^2 u = f \quad \text{in } \Omega \tag{3.4a}$$
$$u = \bar{u} \quad \text{on } \Gamma_1 \tag{3.4b}$$
$$\frac{\partial u}{\partial n} = \bar{u}_n \quad \text{on } \Gamma_2 \tag{3.4c}$$

ただし，$\Gamma_1 \cup \Gamma_2 = \Gamma$ および $\Gamma_1 \cap \Gamma_2 = \{\varnothing\}$
(iv) Robin 問題

$$\nabla^2 u = f \quad \text{in } \Omega \tag{3.5a}$$

$$u + k(s)\frac{\partial u}{\partial n} = 0 \quad \text{on } \Gamma \tag{3.5b}$$

ただし，$\bar{u}$, $\bar{u}_n$ および $k(s)$ は境界上で定義される既知量である．

上述の 4 つの問題はすべて以下に示すような単一の式で表すことができる．

$$\nabla^2 u = f \quad \text{in } \Omega \tag{3.6a}$$

$$\alpha u + \beta \frac{\partial u}{\partial n} = \gamma \quad \text{on } \Gamma \tag{3.6b}$$

ただし，$\alpha = \alpha(s)$, $\beta = \beta(s)$ および $\gamma = \gamma(s)$ は境界 Γ 上で定義されている関数である．当然ながら，前述の 4 つの境界値問題 (式 3.2〜3.5) は関数 α, β, γ を適切に指定すれば，式 (3.6) より導出することができる．

2 種類の境界要素法 (直接法と間接法) が前述の 4 つの境界値問題を解くために展開されている．本書では，境界要素法の直接法のみについて記述する．

3.2 基本解

xy-平面の 1 点 $P(x,y)$ に点ソースが置かれているものと考える．点 $Q(\xi,\eta)$ におけるその密度は，デルタ関数を用いて数学的に次のように表すことができる．

$$f(Q) = \delta(Q-P) \tag{3.7}$$

点 Q で生じるポテンシャル $v = v(Q,P)$ は次式を満足する．

$$\nabla^2 v = \delta(Q-P) \tag{3.8}$$

式 (3.8) の特異な性質をもつ特解はポテンシャル方程式 (3.1) の基本解と呼ばれる．基本解は，式 (3.8) を点ソース P が原点に位置する極座標で書くことで決定できる．この解はソースに対して軸対称であり，偏角 θ に対して独立なので，式 (3.8) は次式となる．

$$\frac{1}{r}\frac{d}{dr}\left(r\frac{dv}{dr}\right) = \delta(Q-P) \tag{3.9}$$

ただし，

$$r = |Q-P| = \sqrt{(\xi-x)^2 + (\eta-y)^2} \tag{3.10}$$

式 (3.8) の右辺は関数が無限大となる原点 $r=0$ を除いて，平面内のすべての点において 0 となる．$r=0$ となる点以外で，式 (3.9) は以下のように書くことができる．

$$\frac{1}{r}\frac{d}{dr}\left(r\frac{dv}{dr}\right) = 0$$

上式を 2 回積分すれば以下の式を得る．

$$v = A \ln r + B$$

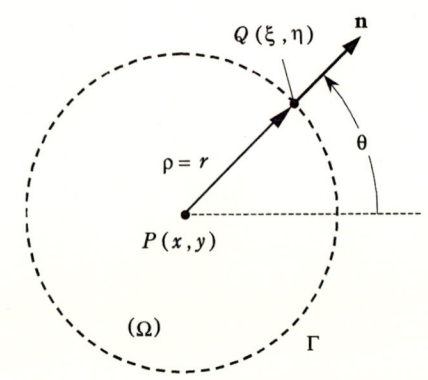

図 3.1 ソース P が中心で半径 ρ を有する円領域 Ω

ただし，A と B は任意の定数である．特解を求めるので $B=0$ とおく．残りの定数 A は以下に示す方法で決定される．問題の軸対称の性質より (図 3.1 参照)，次式が成り立つ．

$$\frac{\partial v}{\partial n} = \frac{\partial v}{\partial r} = A\frac{1}{r}, \quad ds = rd\theta \tag{3.11}$$

$u=1$ および $u=A\ln r$ に対して Green の恒等式 (2.16) を適用すると次式を得る．

$$-\int_\Omega \nabla^2 v d\Omega = -\int_\Gamma \frac{\partial v}{\partial n} ds$$

ただし，Ω は中心が P で半径 ρ の円領域である．次に，式 (3.8) と式 (3.11) を用い，境界 Γ 上の点は $r=\rho$ であることに注意すれば，上述の関係は次式のように書くことができる．

$$-\int_\Omega \delta(Q-P) d\Omega = -\int_0^{2\pi} A\frac{1}{\rho}\rho d\theta$$

または式 (2.34b) を適用することで，次のような形となる．

$$1 = 2\pi A$$

これより次式を得る．

$$A = \frac{1}{2\pi} \tag{3.12}$$

したがって基本解は次式となる．

$$v = \frac{1}{2\pi}\ln r \tag{3.13}$$

式 (3.10) より，点 P と Q がそれぞれの役割を交換したとき，基本解の値が変わらないのは明らかである．このことは，v がこれらの点に対して対称であることを意味している．すなわち，

$$v(Q,P) = v(P,Q) \tag{3.14}$$

ただし，基本解 (3.13) は文献では自由空間における Green 関数として知られている．

3.3 Laplace 方程式に対する BEM の直接法

本節では，混合境界条件に従う (図 3.2 参照)，次の Laplace 方程式の解を導く．
$$\nabla^2 u = 0 \quad \text{in } \Omega \tag{3.15}$$
$$u = \bar{u} \quad \text{on } \Gamma_1 \tag{3.16a}$$
$$\frac{\partial u}{\partial n} = \bar{u}_n \quad \text{on } \Gamma_2 \tag{3.16b}$$

ただし，$\Gamma_1 \cup \Gamma_2 = \Gamma$ である．文献では，境界条件 (3.16a) は基本的あるいは運動学的条件と呼ばれ，境界条件 (3.16b) は自然条件と呼ばれる．境界条件 (3.16) の代わりに一般的な境界条件 (3.6b) を用いることもできるが，ここでは説明の簡素化のためそれは使用しないことにする．

式 (3.15) と (3.8) をそれぞれ満足する関数 u と v に対して Green の恒等式 (2.16) を適用し，ソース点が点 P にある場合を仮定すれば次式を得る．

$$-\int_\Omega u(Q)\,\delta(Q-P)\,d\Omega_Q = \int_\Gamma \left[v(q,P)\frac{\partial u(u)}{\partial n_q} - u(q)\frac{\partial v(q,P)}{\partial n_q} \right] ds_q \tag{3.17}$$

ただし，$P, Q \in \Omega$，および $q \in \Gamma$ である．

これまでの式およびこれからの式について，領域 Ω 内にある点は大文字，例えば P や Q のように記述する．一方，境界 Γ 上にある点については小文字，例えば p や q のように記述する．微分に関する添字，例えば $d\Omega_Q$ や ds_q，および導関数の $\partial(\ )/\partial n_q$ などは，積分または微分において変化するそれぞれの点を示している．

式 (2.33) と (3.14) により，式 (3.17) は次のように書かれる．

$$u(P) = -\int_\Gamma \left[v(P,q)\frac{\partial u(q)}{\partial n_q} - u(q)\frac{\partial v(P,q)}{\partial n_q} \right] ds_q \tag{3.18}$$

上述の式の関数 v と $\partial v/\partial n$ はすでに述べた量である．これらは境界上の点 q における Laplace 方程式の基本解とその法線方向微分であり，以下の式で与えられる．

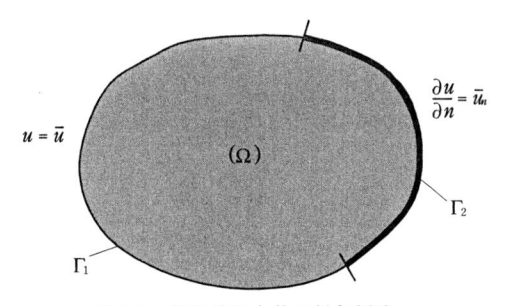

図 3.2　混合境界条件に従う領域 Ω

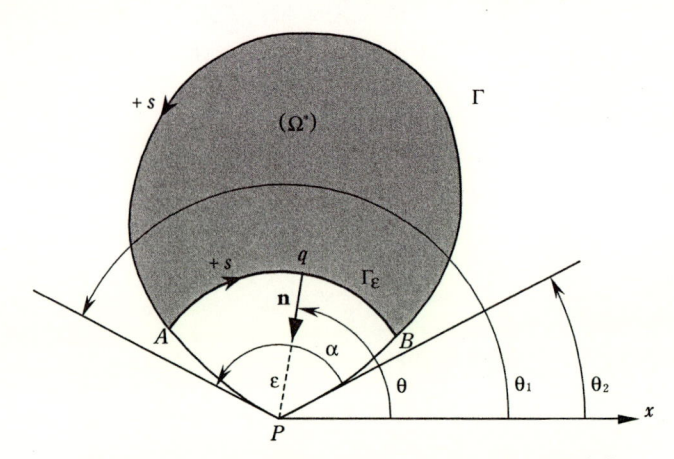

図3.3 滑らかでない境界のかど点 P に関する幾何学的定義

$$v = \frac{1}{2\pi} \ln r \tag{3.19}$$

$$\frac{\partial v}{\partial n} = \frac{1}{2\pi} \frac{\cos \phi}{r} \tag{3.20}$$

ただし，$r = |q-P|$，$\phi = \text{angle}(\mathbf{r}, \mathbf{n})$ である (付録 A 参照).

式 (3.18) は境界値 u とその法線方向微分 $\partial u/\partial n$ の項で表した，領域 Ω 内 (境界 Γ 上ではない) にある任意の点 P に対する微分方程式 (3.15) の解である．関係式 (3.18) は Laplace 方程式に対する解の積分表現と呼ばれている．境界上の点 $q(\xi,\eta)$ で与えられている境界条件は u または $\partial u/\partial n$ のいずれか 1 つであることは，境界条件 (3.16a) と (3.16b) より明らかである．したがって，積分方程式 (3.18) から解を決定するのはまだできない．このために，境界 Γ 上の点 $P \equiv p$ における u の積分方程式を導くことにより，境界条件で与えられていない未知の境界値 (u または $\partial u/\partial n$) を評価することを考える．

境界が滑らかでなく P がかどにあるような一般的な場合を考える (図 3.3 参照)．まず，領域 Ω から中心 P，半径 ε で円弧 PA，PB で拘束されている小さな円の部分を引いた領域を Ω^* と定義する．円弧 AB を Γ_ε と定義し，円弧 AP と PB の和を l とする．Γ_ε に対して垂直な外向き法線は半径 ε と一致し，その方向は中心 P を向いている．境界上の点 P の接線の角度は α によって定義される．明らかに，次式が成立する．

$$\lim_{\varepsilon \to 0} (\theta_1 - \theta_2) = \alpha$$

$$\lim_{\varepsilon \to 0} \Gamma_\varepsilon = 0$$

$$\lim_{\varepsilon \to 0} (\Gamma - l) = \Gamma$$

次に，領域 Ω^* 内でそれぞれ式 (3.15) と式 (3.8) を満足する関数 u と v に対して，Green の恒等式 (2.16) を適用する．点 P は領域 Ω^* の外側に位置しており，$\delta(Q-P) = 0$ で

3.3 Laplace 方程式に対する BEM の直接法

あり，次のようになる．
$$\int_{\Omega^*} u\delta(Q-P)\,d\Omega = 0$$
したがって，Green の恒等式より次式を得る．
$$0 = \int_{\Gamma-l}\left(v\frac{\partial u}{\partial n}-u\frac{\partial v}{\partial n}\right)ds + \int_{\Gamma_\varepsilon}\left(v\frac{\partial u}{\partial n}-u\frac{\partial v}{\partial n}\right)ds \qquad (3.21)$$
上記の方程式において $\varepsilon \to 0$ の極限操作を行ったときの積分の挙動について考える．明らかに，式 (3.21) の右辺第 1 項の積分は以下のようになる．
$$\lim_{\varepsilon\to 0}\int_{\Gamma-l}\left(v\frac{\partial u}{\partial n}-u\frac{\partial v}{\partial n}\right)ds = \int_\Gamma \left(v\frac{\partial u}{\partial n}-u\frac{\partial v}{\partial n}\right)ds \qquad (3.22)$$
一方，第 2 項は以下のように書くことができる (付録 A を参照)．
$$\int_{\Gamma_\varepsilon}\left(v\frac{\partial u}{\partial n}-u\frac{\partial v}{\partial n}\right)ds = \int_{\Gamma_\varepsilon}\frac{1}{2\pi}\frac{\partial u}{\partial n}\ln r\,ds - \int_{\Gamma_\varepsilon}\frac{1}{2\pi}u\frac{\cos\phi}{r}ds$$
$$= I_1 + I_2 \qquad (3.23)$$
円弧 Γ_ε では半径 $r=\varepsilon$ で $\phi=\pi$ である．さらに $ds=\varepsilon(-d\theta)$ であり，これは s が増加する方向とは反対，つまり角度 θ は反時計回りに対して正と定義している．したがって，式 (3.23) における 2 つの積分のうち最初のものは以下のようになる．
$$I_1 = \int_{\Gamma_\varepsilon}\frac{1}{2\pi}\frac{\partial u}{\partial n}\ln r\,ds = \int_{\theta_1}^{\theta_2}\frac{1}{2\pi}\frac{\partial u}{\partial n}\varepsilon\ln\varepsilon\,d(-\theta) \qquad (3.24)$$
積分における平均値の定理より，ある積分の値は，積分区間内にある任意の点 O における被積分関数の値に積分区間の長さをかけた値に等しくなる．したがって，
$$I_1 = \frac{1}{2\pi}\left[\frac{\partial u}{\partial n}\right]_O \varepsilon\ln\varepsilon\,(\theta_1-\theta_2)$$
$\varepsilon \to 0$ としたとき，円弧の点 O は点 P に達する．もちろんこの場合において，まだ定義していないが，導関数 $[\partial u/\partial n]_P$ は有界である．それにもかかわらず，以下の式が成り立つ．
$$\lim_{\varepsilon\to 0}(\varepsilon\ln\varepsilon) = 0$$
これは次式を意味する．
$$\lim_{\varepsilon\to 0}I_1 = 0 \qquad (3.25)$$
同様の方法で，式 (3.23) の右辺第 2 項は以下のように書き表すことが可能である．
$$I_2 = -\int_{\Gamma_\varepsilon}\frac{1}{2\pi}u\frac{\cos\phi}{r}ds = -\int_{\theta_1}^{\theta_2}\frac{1}{2\pi}u\frac{-1}{\varepsilon}\varepsilon\,d(-\theta)$$
あるいは，平均値の定理を用いることで以下のようになる．
$$I_2 = -\frac{1}{2\pi}u_O(\theta_2-\theta_1) = \frac{\theta_1-\theta_2}{2\pi}u_O$$

そして，最終的に次式を得る．

$$\lim_{\varepsilon \to 0} I_2 = \frac{\alpha}{2\pi} u(P) \tag{3.26}$$

式 (3.25) および (3.26) より，式 (3.23) は以下のようになる．

$$\lim_{\varepsilon \to 0} \int_{\Gamma_\varepsilon} \left[v \frac{\partial u}{\partial n} - u \frac{\partial v}{\partial n} \right] ds = \frac{\alpha}{2\pi} u(P) \tag{3.27}$$

式 (3.22) と (3.27) で得られた結果を式 (3.21) に代入し，この式に $\varepsilon \to 0$ の極限操作を行うことで次式を得る．

$$\frac{\alpha}{2\pi} u(p) = -\int_\Gamma \left[v(p,q) \frac{\partial u(q)}{\partial n_q} - u(q) \frac{\partial v(p,q)}{\partial n_q} \right] ds_q \tag{3.28}$$

式 (3.28) は，境界が滑らかでない場合の境界上の点 $p \in \Gamma$ における Laplace 方程式 (3.15) の解の積分表示式である．点 p が境界の滑らかな部分に位置する場合，$\alpha = \pi$ となり式 (3.28) は次式となる．

$$\frac{1}{2} u(p) = -\int_\Gamma \left[v(p,q) \frac{\partial u(q)}{\partial n_q} - u(q) \frac{\partial v(p,q)}{\partial n_q} \right] ds_q \tag{3.29}$$

式 (3.18) と式 (3.28) を比較することにより，関数 u は領域内の点 $P \in \Omega$ が境界上の点 $p \in \Gamma$ に近づいたとき，不連続となることが明らかである．それは，かど点では式 (3.28) より $(1 - \alpha/2\pi)$ と等しく，境界の滑らかな点では式 (3.29) より $1/2$ と等しい．点 P が領域 Ω の外側に位置する場合，Green の恒等式より次式が得られる．

$$0 = -\int_\Gamma \left[v(P,q) \frac{\partial u(q)}{\partial n_q} - u(q) \frac{\partial v(P,q)}{\partial n_q} \right] ds_q \tag{3.30}$$

式 (3.18)，(3.29) および (3.30) は，1つの一般式としてまとめて次式で表せる．

$$\varepsilon(P) u(P) = -\int_\Gamma \left[v(P,q) \frac{\partial u(q)}{\partial n_q} - u(q) \frac{\partial v(P,q)}{\partial n_q} \right] ds_q \tag{3.31}$$

ただし，$\varepsilon(P)$ は点 P の位置に依存する係数であり，それは以下のように定義される．

$$\varepsilon(P) = \begin{cases} 1 & P \text{ が領域 } \Omega \text{ 内} \\ \frac{1}{2} & P \equiv p \text{ が境界 } \Gamma \text{ 上} \\ 0 & P \text{ が領域 } \Omega \text{ の外側} \end{cases}$$

式 (3.29) は境界値 u と $\partial u/\partial n$ の適合関係を表しており，u と $\partial u/\partial n$ のいずれか1つの値だけが境界上の各点で規定されることを意味している．同時に，式 (3.29) は境界 Γ 上での積分方程式，すなわち境界積分方程式であり，境界条件によって規定されていない未知量を含んでいる．

以下では，境界が滑らかであると仮定する．このことより，Dirichlet 問題 (境界 Γ において $u = \bar{u}$) に対して式 (3.29) は以下のように書き表すことができる．

$$\frac{1}{2} \bar{u} = -\int_\Gamma \left(v \frac{\partial u}{\partial n} - \bar{u} \frac{\partial v}{\partial n} \right) ds \tag{3.32a}$$

ただし，境界 Γ 上での関数 $\partial u/\partial n$ だけが未知量となる．Neumann 問題 ($\partial u/\partial n = \bar{u}_n$) に対して，式 (3.29) は次式となる．

$$\frac{1}{2}u = -\int_\Gamma \left(v\bar{u}_n - u\frac{\partial v}{\partial n}\right) ds \tag{3.32b}$$

境界 Γ 上での未知量は u のみである．混合境界値問題に対して，式 (3.29) は2つの別々な方程式 (式 (3.16) 参照) として取扱われる．すなわち，

$$\frac{1}{2}\bar{u} = -\int_\Gamma \left(v\frac{\partial u}{\partial n} - \bar{u}\frac{\partial v}{\partial n}\right) ds \quad \text{on } \Gamma_1 \tag{3.33a}$$

$$\frac{1}{2}u = -\int_\Gamma \left(v\bar{u}_n - u\frac{\partial v}{\partial n}\right) ds \quad \text{on } \Gamma_2 \tag{3.33b}$$

3.4 Poisson 方程式に対する BEM の直接法

ここでは，次の Poisson 方程式で支配される境界値問題の解を探索する．

$$\nabla^2 u = f \quad \text{in } \Omega \tag{3.34}$$

ただし，次の混合境界条件に従う．

$$u = \bar{u} \quad \text{on } \Gamma_1 \tag{3.35a}$$

$$\frac{\partial u}{\partial n} = \bar{u}_n \quad \text{on } \Gamma_2 \tag{3.35b}$$

この問題に対する解は，以下の2種類の方法で得ることができる．

3.4.1 Green の恒等式を適用する方法

解の積分表示式はそれぞれ式 (3.34) と式 (3.8) を満足する関数 u と v に対して Green の恒等式 (2.16) を適用することにより導くことができる．

$$\varepsilon(P)u = \int_\Omega v f d\Omega - \int_\Gamma \left(v\frac{\partial u}{\partial n} - u\frac{\partial v}{\partial n}\right) ds \tag{3.36}$$

滑らかな境界の場合に対応する境界積分方程式は次式となる．

$$\frac{1}{2}u = \int_\Omega v f d\Omega - \int_\Gamma \left(v\frac{\partial u}{\partial n} - u\frac{\partial v}{\partial n}\right) ds \tag{3.37}$$

3.4.2 Poisson 方程式を Laplace 方程式に変換する方法

式 (3.34) の解は以下に示す2つの解の和として得ることができる．

$$u = u_0 + u_1 \tag{3.38}$$

ただし，u_0 は境界 Γ_1 上で $u_0 = \bar{u} - u_1$，境界 Γ_2 上で $\partial u_0/\partial n = \bar{u}_n - \partial u_1/\partial n$ で与えられる境界条件を伴う同次方程式(Laplace 方程式)の解であり，u_1 は非同次方程式の特解である．

(i) 特解 u_1

非同次方程式の特解は，境界条件に関係なく以下に示す支配微分方程式を満足する

任意の関数 u_1 である．
$$\nabla^2 u_1 = f \tag{3.39}$$
ここで，次式を考える．
$$u_1 = \int_\Omega v f d\Omega \tag{3.40}$$
ただし，v は基本解を示す．Dirac デルタ関数の定義 (2.33) を使用すれば，式 (3.39) は次のようになる．
$$\nabla^2 u_1(P) = f(P)$$
$$= \int_\Omega \delta(Q-P) f(Q) d\Omega_Q$$
式 (3.8) を代入すれば次式を得る．
$$\nabla^2 u_1(P) = \int_\Omega \nabla^2 v(Q,P) f(Q) d\Omega_Q = \nabla^2 \left[\int_\Omega v(Q,P) f(Q) d\Omega_Q \right]$$
あるいは，
$$\nabla^2 \left[u_1(P) - \int_\Omega v(Q,P) f(Q) d\Omega_Q \right] = 0$$
これらの式は明らかに以下に示す特解により満足される．
$$u_1(P) = \int_\Omega v(Q,P) f(Q) d\Omega_Q$$
演算子 ∇^2 による微分は点 P のそれぞれの座標に関して行われることに注意しなければならない．さらに，v はこの点で連続であることにも気を付けなければならない．これらのことより，演算子 ∇^2 は上式の積分の外側に移された．

特解を決定する他の方法は，式 (3.39) を複素領域に変換することにより導くことである．変換は以下のように定義される．
$$z = x+iy, \quad \bar{z} = x-iy \quad (i=\sqrt{-1}) \tag{3.41a}$$
その逆関係は次のようになる．
$$x = \frac{z+\bar{z}}{2}, \quad y = \frac{z-\bar{z}}{2i} \tag{3.41b}$$
式 (3.39) が次式に変換されることはすぐにわかる．
$$4 \frac{\partial^2 u_1}{\partial z \partial \bar{z}} = f(z, \bar{z}) \tag{3.42}$$
上式を 2 回積分した後，特解 $u_1(z, \bar{z})$ を導出することができる．特解を導出したいだけなので，この場合は任意の積分関数を省くことができる．したがって，式 (3.41a) の変換により，物理空間における特解 $u_1(x,y)$ を導出できる．

例題 3.1
関数 f が以下の場合について，Poisson 方程式 (3.34) の特解 $u_1(x,y)$ を求める．

$$f = x^2 + y^2 \tag{a}$$
上式 (a) に対して式 (3.41b) の変換を適用すれば，関数 f は複素領域で以下のようになる．
$$f = z\bar{z} \tag{b}$$
式 (3.42) は以下のように書き表すことができる．
$$\frac{\partial^2 u_1}{\partial z \partial \bar{z}} = \frac{1}{4} z\bar{z} \tag{c}$$
繰り返し積分すれば次式を得る．
$$u_1 = \frac{1}{16} z^2 \bar{z}^2 \tag{d}$$
式 (3.41b) を上式に代入することで，物理領域における特解を求めることができる．
$$u_1 = \frac{1}{16} \left(x^2 + y^2 \right)^2 \tag{e}$$

(ii) 同次解 u_0

ひとたび特解 u_1 が得られたら，同次方程式の解 u_0 は次の境界値問題から求められる．
$$\nabla^2 u_0 = 0 \quad \text{in } \Omega \tag{3.43}$$
$$u_0 = \bar{u} - u_1 \quad \text{on } \Gamma_1 \tag{3.44a}$$
$$\frac{\partial u_0}{\partial n} = \bar{u}_n - \frac{\partial u_1}{\partial n} \quad \text{on } \Gamma_2 \tag{3.44b}$$
この問題は，3.3 節で説明された手順で解くことができる．

3.5 領域積分の境界積分への変換

BEM を用いて Poisson 方程式を解く際に，領域積分項が解の積分表示式 (3.36) に現れる．この積分は以下の形となる．
$$\int_\Omega v f d\Omega \tag{3.45}$$
被積分関数 vf は既知であるが，領域積分を評価しなければならないという事実が本手法の純粋に境界型という特徴を損なわせ，領域型解法としての BEM の利点を弱めてしまう．しかしながら，領域積分 (3.45) を領域 Ω の境界 Γ 上の線積分に変換することでこの欠点を克服することが可能である．以下に，領域積分 (3.45) の変換について 2 種類の異なる方法を示す．

(i) 関数 f が x と y の多項式の場合

関数 f が x と y の多項式である場合を仮定する．
$$f = \alpha_0 + \alpha_1 x + \alpha_2 y \tag{3.46}$$
ただし，α_0，α_1 および α_2 は既知の定数である．この関数は明らかに次の Laplace 方程式を満足する．

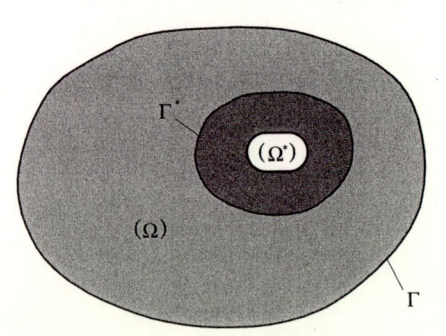

図3.4 境界 Γ^* を有する部分領域 $\Omega^* \subset \Omega$

$$\nabla^2 f = 0 \tag{3.47}$$

後に示すように，次の Poisson 方程式を満足する関数 U を決定することができる．

$$\nabla^2 U = v \tag{3.48}$$

関数 f と U に対して，Green の恒等式 (2.16) を適用することで次式が得られる．

$$\int_\Omega \left(f\nabla^2 U - U\nabla^2 f \right) d\Omega = \int_\Gamma \left(f\frac{\partial U}{\partial n} - U\frac{\partial f}{\partial n} \right) ds$$

式 (3.47) と (3.48) より，上式より次式を得る．

$$\int_\Omega v f d\Omega = \int_\Gamma \left(f\frac{\partial U}{\partial n} - U\frac{\partial f}{\partial n} \right) ds \tag{3.49}$$

関数 f が境界 Γ^* をもつ部分領域 $\Omega^* \subset \Omega$ (図 3.4 参照) 内で定義されるなら，式 (3.49) は以下のようになる．

$$\int_\Omega v f d\Omega = \int_{\Omega^*} v f d\Omega = \int_{\Gamma^*} \left(f\frac{\partial U}{\partial n} - U\frac{\partial f}{\partial n} \right) ds \tag{3.50}$$

関数 $U = U(r)$ は式 (3.48) の特解として求められる．このため，以下に極座標の Laplace 演算子を書く．

$$\frac{1}{r}\frac{d}{dr}\left(r\frac{dU}{dr} \right) = \frac{1}{2\pi}\ln r$$

上述の式を 2 回積分することで，次の特解を得ることができる．

$$U = \frac{1}{8\pi}r^2(\ln r - 1) \tag{3.51}$$

(ii) 関数 f が任意の場合

この場合，関数 f は部分領域 $\Omega^* \subset \Omega$ 内で任意の関数として定義される．まず，以下に示す Poisson 方程式を満足する別の関数 F を設定する．

$$\nabla^2 F = f \tag{3.52}$$

この関数 F は，3.4.2 項で記述された手順を用いれば，式 (3.52) の特解として定義される．Green の恒等式 (2.16) を領域 Ω^* 内の関数 v と F に適用すれば，次式を得る．

$$\int_{\Omega^*} \left(v\nabla^2 F - F\nabla^2 v\right) d\Omega = \int_{\Gamma^*} \left(v\frac{\partial F}{\partial n} - F\frac{\partial v}{\partial n}\right) ds$$

よって以下の式が得られる．

$$\int_{\Omega^*} vf d\Omega = \int_{\Omega^*} F\delta\left(Q-P\right) d\Omega_Q + \int_{\Gamma^*} \left(v\frac{\partial F}{\partial n} - F\frac{\partial v}{\partial n}\right) ds \quad (3.53)$$

領域 Ω^* を次の 2 つの場合に区別する：
(a) $\Omega^* \equiv \Omega$ の場合．点 P は常に領域 Ω 内に存在し，式 (3.53) より次式を得る．

$$\int_{\Omega} vf d\Omega = F + \int_{\Gamma} \left(v\frac{\partial F}{\partial n} - F\frac{\partial v}{\partial n}\right) ds \quad (3.54)$$

(b) $\Omega^* \subset \Omega$ の場合．点 P は領域 Ω^* 内，境界 Γ^* 上，もしくは領域 Ω の外側に存在する．この場合は，式 (3.53) は次式となる．

$$\int_{\Omega^*} vf d\Omega = \varepsilon\left(P\right) F + \int_{\Gamma^*} \left(v\frac{\partial F}{\partial n} - F\frac{\partial v}{\partial n}\right) ds \quad (3.55)$$

ただし，$\varepsilon(P) = 1, 1/2, 0$ は，それぞれ点 P が領域 Ω^* 内，境界 Γ^* 上，または領域 Ω の外側のいずれかに位置するかによって決定される．

3.6 異方性体のポテンシャル問題に対する BEM

本節では，以下に示す境界値問題の BEM 解法について理論を展開する．

$$k_{xx}\frac{\partial^2 u}{\partial x^2} + 2k_{xy}\frac{\partial^2 u}{\partial x \partial y} + k_{yy}\frac{\partial^2 u}{\partial y^2} = f(x,y) \quad \text{on } \Omega \quad (3.56a)$$

$$u = \bar{u} \quad \text{on } \Gamma_1 \quad (3.56b)$$

$$\nabla u \cdot \mathbf{m} = \bar{q}_n \quad \text{on } \Gamma_2 \quad (3.56c)$$

ただし，
$$\mathbf{m} = (k_{xx}n_x + k_{xy}n_y)\mathbf{i} + (k_{xy}n_x + k_{yy}n_y)\mathbf{j}$$

は境界の法線方向を向くベクトルであり，k_{xx}, k_{xy}, k_{yy} は楕円条件 $k_{xy}^2 - k_{xx}k_{yy} < 0$ を満足する定数である．明らかに，$k_{xx} = k_{yy} = 1$ および $k_{xy} = 0$ の場合は $\mathbf{m} = \mathbf{n}$ となり，境界値問題 (3.56) は式 (3.34) と (3.35) によって記述される Poisson 方程式の混合境界値問題に帰着する．式 (3.56a) は異方性体のポテンシャル問題を記述するものである (6.5 節の例題 6.4 を参照)．

3.6.1 解の積分表示式

式 (3.56a) の微分演算子に対する Green の恒等式は，式 (2.21) で $A = k_{xx}$, $B = k_{xy}$, $C = k_{yy}$ および $D = E = F = 0$ とおくことで導出することができる．したがって，簡単に次式に到達する．

$$\int_{\Omega} [vL(u) - uL(v)] d\Omega = \int_{\Gamma} (v\nabla u \cdot \mathbf{m} - u\nabla v \cdot \mathbf{m}) ds \quad (3.57)$$

ただし，
$$L(\ ) = k_{xx}\frac{\partial^2}{\partial x^2} + 2k_{xy}\frac{\partial^2}{\partial x \partial y} + k_{yy}\frac{\partial^2}{\partial y^2} \tag{3.58}$$

境界条件 (3.56c) は並べ替えると次式のように書ける．
$$\nabla u \cdot \mathbf{m} = \mathbf{q} \cdot \mathbf{n} = q_n \tag{3.59}$$

ただし，
$$\mathbf{q} = q_x \mathbf{i} + q_y \mathbf{j} = \left(k_{xx}\frac{\partial u}{\partial x} + k_{xy}\frac{\partial u}{\partial y}\right)\mathbf{i} + \left(k_{xy}\frac{\partial u}{\partial x} + k_{yy}\frac{\partial u}{\partial y}\right)\mathbf{j} \tag{3.60}$$

は，境界 Γ の単位長さ当たりを流れるポテンシャルの流束を表すベクトルである．また，q_n は境界の法線方向に射影した成分である．解の積分表示式は以下のように得られる．

$$u(P) = \int_\Omega vf d\Omega - \int_\Gamma (v\nabla u \cdot \mathbf{m} - u\nabla v \cdot \mathbf{m})\,ds, \quad P \in \Omega \tag{3.61}$$

ただし，v は式 (3.56a) の基本解，すなわち，以下の方程式の特解である．
$$L(v) = \delta(Q-P) \tag{3.62}$$

3.6.2 基本解

式 (3.56a) の基本解は式 (3.62) の標準形を変換することにより求めることができる．このために，次の変換を考える．

$$\left.\begin{array}{l} \bar{x} = y - ax \\ \bar{y} = -bx \end{array}\right\} \tag{3.63a}$$

およびその逆関係：

$$\left.\begin{array}{l} x = -\dfrac{1}{b}\bar{y} \\ y = \bar{x} - \dfrac{a}{b}\bar{y} \end{array}\right\} \tag{3.63b}$$

ただし，
$$a = \frac{k_{xy}}{k_{xx}}, \quad b = \frac{\sqrt{|D|}}{k_{xx}} \tag{3.64}$$

$$|D| = \begin{vmatrix} k_{xx} & k_{xy} \\ k_{xy} & k_{yy} \end{vmatrix} = k_{xx}k_{yy} - k_{xy}^2 \tag{3.65}$$

演算子 (3.58) に含まれる導関数は式 (3.63a) の変換より以下のようになる．

$$\frac{\partial v}{\partial x} = -\left(a\frac{\partial v}{\partial \bar{x}} + b\frac{\partial v}{\partial \bar{y}}\right)$$

$$\frac{\partial v}{\partial y} = \frac{\partial v}{\partial \bar{x}}$$

$$\frac{\partial^2 v}{\partial x^2} = a^2\frac{\partial^2 v}{\partial \bar{x}^2} + 2ad\frac{\partial^2 v}{\partial \bar{x}\partial \bar{y}} + b^2\frac{\partial^2 v}{\partial \bar{y}^2}$$

3.6 異方性体のポテンシャル問題に対する BEM

$$\frac{\partial^2 v}{\partial x \partial y} = -\left(a\frac{\partial^2 v}{\partial \bar{x}^2} + b\frac{\partial^2 v}{\partial \bar{x} \partial \bar{y}}\right)$$

$$\frac{\partial^2 v}{\partial y^2} = \frac{\partial^2 v}{\partial \bar{x}^2}$$

最終的には,演算子 $L(v)$ は以下の簡潔な形となる.

$$L(v) = \frac{|D|}{k_{xx}}\left(\frac{\partial^2 v}{\partial \bar{x}^2} + \frac{\partial^2 v}{\partial \bar{y}^2}\right) \tag{3.66}$$

関数 $\delta(Q-P)$ は,式 (2.40) を用いて $\bar{x}\bar{y}$–平面に以下のように変換される.

$$\delta(Q-P) = \frac{\delta(\bar{Q}-\bar{P})}{|J|}$$

ただし,それぞれの点の座標は $Q(\xi,\eta)$, $P(x,y)$, $\bar{Q}(\bar{\xi},\bar{\eta})$, $\bar{P}(\bar{x},\bar{y})$ であり,式 (3.63a) の変換によりヤコビアンは以下のようになる.

$$|J| = \begin{vmatrix} \frac{\partial x}{\partial \bar{x}} & \frac{\partial y}{\partial \bar{x}} \\ \frac{\partial x}{\partial \bar{y}} & \frac{\partial y}{\partial \bar{y}} \end{vmatrix} = \begin{vmatrix} 0 & 1 \\ -\frac{1}{b} & -\frac{a}{b} \end{vmatrix} = \frac{1}{b}$$

または,

$$|J| = \frac{k_{xx}}{\sqrt{|D|}} \tag{3.67}$$

したがって,Dirac 関数は以下のように変換される.

$$\delta(Q-P) = \frac{\sqrt{|D|}}{k_{xx}}\delta(\bar{Q}-\bar{P}) \tag{3.68}$$

式 (3.66) と (3.68) を式 (3.62) に組み込むことで,後者の式は次のようになる.

$$\nabla^2 v = \frac{1}{\sqrt{|D|}}\delta(\bar{Q}-\bar{P}) \tag{3.69}$$

ただし,Laplace 演算子は $\bar{x}$ と $\bar{y}$ 座標で表される.式 (3.8) と (3.69) の比較より,式 (3.13) を考慮することで,$(\bar{x},\bar{y})$ 座標系における式 (3.69) の基本解は以下のような形となるのは明らかである.

$$v = \frac{1}{2\pi\sqrt{|D|}}\ln r \tag{3.70}$$

ただし,

$$r = \sqrt{(\bar{\xi}-\bar{x})^2 + (\bar{\eta}-\bar{y})^2}$$

あるいは,(x,y) 座標系に戻すと,

$$r = \sqrt{(a^2+b^2)(\xi-x)^2 - 2a(\xi-x)(\eta-y) + (\eta-y)^2}$$

上式は,式 (3.64) より,以下のようになる.

$$r = \frac{\sqrt{k_{yy}(\xi-x)^2 - 2k_{xy}(\xi-x)(\eta-y) + k_{xx}(\eta-y)^2}}{\sqrt{k_{xx}}} \tag{3.71}$$

ただし，定数が加えられたとしても基本解は変わらない．このことより，次のように基本解を書くことができる．

$$v = \frac{1}{2\pi\sqrt{|D|}} \ln r + \frac{1}{2\pi\sqrt{|D|}} \ln\left(\sqrt{\frac{k_{xx}}{|D|}}\right)$$

または

$$v = \frac{1}{2\pi\sqrt{|D|}} \ln r \tag{3.72}$$

ただし，r は以下のように定義される．

$$r = \sqrt{\frac{k_{yy}(\xi-x)^2 - 2k_{xy}(\xi-x)(\eta-y) + k_{xx}(\eta-y)^2}{|D|}} \tag{3.73}$$

ここで，量 $k_{yy}/|D|$, $k_{xy}/|D|$, $k_{xx}/|D|$ は，マトリックス $\mathbf{D}^{-1}$[17] の成分であることに注意しなければならない．材料が直交異方性の場合，定数はそれぞれ $k_{xy}=0$, $|D|=k_{xx}k_{yy}$ となり，式 (3.73) は次式となる．

$$r = \sqrt{\frac{(\xi-x)^2}{k_{xx}} + \frac{(\eta-y)^2}{k_{yy}}} \tag{3.74}$$

導出された基本解 (3.72) において，積分表示式 (3.61) に現れる項 $\nabla v \cdot \mathbf{m}$ は次のようになる．

$$\nabla v \cdot \mathbf{m} = \frac{1}{2\pi\sqrt{|D|}} \frac{\nabla r \cdot \mathbf{m}}{r} \tag{3.75}$$

ただし，

$$\nabla r \cdot \mathbf{m} = \frac{\partial r}{\partial \xi} m_x + \frac{\partial r}{\partial \eta} m_y \tag{3.76}$$

であり，$\mathbf{m}$ の成分は $m_x = k_{xx}n_x + k_{xy}n_y$ と $m_y = k_{xy}n_x + k_{yy}n_y$ である．

式 (3.76) の導関数は，式 (3.73) を微分することで以下のように得られる．

$$\frac{\partial r}{\partial \xi} = \frac{1}{|D|}\left(k_{yy}\frac{\xi-x}{r} - k_{xy}\frac{\eta-y}{r}\right) \tag{3.77}$$

$$\frac{\partial r}{\partial \eta} = \frac{1}{|D|}\left(-k_{xy}\frac{\xi-x}{r} + k_{xx}\frac{\eta-y}{r}\right) \tag{3.78}$$

3.6.3 境界積分方程式

境界積分方程式は，式 (3.61) で点 $P \in \Omega$ が境界 Γ 上の点 p と一致するとして導出できる．この場合，式 (3.72) と (3.75)，および 3.3 節で説明した解析法を考慮に入れて，境界の滑らかな部分に点 p が位置するとき次式を得る．

$$\lim_{P \to p} \int_{\Gamma_\varepsilon} v \nabla u \cdot \mathbf{m} ds = 0$$

$$\lim_{P \to p} \int_{\Gamma_\varepsilon} u \nabla v \cdot \mathbf{m} ds = \frac{1}{2} u(p)$$

したがって，境界積分方程式は次の形となる．

$$\frac{1}{2} u(p) = \frac{1}{2\pi \sqrt{|D|}} \int_{\Omega} f \ln r d\Omega$$

$$-\frac{1}{2\pi \sqrt{|D|}} \int_{\Gamma} \left[(\nabla u \cdot \mathbf{m}) \ln r - u \frac{\nabla r \cdot \mathbf{m}}{r} \right] ds \qquad (3.79)$$

上式の核関数は，式 (3.73) によって与えられる距離 r を除いて，式 (3.28) または式 (3.37) の核関数と同じである．式 (3.79) は，境界条件で規定されていない u および $\nabla u \cdot \mathbf{m}$ を決定するのに用いられる．そしてその後，任意の点 $P \in \Omega$ の解は式 (3.61) より評価される．

3.7 おわりに

ポテンシャル方程式を境界積分方程式に変形して解く方法は最近のことではなく，その始まりは 20 世紀の初めにさかのぼる．1900 年に，Fredholm[1] はポテンシャル論において，規定された境界値から未知の境界値を決定するのにこの手法を用いた．その詳細な説明は，ポテンシャル論の文献 [2] で見つけることができる．しかしながら，得られた特異積分方程式を解くことが実用上不可能だったので，ポテンシャル問題に対する解法として境界積分方程式法を用いる手法は捨て去られた．この手法は主に，微分方程式の解の存在定理を証明するのに限られていた．

それにもかかわらず，近代コンピュータの出現とともに，この手法は再び表舞台へ登場し，1960 年の初頭にはゆっくりではあるが確実に数値計算手法として用いられ始めた．Jaswon[3] と Symm[4] らは，ポテンシャル方程式に対する解のアルゴリズムを示した．また，Jaswon と Ponter[5] は円形断面でない棒の古典的 Saint-Venant ねじり問題に対する境界積分方程式に対する数値解法を展開した．彼らはゆがみ関数による定式化を採用し，Laplace 方程式の Neumann 問題を解いた．数値解析結果は様々な断面形状の棒に対して得られた．例えば，穴が存在するまたは存在しないような楕円形状や，四角形形状，正三角形形状やノッチのある円形状などである．Mendelson[6] は応力関数に対する Dirichlet 問題を同様に解いた．その後，Katsikadelis と Sapountzakis[7] は 2 種類あるいはそれ以上の材料から構成される複合材料棒のねじり問題に対する境界積分方程式の定式化を行った．彼らは，境界積分方程式の数値解法を発展させ，楕円形状あるいは円形状を含む楕円形の複合断面に対する数値解，箱型の空洞を有する断面形状の数値解，I 型の形状を含む四角形断面形状に対する解などを導出した．Symm[8] は，複素領域の単位円 $|w(z)| = 1$ 上に任意の形状を有するような簡単に接続

されている領域に対する等角写像の問題を解いた．Christiansen[9] は Saint-Venant の
ねじり問題に対する積分方程式の完全な集合を示した．

近年20年間で，ポテンシャル方程式に対するBEMによる解法が記されている文献が非
常に多く出版された．読者には参考文献として，*Boundary Elements Communications*
[10] または最近出版された *The Boundary Elements Reference Database*[11] を推奨する．
さらに詳細に境界積分方程式法を研究したい読者には，JaswonとSymm[12], Gipson[13]
などを推奨する．ポテンシャル問題に対する BEM の適用に対しては，Banerjee と
Butterfield[14], Brebbia と Dominguez[15] を推奨する．最後に，楕円形の偏微分方程
式に興味がある読者にはとても有益である Zauderer[16] と Mikhlin[17] らの文献を推奨
する価値があることを述べておく．

[1] Fredholm, I., 1900. Ofversight af Kongl, Svenska Vetenskaps - Akademiens Forhandligar, Vol.57, pp.39-46.

[2] Kellog, O.D., 1967. *Foundations of Potential Theory*, Springer-Verlag, Berlin.

[3] Jaswon, M.A., 1963. Integral Equation Methods in Potential Theory, I, *Proceeding of the Royal Society*, London, Vol.275(A), pp.23-32.

[4] Symm, G.T., 1963. Integral Equation Methods in Potential Theory, II, *Proceeding of the Royal Society*, London, Vol.275(A), pp.33-46.

[5] Jaswon, M.A. and Ponter, A.R., 1963. An Integral Equation Solution of the Torsion Problem, *Proceeding of the Royal Society*, London, Vol.275(A), pp.237-246.

[6] Mendelson, A., 1973. Boundary Integral Methods in Elasticity and Plasticity, *NASA, Technical Note*, T.N. D-7418.

[7] Katsikadelis, J.T. and Sapountzakis, E.I., 1985. Torsion of Composite Bars by the Boundary Element Method, *ASCE Journal of Engineering Mechanics*, Vol.111, pp.1197-1210.

[8] Symm, G.T., 1966. An Integral Equation Method in Conformal Mapping, *Numerische Mathematik*, Vol.9, pp.250-258.

[9] Christiansen, S., 1978. A Review of Some Integral Equations for Solving the Saint-Venant Torsion Problem, *Journal of Elasticity*, Vol.8, pp.1-20.

[10] *Boundary Elements Communications* by the International Society for Boundary Elements (ISBE), Computational Mechanics Publications, Southampton.

[11] Aliabadi, M.H., Brebbia, C.A. and Mackerle, J. (eds.), 1995. *The Boundary Elements Reference Database*, Computational Mechanics Publications, Southampton.

[12] Jaswon, M.A. and Symm, G.T., 1977. *Integral Equation Methods in Potential Theory and Elastostatics*, Academic Press, Inc., London.

[13] Gipson, G.S., 1987. *Boundary Element Fundamentals - Basic Concepts and Recent Developments in the Poisson Equation*, Computational Mechanics Publications,

Southampton.
[14] Banerjee, P.K. and Butterfield, R., 1981. *Boundary Element Methods in Engineering Science*, McGraw-Hill, U.K.
[15] Brebbia, C.A. and Dominguez, D.J., 2001. *Boundary Elements: An Introductory Course*, 2nd edition, Computational Mechanics Publications, Southampton.
[16] Zauderer, E., 1989. *Partial Differential Equations of Applied Mathematics*, John Wiley & Sons, New York.
[17] Mikhlin, S.G. (ed.), 1967. *Linear Equations of Mathematical Physics*, Holt. Rinehart and Winston, New York.

演習問題

3.1 以下に示す方程式の特解を導出せよ．
$$\nabla^2 u = xy$$

3.2 半径 R で中心が点 $P(x_0, y_0)$ にある領域 Ω の以下の積分を求めよ．
$$\int_\Omega v f d\Omega$$
ただし，
$$v = \frac{1}{2\pi} \ln r, \quad r = |Q-P| = \sqrt{(x-x_0)^2 + (y-y_0)^2}$$
そして
$$f(x,y) = \alpha_0 + \alpha_1 x + \alpha_2 y$$

3.3 以下に示す領域積分：
$$\int_\Omega \frac{\partial v}{\partial x} f d\Omega$$
ただし，
$$v = \frac{1}{2\pi} \ln r, \quad r = |Q-P| = \sqrt{(x-x_0)^2 + (y-y_0)^2}$$
を，関数が次の2つの場合について境界 Γ 上の線積分に変換せよ．
(i) $f = \alpha_0 + \alpha_1 x + \alpha_2 y$
(ii) $f = x^2 + y^2$

3.4 u が Laplace 方程式の解であり，n_p および t_p がそれぞれ境界上の点 $p \in \Gamma$ の外向き法線と接線を示している場合について，導関数 $\partial u / \partial n_p$ と $\partial u / \partial t_p$ の積分表示式を導出せよ．

3.5 次の2つの点の場合において，導関数 $\partial u / \partial x$ と $\partial u / \partial y$ の積分表示式を導出せよ．
(i) $P \in \Omega$
(ii) $p \in \Gamma$

4
BEMの数値解析プログラム

4.1 はじめに

　本章では，前章において解説されたポテンシャル問題の解法に対するBEMの数値解析プログラムについて記述する．実際の工学的応用に対して，積分方程式(3.29)の厳密解は問題外である．しかし，同じ方程式の数値解はBEMを用いることにより常に求められる．

　境界Γをもつ任意の領域Ωを考えよう．BEMの真髄は，必ずしも均等である必要がない有限個のセグメントに離散することであり，これは境界要素と呼ばれる．2つの近似がこれらの要素のそれぞれに行われる．1つは，境界の幾何学的近似であり，もう1つはある要素にわたっての未知の境界値の変化の近似である．一般的に用いられる境界要素には，一定要素，線形要素，放物線または2次要素がある．各要素において，端点または終点，節または節点を区別する．節点とは，境界量の値が与えられている点である．一定要素の場合のセグメントは直線によって近似され，それらはその端点で接続している．節点は直線の中心に位置し，境界値はその要素にわたって一定であると仮定され，それはその要素の節点の値と等しい(図4.1a参照)．線形要素においてはセグメントもその端点を結ぶ直線によって近似される．この要素は2つの節点を有し，それは常に端点に位置する．境界量は節点値の間で線形に変化すると仮定される(図4.1b参照)．最後に放物線要素つまり2次要素においては，放物状の円弧によって近似される．この要素は3つの節点を有し，そのうちの2つは端点に配置され，残りの1つはその2つの節点の間のどこかに配置されるが，たいていその中心に配置される(図4.1c参照)．

　線形要素と2次要素において，セグメントの形状はアイソパラメトリックに描かれる．すなわち，その形状と境界量は同じ次数の多項式によりその要素上で変化すると近似される．一定要素においてセグメント形状はスーパーパラメトリックに描かれる．なぜなら，境界量を近似するのに用いるものより高次の多項式により表されるからである．一定要素では要素から要素へ境界量は不連続になるが，線形あるいは2次要素では境界量は連続である．これらの要素は要素間の連続性で境界量のより良い近似を保証するが，かど点における扱いの複雑さ，および境界条件の型が変わる場合(混合

4.1 はじめに

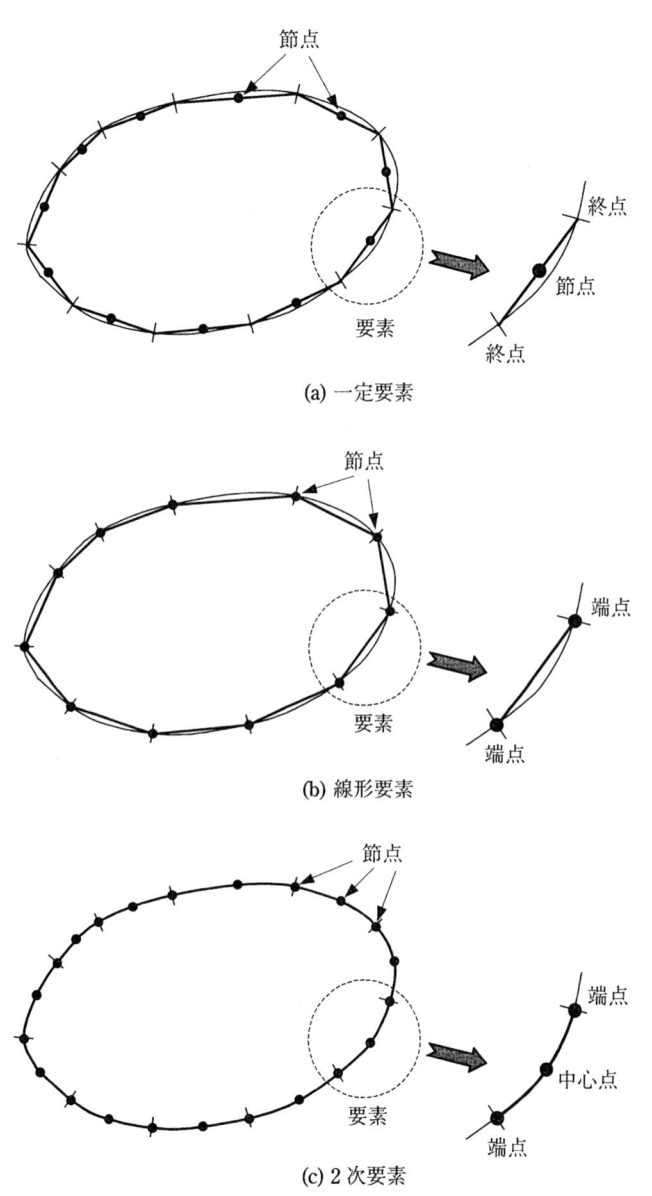

(a) 一定要素

(b) 線形要素

(c) 2次要素

図 4.1 境界要素の種類

境界値問題) の取扱いを複雑にするという問題を生じさせる．これらの問題は，節点が端点にない不連続な線形または 2 次要素を用いることで克服することができる (5 章を参照)．積分方程式 (3.29) の数値解析プログラムを最初に一定要素を用いた場合について説明する．なぜなら，この段階では BEM の数値解析法を理解することが重要であって，BEM の有効性と精度を向上させる，さらに進んだ数値計算技術を組み込む必要性がいまのところないからである．

4.2　一定要素を用いた BEM

境界 Γ は N 個の一定要素に分割され，それらは反時計回りの方向に番号付けされる．境界値 u の値とその法線方向導関数 $\partial u/\partial n$ (u_n とも表す) はそれぞれの要素にわたって一定であって，その要素の中心の点の値と等しいと仮定される．

$$\frac{1}{2}u^i = -\sum_{j=1}^{N}\int_{\Gamma_j} v(p_i,q)\frac{\partial u(q)}{\partial n_q}ds_q + \sum_{j=1}^{N}\int_{\Gamma_j} u(q)\frac{\partial v(p_i,q)}{\partial n_q}ds_q \qquad (4.1)$$

ただし，Γ_j は j 番目の節点が配置されているセグメント (直線) であり，この上で積分が実行される．また，p_i は i 番目の要素の節点である．一定要素に対しては境界は節点で滑らかであり，$\varepsilon(P) = 1/2$ となる．さらに，u と $\partial u/\partial n$ の値はそれぞれの要素上で一定である．そのため，それらは積分の外側に出すことが可能である．u^j と u_n^j は，それぞれ u と u_n の j 番目の要素上の値であり，式 (4.1) は次のように書くことができる．

$$-\frac{1}{2}u^i + \sum_{j=1}^{N}\left(\int_{\Gamma_j}\frac{\partial v}{\partial n}ds\right)u^j = \sum_{j=1}^{N}\left(\int_{\Gamma_j} v\,ds\right)u_n^j \qquad (4.2)$$

上式に含まれている積分は，基本解が適用されている節点 p_i と節点 p_j ($j=1,2,\cdots,N$) を関係付けている (図 4.2 参照)．それらの値は，$\frac{1}{2}u^i$ の形成に関する節点値 u^j と u_n^j の寄与を表している．このため，それらはしばしば影響係数と呼ばれる．これらの係数は以下に定義するように，$\hat{H}_{ij}$ と G_{ij} により表される．

$$\hat{H}_{ij} = \int_{\Gamma_j}\frac{\partial v(p_i,q)}{\partial n_q}ds, \quad G_{ij} = \int_{\Gamma_j} v(p_i,q)\,ds \qquad (4.3)$$

ただし，点 p_i (基準点) は動くことなく，点 q (積分点) は j 番目の要素にわたって変化する．式 (4.2) に (4.3) を代入すると，解の離散形は以下のようになる．

$$-\frac{1}{2}u^i + \sum_{j=1}^{N}\hat{H}_{ij}u^j = \sum_{j=1}^{N}G_{ij}u_n^j \qquad (4.4)$$

さらに，次のようにおく．

$$H_{ij} = \hat{H}_{ij} - \frac{1}{2}\delta_{ij} \qquad (4.5)$$

4.2 一定要素を用いた BEM

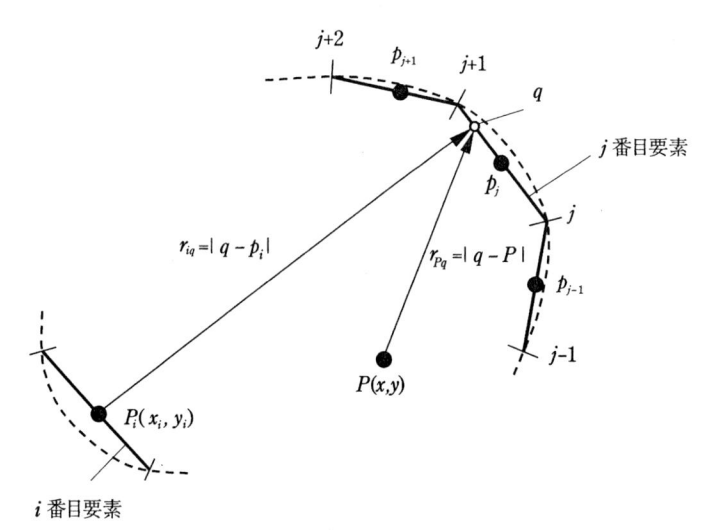

図 4.2 節点配置と一定要素の離散化に対する距離

ただし，δ_{ij} はクロネッカーデルタ (Kronecker delta) であり，$i \neq j$ の場合 $\delta_{ij} = 0$, $i = j$ の場合 $\delta_{ij} = 1$ と定義される．このことより，式 (4.4) はさらに以下のように書くことができる．

$$\sum_{j=1}^{N} H_{ij} u^j = \sum_{j=1}^{N} G_{ij} u_n^j \tag{4.6}$$

式 (4.6) をすべての節点 p_i ($i = 1, 2, \cdots, N$) に順番に適用すれば N 個の線形代数方程式系が得られ，次のマトリックス形にまとめられる．

$$[H]\{u\} = [G]\{u_n\} \tag{4.7}$$

ただし，$[H]$ と $[G]$ は $N \times N$ の正方マトリックスであり，$\{u\}$ と $\{u_n\}$ は次元 N のベクトルである．

ここで混合境界値問題を仮定しよう．この場合，u が規定されている境界 Γ_1 と u_n が規定されている境界 Γ_2 が，それぞれ N_1 個と N_2 個の一定要素で離散化される ($\Gamma_1 \cup \Gamma_2 = \Gamma, N_1 + N_2 = N$)．したがって，式 (4.7) は N 個の未知数を含む．すなわち，Γ_2 上で $N - N_1$ 個の u の値と，Γ_1 上で $N - N_2$ 個の u_n の値である．これらの N 個の未知量は，式 (4.7) の方程式系から決定することができる．

この方程式系を解く前に，既知量と未知量を分ける必要がある．式 (4.7) はマトリックスを分割することで以下のように書くことができる．

$$[[H_{11}][H_{12}]]\left\{\begin{array}{c}\{\bar{u}\}_1 \\ \{u\}_2\end{array}\right\} = [[G_{11}][G_{12}]]\left\{\begin{array}{c}\{u_n\}_1 \\ \{\bar{u}_n\}_2\end{array}\right\} \tag{4.8}$$

ただし，$\{\bar{u}\}_1$ と $\{\bar{u}_n\}_2$ はそれぞれ境界 Γ_1 と Γ_2 上で規定された値を示す．一方，$\{u_n\}_1$ と $\{u\}_2$ は対応する未知量を示している．式 (4.8) で掛け算を実行した後，すべての未

知量を左辺に移項することで以下の方程式を得る.
$$[A]\{X\} = \{B\} \tag{4.9}$$
ただし,
$$[A] = [[H_{12}] \ -[G_{11}]] \tag{4.10a}$$

$$\{X\} = \left\{ \begin{array}{c} \{u\}_2 \\ \{u_n\}_1 \end{array} \right\} \tag{4.10b}$$

$$\{B\} = -[H_{11}]\{\bar{u}\}_1 + [G_{12}]\{\bar{u}_n\}_2 \tag{4.10c}$$

$[A]$ は $N \times N$ の正方マトリックスとなり，$\{X\}$ と $\{B\}$ は次元 N のベクトルである.

前述のマトリックスの再配列は，u の値が規定されている N_1 個の点と u_n の値が規定されている N_2 個の点が順番になっているときに有効である．これ以外の場合は，式 (4.8) でのマトリックスの分割は，$[H]$ と $[G]$ の列の適切な再配列を先に行わなければならない．マトリックス $[A]$ とベクトル $\{B\}$ は別の簡単な方法で作成することもできる．そのやり方は次の事実に基づいて行われる．すなわち，マトリックス $[A]$ は未知の境界値 u と u_n に対応する $[H]$ と $[G]$ のすべての列を含んでおり，一方ベクトル $\{B\}$ はこれらの値をかけた既知量 u と u_n に対応する $[H]$ と $[G]$ の和となっている．ここで注意しなければならないのは，$[G]$ または $[H]$ の列が方程式の反対側に移動した場合に，符号が逆になることである．前述の手順はコンピュータプログラムを作成するのにより適している.

連立方程式 (4.9) の解は未知の境界量 u と u_n を導く．したがって，境界 Γ 上ですべての未知量が得られることで，式 (3.31) で $\varepsilon(P) = 1$ とすれば，解 u は領域 Ω 内の任意点 $P(x,y) \in \Omega$ について計算することができる．式 (4.1) と同じ離散化を用いれば次式を得る.

$$u(P) = \sum_{j=1}^{N} \hat{H}_{ij} u^j - \sum_{j=1}^{N} G_{ij} u_n^j \tag{4.11}$$

係数マトリックス G_{ij} と $\hat{H}_{ij}$ は式 (4.3) の積分より計算される．しかしこの場合，境界上の点 p_i は領域 Ω 内の点 P による表示式で置き換えられる (図 4.2 参照).

偏微分 $\partial u/\partial x$ と $\partial u/\partial y$ は，式 (3.31) で $\varepsilon(P) = 1$ とした式を直接微分することにより領域 Ω 内の点について評価することができる．また，基本解とその導関数は x と y の連続な関数なので，微分と積分の順序を入れ替えて行うことができて次式となる.

$$\frac{\partial u}{\partial x} = -\int_{\Gamma} \left[\frac{\partial v}{\partial x} \frac{\partial u}{\partial n} - u \frac{\partial}{\partial x} \left(\frac{\partial v}{\partial n} \right) \right] ds \tag{4.12}$$

$$\frac{\partial u}{\partial y} = -\int_{\Gamma} \left[\frac{\partial v}{\partial y} \frac{\partial u}{\partial n} - u \frac{\partial}{\partial y} \left(\frac{\partial v}{\partial n} \right) \right] ds \tag{4.13}$$

ただし，基本解 (3.13) の導関数は以下のように得られる.

$$\left.\begin{aligned}
&\frac{\partial v}{\partial x}=\frac{1}{2\pi}\frac{1}{r}\frac{\partial r}{\partial x},\quad \frac{\partial v}{\partial y}=\frac{1}{2\pi}\frac{1}{r}\frac{\partial r}{\partial y},\quad \frac{\partial v}{\partial n}=\frac{1}{2\pi}\frac{1}{r}\frac{\partial r}{\partial n}\\
&\frac{\partial}{\partial x}\left(\frac{\partial v}{\partial n}\right)=-\frac{1}{2\pi r^2}\left(\frac{\partial r}{\partial n}\frac{\partial r}{\partial x}-\frac{\partial r}{\partial t}\frac{\partial r}{\partial y}\right)\\
&\frac{\partial}{\partial y}\left(\frac{\partial v}{\partial n}\right)=-\frac{1}{2\pi r^2}\left(\frac{\partial r}{\partial n}\frac{\partial r}{\partial y}-\frac{\partial r}{\partial t}\frac{\partial r}{\partial x}\right)\\
&\frac{\partial r}{\partial x}=-\frac{\partial r}{\partial \xi}=-\frac{\xi-x}{r},\quad \frac{\partial r}{\partial y}=-\frac{\partial r}{\partial \eta}=-\frac{\eta-y}{r}\\
&\frac{\partial r}{\partial n}=\nabla r\cdot\mathbf{n}=\frac{\partial r}{\partial \xi}n_x+\frac{\partial r}{\partial \eta}n_y,\quad \frac{\partial r}{\partial t}=\nabla r\cdot\mathbf{t}=-\frac{\partial r}{\partial \xi}n_y+\frac{\partial r}{\partial \eta}n_x
\end{aligned}\right\} \quad (4.14)$$

それらの微分に関連して r の偏微分に関する式は付録 A に示してある．式 (4.14) の最後の式は，単位接線ベクトル $\mathbf{t}$ の成分が $t_x=-n_y$ と $t_y=n_x$ であることに注意することで得られる．また，導関数 $\partial(\partial v/\partial n)/\partial x$ と $\partial(\partial v/\partial n)/\partial y$ の評価に関して注意を払わなくてはならない．n に関する微分は点 $q(\xi,\eta)\in\Gamma$ に関して実行され，一方 x と y に関する微分は点 $P(x,y)\in\Omega$ に関して行われる．

式 (4.12) と (4.13) は式 (4.1) と同じ方法で離散化される．それにより，点 $P(x,y)$ における $u_{,x}$ と $u_{,y}$ の導関数を評価するための次式を得る．

$$u_{,x}(P)=\left(\frac{\partial u}{\partial x}\right)_P=\sum_{j=1}^{N}(\hat{H}_{Pj})_{,x}u^j-\sum_{j=1}^{N}(G_{Pj})_{,x}u_n^j \quad (4.15)$$

$$u_{,y}(P)=\left(\frac{\partial u}{\partial y}\right)_P=\sum_{j=1}^{N}(\hat{H}_{Pj})_{,y}u^j-\sum_{j=1}^{N}(G_{Pj})_{,y}u_n^j \quad (4.16)$$

ただし，影響係数は以下の積分で与えられる．

$$\left.\begin{aligned}
(G_{Pj})_{,x}=\int_{\Gamma_j}\frac{\partial v(P,q)}{\partial x}ds,\ (\hat{H}_{Pj})_{,x}=\int_{\Gamma_j}\frac{\partial}{\partial x}\left[\frac{\partial v(P,q)}{\partial n_q}\right]ds\\
(G_{Pj})_{,y}=\int_{\Gamma_j}\frac{\partial v(P,q)}{\partial y}ds,\ (\hat{H}_{Pj})_{,y}=\int_{\Gamma_j}\frac{\partial}{\partial y}\left[\frac{\partial v(P,q)}{\partial n_q}\right]ds
\end{aligned}\right\} \quad (4.17)$$

4.3 線積分の評価

式 (4.3) で定義される線積分 G_{ij} と $\hat{H}_{ij}$ は，標準的な Gauss の求積法を用いて数値的に評価される．もちろんこれらの積分は記号的言語，例えば Mathematica[1] や Maple[2] を用いて評価することも可能である．しかし得られる式はとても長く，通常は 1 ページには収まらない．そのため，数値積分より精度がよいというこの方法の利点が，数式表示の複雑さのためかなり失われる．このため，Gauss の積分法は線積分の計算に対して最も適切なものとして使われている (付録 B 参照)．2 つの場合について影響係数の積分を説明しておく．

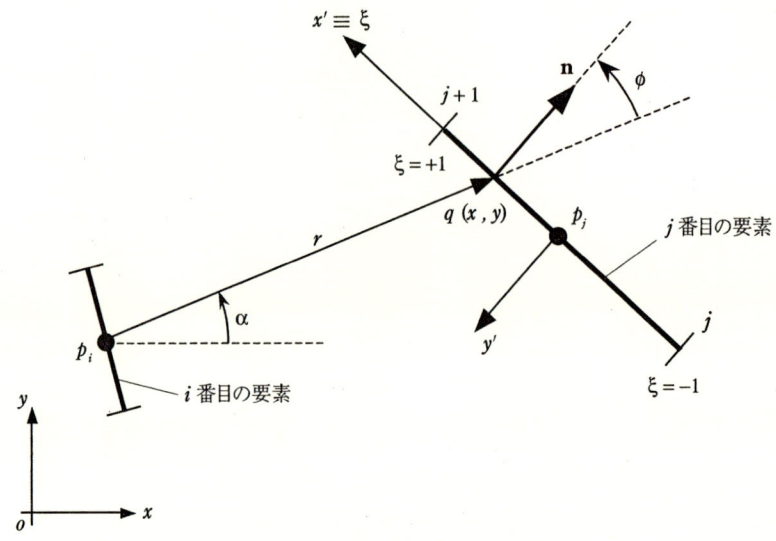

図 4.3 全体座標系と局所座標系

(i) 非対角要素 $i \neq j$

この場合,点 $p_i(x_i, y_i)$ は j 要素の外側に存在し,このことは距離 $r = |q - p_i|$ が 0 にならないことを意味し,したがってその積分は通常の積分になる.

Gauss の数値積分は $-1 \leq \xi \leq 1$ の範囲で以下のように実行される.

$$\int_{-1}^{1} f(\xi) \, d\xi = \sum_{k=1}^{n} w_k f(\xi_k) \tag{4.18}$$

ただし,n は積分点 (Gauss 点) の数であり,ξ_k と w_k ($k = 1, 2, \cdots, n$) は n のオーダーの Gauss の求積法における積分点の座標とその重みである.

ここで積分が実行される要素 j を考える.原点 O で軸 x と y の全体座標系での端点の座標 (x_j, y_j) と (x_{j+1}, y_{j+1}) によって定義される (図 4.3).次に,軸 x' と y' の局所座標系が要素の点 p_j に導入される.j 番目の要素上の点 q の局所座標 $(x', 0)$ は以下の式で xy 座標系と関係付けられる.

$$x = \frac{x_{j+1} + x_j}{2} + \frac{x_{j+1} - x_j}{l_j} x' \tag{4.19a}$$

$$y = \frac{y_{j+1} + y_j}{2} + \frac{y_{j+1} - y_j}{l_j} x', \quad -\frac{l_j}{2} \leq x' \leq \frac{l_j}{2} \tag{4.19b}$$

ただし,l_j は j 番目の要素の長さであり,以下のように要素の端点座標で与えられる.

$$l_j = \sqrt{(x_{j+1} - x_j)^2 + (y_{j+1} - y_j)^2}$$

全体座標系を積分区間 $[-1, 1]$ へ写像する関係式は,形状を表す式:

4.3 線積分の評価

$$\frac{x'}{l_j/2} = \xi$$

を式 (4.19) に代入すれば得られる．したがって，座標変換は以下のようになる．

$$x(\xi) = \frac{x_{j+1}+x_j}{2} + \frac{x_{j+1}-x_j}{2}\xi \tag{4.20a}$$

$$y(\xi) = \frac{y_{j+1}+y_j}{2} + \frac{y_{j+1}-y_j}{2}\xi \tag{4.20b}$$

さらに，次式が成立する．

$$ds = \sqrt{dx^2+dy^2} = \sqrt{\left(\frac{x_{j+1}-x_j}{2}\right)^2 + \left(\frac{y_{j+1}-y_j}{2}\right)^2}\,d\xi$$

$$= \frac{l_j}{2}d\xi \tag{4.21}$$

したがって，座標変換のヤコビアンは以下のようになる．

$$|J(\xi)| = \frac{l_j}{2}$$

上述の理論に基づき，影響係数の積分は以下に示すように数値的に評価される：
(a) G_{ij} の積分

$$G_{ij} = \int_{\Gamma_j} v\,ds = \int_{-1}^{1} \frac{1}{2\pi}\ln[r(\xi)]\frac{l_j}{2}d\xi = \frac{l_j}{4\pi}\sum_{k=1}^{n}\ln[r(\xi_k)]w_k \tag{4.22}$$

ただし，

$$r(\xi_k) = \sqrt{[x(\xi_k)-x_i]^2 + [y(\xi_k)-y_i]^2} \tag{4.23}$$

(b) $\hat{H}_{ij}$ の積分
この積分に関しては文献 [3, 4] により解析的にも評価することができる．図 4.4 を参照すると以下の関係が存在することがわかる．

$$ds\cos\phi = r\,d\alpha$$

式 (4.14) と (A.7) にこの関係を適用することで以下の式を得ることができる．

$$\hat{H}_{ij} = \int_{\Gamma_j} \frac{\partial v}{\partial n}ds = \int_{\Gamma_j} \frac{1}{2\pi}\frac{\cos\phi}{r}ds = \int_{\Gamma_j} \frac{1}{2\pi}d\alpha = \frac{\alpha_{j+1}-\alpha_j}{2\pi} \tag{4.24}$$

角度 α_{j+1} と α_j は次式より計算される．

$$\tan\alpha_{j+1} = \frac{y_{j+1}-y_i}{x_{j+1}-x_i} \tag{4.25}$$

$$\tan\alpha_j = \frac{y_j-y_i}{x_j-x_i} \tag{4.26}$$

ただし，x_{j+1}, y_{j+1} と x_j, y_j はそれぞれ j 番目の要素の端点の座標である．
(ii) 対角要素 $i = j$
　この場合，節点 p_i は節点 p_j と一致し，r は要素上にある．したがって，$\phi = \pi/2$ ま

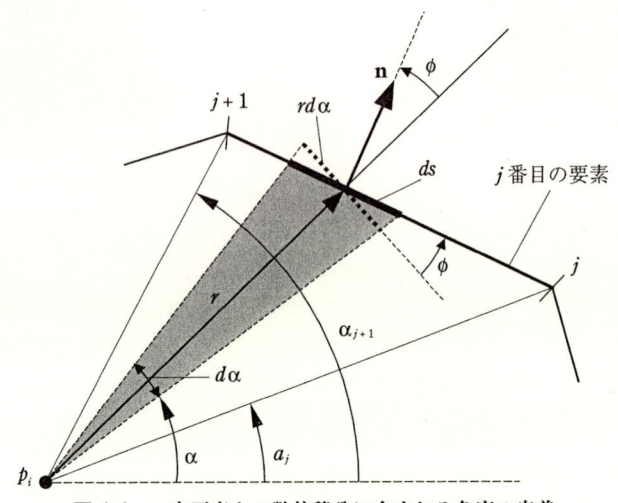

図 4.4 一定要素上の数値積分に含まれる角度の定義

たは $\phi = 3\pi/2$ となり，$\cos\phi = 0$ となる．

$$x_{p_j} = \frac{x_{j+1}+x_j}{2}, \quad y_{p_j} = \frac{y_{j+1}+y_j}{2}$$

$$r(\xi) = \sqrt{\left[x(\xi)-x_{p_j}\right]^2 + \left[y(\xi)-y_{p_j}\right]^2} = \frac{l_j}{2}|\xi| \tag{4.27}$$

したがって，

$$G_{jj} = \int_{\Gamma_j} \frac{1}{2\pi} \ln r\, ds = 2 \int_0^{l_j/2} \frac{1}{2\pi} \ln r\, dr$$

$$= \frac{1}{\pi} \left[r\ln r - r\right]_0^{l_j/2} = \frac{1}{\pi} \frac{l_j}{2} \left[\ln(l_j/2)-1\right] \tag{4.28a}$$

$$\hat{H}_{jj} = \frac{1}{2\pi} \int_{\Gamma_j} \frac{\cos\phi}{r} ds = \frac{1}{2\pi} \int_{-1}^1 \frac{\cos\phi}{|\xi|} d\xi$$

$$= \frac{2}{2\pi} \left[\cos\phi \ln|\xi|\right]_0^1 = 0 \tag{4.28b}$$

上述の理論は，高次要素 (例えば線形要素や 2 次要素) の解析的積分には適用できず，そのためこの場合は他の手法が用いられることを注意しておく (5 章を参照)．

4.4 領域積分の評価

Poisson 方程式 (3.36) に対する解の積分表示式は N 個の一定要素に離散化された境界に対して次のように表される．

4.5 Poisson 方程式に対する 2 重相反法

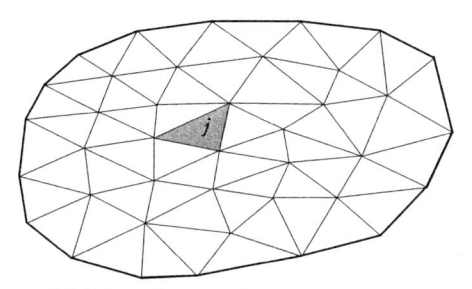

図 4.5 領域 Ω の三角形セルによる分割

$$\varepsilon^i u^i = \int_\Omega v f d\Omega - \sum_{j=1}^N \int_{\Gamma_j} v \frac{\partial u}{\partial n} ds + \sum_{j=1}^N \int_{\Gamma_j} u \frac{\partial v}{\partial n} ds \qquad (4.29)$$

3.4 節で説明した方法は領域積分:

$$F^i = \int_\Omega v(p_i, Q) f(Q) d\Omega_Q \qquad (4.30)$$

を境界積分に変換するのに適していない場合がある.より進んだ方法が利用できないなら,残る方法は領域の分割である.このとき,領域 Ω は M 個の 2 次元の要素あるいはセルに分割される.それらは例えば,三角形や四角形のセルであり (図 4.5 参照),このセル上で数値積分が実行される.したがって,2 次元 Gauss の求積法を用いると,式 (4.30) は次式となる.

$$F^i = \sum_{j=1}^M \left[\sum_{k=1}^n w_k v(p_i, Q_k) f(Q_k) \right] A_j \qquad (4.31)$$

ただし,Q_k と w_k $(k=1,2,\cdots,n)$ は j 番目のセルでの Gauss の求積法の k 番目の積分点と対応する重みである.そして A_j $(j=1,2,\cdots,M)$ はセルの面積である (付録 B を参照).

式 (4.31),および式 (4.3) と式 (4.5) で導入された記号により,式 (4.29) は以下のマトリックスの形をとる.

$$[H]\{u\}+\{F\} = [G]\{u_n\} \qquad (4.32)$$

式 (4.32) は規定された境界条件に基づいてまず整理され,次に未知境界量について解かれる.領域 Ω 内の点での u の値は式 (4.29) から $\varepsilon^i = 1$ について計算される.ここで注意しなければならないのは,j 番目のセルにある点 i $(i=1,2,\cdots,M)$ に対して領域積分は対数特異性を示し,その評価には特別な注意を払わなければならない (付録 B と参考文献 [5] を参照).

4.5　Poisson 方程式に対する 2 重相反法

3.5 節で示した領域積分:

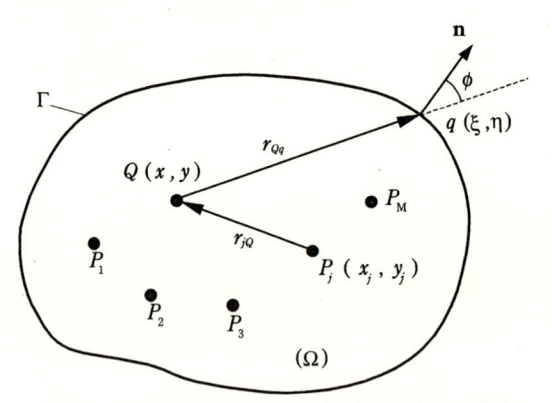

図4.6 曲線 Γ の境界で囲まれた平面領域 Ω の積分

$$I(P) = \int_\Omega v(P,Q) f(Q) d\Omega_Q, \quad P(x,y) \in (\Omega \cup \Gamma), \quad Q(x,y) \in \Omega \quad (4.33)$$

を境界積分に変換する方法は効率的であるが,与えられたソース密度を表す関数 $f(x,y)$ に対する式 (3.52) の解として関数 F を決定しなければならないという避けられない欠点をもっている.明らかに,この手法をコンピュータプログラムに組み込むことは不可能である.なぜなら,式 (3.55) よりその関数と法線方向導関数をユーザーが準備しておく必要があるからである.この欠点は,1982年に Nardini と Brebbia[6] らによって初めて導入された2重相反法 (DRM=Dual Receiprocity Method) を適用することで克服することができる.彼らはこの方法を,BEM とその静的な基本解を用いて動弾性問題を解くのに,質量マトリックスを形成するために使用した.それ以来この手法は,基本解を決定することが不可能あるいは数値的に取扱うのが難しい楕円問題や,簡単な静的基本解を用いて放物型あるいは双曲型問題を解くためにさらに発展した.非線形問題にもまたこの手法の適用が試みられた.DRM の詳しい説明について興味をもった読者は,Partridge[7] などの文献を参照してもらいたい.DRM について次に簡潔に説明する.

領域 Ω 内に任意に選点が M 個配置されている状態を考える(図4.6参照).DRM ではソース密度を表す関数 f を,半径基底関数 (RBF=Radial Basis Function) 系で近似する.すなわち,

$$f(Q(x,y)) = \sum_{j=1}^{M} a_j \phi_j(r_{jQ}) \quad (4.34)$$

ただし,a_j は M 個の未知係数であり,$\phi_j = \phi_j(r_{jQ})$ は以下に示すように,場の点 $Q(x,y)$ と選点 $P_j(x_j, y_j)$ との距離:

$$r_{jQ} = |Q-P_j| = \sqrt{(x-x_j)^2 + (y-y_j)^2} \quad (4.35)$$

を引数とする RBF である.通常 RBF は BEM の文献では $f_j(r)$ と記述されるが,こ

4.5 Poisson 方程式に対する 2 重相反法

こではソースの密度関数 f との混同を避けるため $\phi_j(r)$ を用いる．関数 f が境界 Γ 上で定義されているならば，式 (4.34) における点の総数は M の代わりに $M+N$ となる．ただし，N は境界の離散化に用いた境界節点の数である．

未知係数 a_j は以下に示す方法で決定される．まず，式 (4.34) をすべての選点に適用し，次の形の表示式を得る．

$$f_i = f(P_i) = \sum_{j=1}^{M} a_j \phi_j(r_{ji}) \quad (i = 1, 2, \cdots, M) \tag{4.36}$$

ただし，

$$r_{ji} = |Q_i - Q_j| = \sqrt{(x_i - x_j)^2 + (y_i - y_j)^2} \tag{4.37}$$

マトリックス表記を用いると，式 (4.36) は次のように書ける．

$$\{f\} = [\Phi]\{a\} \tag{4.38}$$

$\{f\}$ は M 個の選点での関数 f の値を含むベクトルであり，$\{a\}$ は M 個の未知成分をもつベクトルであり，$[\Phi] = [\phi_j(r_{ji})]$ は $M \times M$ の既知マトリックスである．

$[\Phi]$ が特異でないと仮定するならば，式 (4.38) は解くことができて次式となる．

$$\{a\} = [\Phi]^{-1}\{f\} \tag{4.39}$$

式 (4.34) を (4.33) に代入すれば次式を得る．

$$I(P) = \sum_{j=1}^{M} a_j \left[\int_{\Omega} v(P, Q) \phi_j(r_{jQ}) d\Omega_Q \right] \tag{4.40}$$

上式の領域積分は，3.5 節 (ii) で説明した方法を適用すれば境界線積分に変換できる．このために，まず次の方程式の特解として定義される関数 $\hat{u}_j = \hat{u}_j(r)$ $(j = 1, 2, \cdots, M)$ を導入する．

$$\nabla^2 \hat{u}_j = \phi_j(r) \tag{4.41}$$

Laplace 演算子に含まれる導関数は点 $Q(x, y)$ に関して行われることに注意する．

続いて，式 (3.55) で $f = \phi_j$，$F = \hat{u}_j$ とおいて，領域 $\Omega^* \subseteq \Omega$ に対してこの式を用いる．この結果，次式を得る．

$$\int_{\Omega^*} v(P, Q) \phi_j(Q) d\Omega_Q = \int_{\Omega^*} v(P, Q) \nabla^2 \hat{u}_j(Q) d\Omega_Q$$
$$= \varepsilon(P) \hat{u}_j(P)$$
$$+ \int_{\Gamma^*} \left[v(P, q) \frac{\partial \hat{u}_j(q)}{\partial n_q} - \hat{u}_j(q) \frac{\partial v(P, q)}{\partial n_q} ds_q \right] \tag{4.42}$$

ただし，点 P が領域 Ω^* 内あるいは境界 Γ^* 上，または領域 Ω^* の外側のいずれにあるかに応じて，$\varepsilon(P) = 1, 1/2, 0$ となる．式 (4.42) の領域積分を式 (4.40) に代入することで，式 (4.40) は次のようになる．

$$I(P) = \sum_{j=1}^{M} a_j \left\{ \varepsilon(P) \hat{u}_j(P) + \int_{\Gamma^*} \left[v(P, q) \frac{\partial \hat{u}_j(q)}{\partial n_q} - \hat{u}_j(q) \frac{\partial v(P, q)}{\partial n_q} ds_q \right] \right\} \tag{4.43}$$

式 (4.43) における境界積分は，未知境界量の評価 ($\Gamma^* = \Gamma$ の場合) に採用したのと同じ離散化を用いることで近似する．式 (4.43) を N 個の境界節点に対して点 P がそれぞれの節点に一致するようにとれば，式 (4.32) のベクトル $\{F\}$ は次式のように求まる．

$$\{F\} = ([G][\hat{Q}] - [H][\hat{U}])\{a\} \tag{4.44}$$

ただし，$[G]$ と $[H]$ は 4.2 節で定義されたマトリックスであり，$[\hat{U}]$ と $[\hat{Q}]$ は以下の成分をもつ $N \times M$ マトリックスである．

$$\hat{U}_{ij} = \hat{u}_j(r_{ji}) \tag{4.45a}$$

$$\hat{Q}_{ij} = \frac{\partial \hat{u}_j(r_{ji})}{\partial n} \tag{4.45b}$$

ただし，$i = 1, 2, \cdots, N$ および $j = 1, 2, \cdots, M$ である．

$$r_{ji} = |p_i - P_j| = \sqrt{(x_i - x_j)^2 + (y_i - y_j)^2}, \quad p_i \in \Gamma$$

最終的に，式 (4.39) と式 (4.44) を結び付けることで次式を得る．

$$\{F\} = [R]\{f\} \tag{4.46}$$

ただし，

$$[R] = ([G][\hat{Q}] - [H][\hat{U}])[\Phi]^{-1} \tag{4.47}$$

式 (4.46) は，ベクトル $\{F\}$ がすべての選点におけるソース密度関数 f で表されていることを示している．この方法は，関数 f が一連の散乱した値によって定義される場合に適している．ここで，領域節点が含まれていても BEM の境界だけという性質を損なわないことを強調しておきたい．なぜなら，要素への離散化とその積分は境界にのみ限定されているからである．

DRM の成功は，半径基底関数 (RBF) の選定にかかっている．多数の RBF が文献に発表されている．例えば，多項式型 ($\phi_j = 1 + r + r^2 + \cdots$)，高次型 ($\phi_j = (r^2 + c^2)^{1/2}$ ここで c は任意の定数)，薄板スプライン型 ($\phi_j = r^2 \ln r$) などが報告されている．一般に式 (4.34) は，まず $M \to \infty$ のとき f に収束しなければならず，また比較的少ない選点数で f の良好な近似であることを保証しなければならない．RBF についてのさらなる情報を得たければ，文献 [8-10] を参照することを勧める．

4.6　一定要素を用いて Laplace 方程式を解くプログラム LABECON

前節で説明した解析手順に基づき，Laplace 方程式で記述される境界値問題に対する解を求めるコンピュータプログラムが FORTRAN 言語 [11] によって書かれた．このプログラムは線積分の近似に一定要素を用いている．

○メインプログラム

プログラム LABECON の構成は図 4.7 に示すフローチャートによって記述されている．メインプログラムは配列の最大数を指定し，2 つのファイルを開く．そのうちの 1 つはデータを含むものであり，もう 1 つは解析結果を含むものである．次に，このプログラムは次の 8 つのサブルーチンをコールする：

4.6 一定要素を用いて Laplace 方程式を解くプログラム LABECON

```
メインプログラム
N と IN を定義
各サブルーチンを呼び出す
    ↓
INPUT
データの読み込み
OUTPUTFILE への書き込み
    ↓
GMATR
マトリックス [G] を形成
    ↓
HMATR
マトリックス [H] を形成
    ↓
ABMATR
マトリックス [A] とベクトル {B} を形成
```

```
SOLVEQ
方程式 [A]{X} = {B} を解く
    ↓
REORDER
境界値の再配列
ベクトル {u} と {u_n} を形成
    ↓
UINTER
内点の解を計算
    ↓
OUTPUT
OUTPUTFILE に計算結果を出力
    ↓
プログラム終了
```

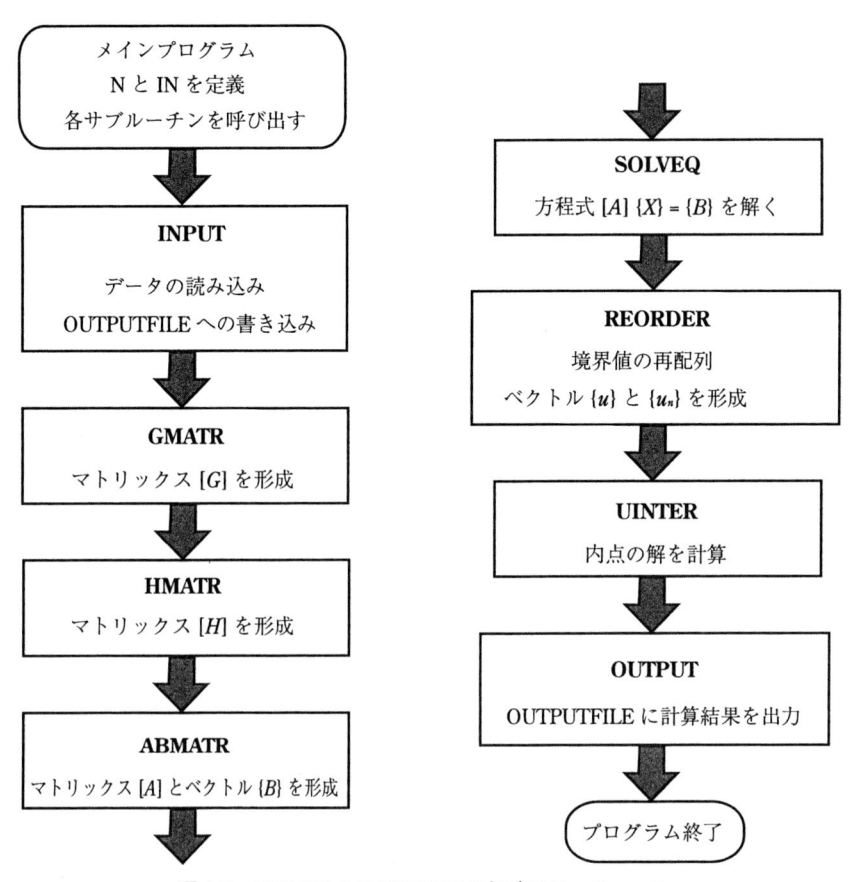

図 4.7 プログラム LABECON の概略フローチャート

INPUT	INPUTFILE からデータを読み取る.
GMATR	式 (4.3) によって定義されるマトリックス $[G]$ を形成する.
HMATR	式 (4.5) と式 (4.3) によって定義されるマトリックス $[H]$ を形成する.
ABMATR	境界条件よりマトリックス $[H]$ と $[G]$ を再構成して式 (4.9) のマトリックス $[A]$ とベクトル $\{B\}$ を形成する.
SOLVEQ	Gauss の消去法を用いて線形代数方程式 $[A]\{X\} = \{B\}$ を解く.
REORDER	境界値を再構成し, ベクトル $\{u\}$ と $\{u_n\}$ を形成する.
UINTER	内点での u の値を計算する.
OUTPUT	OUTPUTFILE に結果を出力する.

このプログラムで用いられている変数とその配列の意味を以下に記述する:
    N   境界要素と境界節点の数.

IN	解を求める内点の数.
INDEX	それぞれの節点で規定される境界条件のタイプを格納する1次元配列. u が規定されている場合 INDEX(J)=0 であり, $\partial u/\partial n$ が規定されている場合 INDEX(J)=1 である.
XL	すべての要素の端点の x 座標を含む1次元配列.
YL	すべての要素の端点の y 座標を含む1次元配列.
XM	すべての境界節点の x 座標を含む1次元配列.
YM	すべての境界節点の y 座標を含む1次元配列.
G	式 (4.3) によって定義される正方マトリックス.
H	式 (4.5) によって定義される正方マトリックス.
A	式 (4.10a) によって定義される正方マトリックス.
UB	1次元配列. データの読み込みの際, INDEX(J)=0 のとき境界値 u を含み, INDEX(J)=1 のとき境界値 $\partial u/\partial n$ を含む. データ出力の際には, u のすべての境界値を含む.
UNB	式 (4.10) より与えられる方程式 $[A]\{X\}=\{B\}$ の右辺のベクトルを含む1次元配列. 計算終了後には, $\partial u/\partial n$ の境界節点値を含む.
XIN	u の値が計算された内点の x 座標を含む1次元配列.
YIN	u の値が計算された内点の y 座標を含む1次元配列.
UIN	内点で計算された u の値を格納する1次元配列.

○サブルーチン INPUT

サブルーチン INPUT はすべての解析に必要なデータを自由な書式で読み込む. データ INPUTFILE にあらかじめデータが書かれていなければならず, プログラムのメインで必要とされるので, そのファイルの名前をあらかじめ規定しておく. このファイルは以下に示すデータを含む:

1. ユーザー名. ユーザーの名前を1行で定義する.
2. タイトル. プログラムの名前を1行で定義する.
3. 境界要素の端点. 要素の端点の座標 XL と YL からなる N 組の値. それらは, 閉じた領域 Ω では反時計回り (図 4.8a) を正とし, 開いた領域 (外部領域) に対しては時計回り (図 4.8b) を正として与える.
4. 境界条件. INDEX=0 と u または INDEX=1 と $\partial u/\partial n$ からなる N 組の値.
5. 内点. u の値が計算される内点の座標 XIN と YIN からなる IN 組の値.

最後に, サブルーチン INPUT は上述のデータをユーザーが指定した名前の OUTPUTFILE に書き込む.

○サブルーチン GMATR

サブルーチン GMATR はサブルーチン RLINTC と SLINTC を用いて式 (4.3) で定義されたマトリックス $[G]$ を形成する. これらのサブルーチンは以下の作業を実行する: RLINTC は一定要素に対する通常の線積分の計算を $[G]$ マトリックスの非対角要素について行う.

4.6 一定要素を用いて Laplace 方程式を解くプログラム LABECON

(a) 閉じた領域 (b) 開いた領域

図 4.8 閉じた領域および開いた領域 Ω の正の方向と法線方向

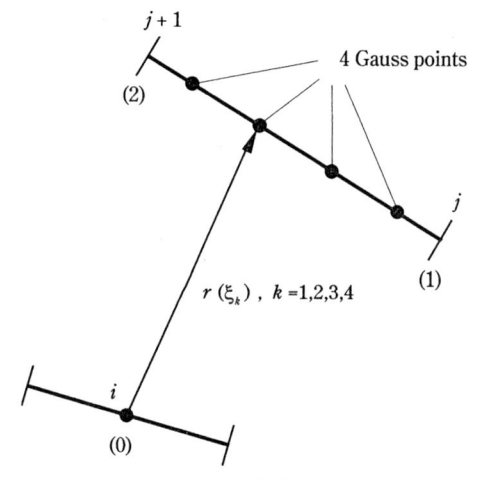

図 4.9 4 点 Gauss 求積法とその番号付け

SLINTC は一定要素に対する特異線積分の計算を $[G]$ マトリックスの対角要素について行う.

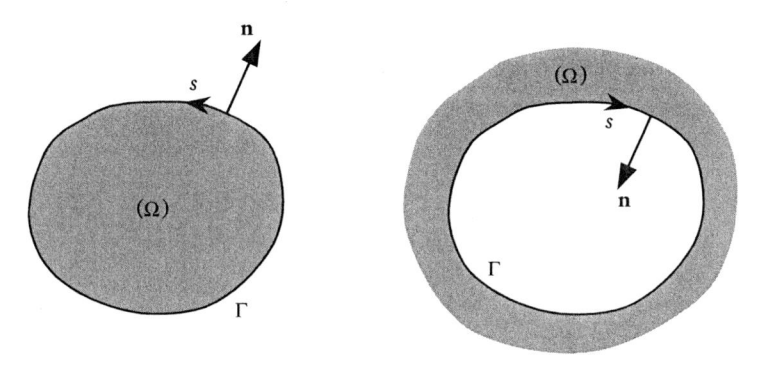

○サブルーチン RLINTC

このサブルーチンは積分点が 4 点の Gauss 積分を用いて一定要素に対する通常の線積分の値を計算する (付録 B を参照). この方法は i 番目の節点の座標と j 番目の要素の端点 (点 $j+1$ と j) を使用し, それらの点にそれぞれ 0, 1, 2 と番号付けをし (図 4.9 参照), その後, 式 (4.22) の積分を評価する.

○サブルーチン SLINTC

このサブルーチンは j 番目の要素の端点 (点 j と $j+1$) を用いて, それぞれの点を 1, 2 とし, 次に式 (4.28a) に基づいて積分を計算する.

○サブルーチン HMATR

式 (4.5) におけるマトリックス $[H]$ を定義するルーチンである．マトリックス $[\hat{H}]$ の対角要素は $\hat{H}_{ii} = 0$ (式 (4.28b) を参照) であり，非対角成分はサブルーチン DALPHA を用いて計算される．

○サブルーチン DALPHA

このサブルーチンは i 番目の節点および j 番目の要素の端点 (点 j と $j+1$) をそれぞれ 0，1，2 と番号付けし (図 4.9 を参照)，これらの節点座標を用いて式 (4.24) における非対角成分を計算する．

○サブルーチン ABMATR

このサブルーチンはマトリックス $[G]$ と $[H]$ の列から式 (4.9) のマトリックス $[A]$ とベクトル $\{B\}$ を生成する．u が未知 (INDEX(J)=1) のとき，マトリックス $[A]$ の J 列目は，マトリックス $[H]$ の対応する列からなり，u_n が既知である場合 (INDEX(J) = 0) は $[-G]$ の対応する列からなる．ベクトル $\{B\}$ は，対応する既知の値 u (INDEX(J) = 0) がかけられたマトリックス $[-H]$ の列と対応する既知の値 u_n (INDEX(J) = 1) がかけられたマトリックス $[G]$ の列の和として生じるベクトルである．ここで，それぞれ $[H]$ と $[G]$ の列が方程式の右辺あるいは左辺へと移動したとき，マトリックス $[A]$ と $[B]$ を構成する成分の符号の変化が起こることに注意しなければならない (式 (4.10) 参照)．

○サブルーチン SOLVEQ

このサブルーチンはマトリックス $[A]$ とベクトル $\{B\}$ (= UNB) を用い，線形代数方程式を解くサブルーチン LEQS を呼び出す．得られた解はベクトル UNB に格納される．

○サブルーチン LEQS

このサブルーチンは Gauss の消去法によって方程式 $[A]\{X\} = \{B\}$ を解くために，マトリックス $[A]$，ベクトル $\{B\}$ とパラメータ N を使用する．得られる解はベクトル $\{B\}$ に格納される．マトリックス $[A]$ が正則な場合はパラメータ LSING は LSING=0 の値をとり，マトリックス $[A]$ が特異な場合は LSING=1 の値をとる．

○サブルーチン REORDER

このサブルーチンは境界条件ベクトル INDEX に基づいてベクトル UB と UNB を再配列する．データ入力において，2つのベクトルは u と u_n の既知の値と計算された境界値をそれぞれ含んでいる．一方，アウトプットでは UB はすべての u の値を含んでおり，UNB はその法線方向微分 $\partial u/\partial n$ を含んでいる．

○サブルーチン UINTER

このサブルーチンは，式 (4.11) に基づいて指定された内点での u の値を計算するために，ベクトル UB と UNB の境界値を使用している．

内点における導関数 $u_{,x}$ と $u_{,y}$ の評価は読者に例題として残されている (問題 4.1 を参照)．

○サブルーチン OUTPUT

このサブルーチンはすべての結果をアウトプットファイルに記述する．まず，境界節点とそれに対応する節点値 u と u_n を記述し，その後内点の座標と計算されたその

点における u の値を記述する．

プログラム LABECON のソースについては，サンプルプログラム (ダウンロードして利用) を参照されたい．

例題 4.1

この例題の目的は，簡単なポテンシャル問題をプログラム LABECON を使用して解くことである．領域は混合境界条件を伴う正方形である (図 4.10 参照)．境界は一定要素で 16 個に離散化され，解は 9 個の内点において求められる (図 4.11)．

厳密解：$u(x,y) = 100(1+x)$

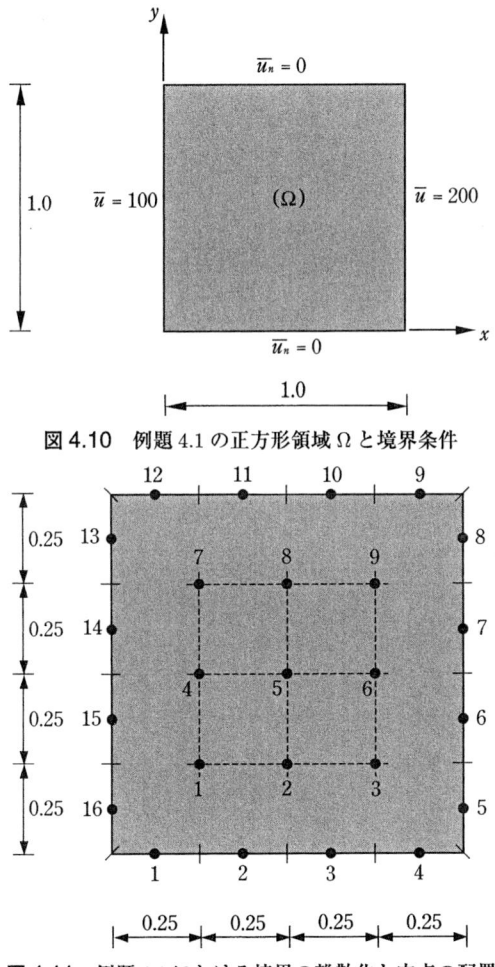

図 4.10 例題 4.1 の正方形領域 Ω と境界条件

図 4.11 例題 4.1 における境界の離散化と内点の配置

この例題では要素の数 ($N = 16$) は比較的小さなものであり，このことより入力データは手作業で作成できる．しかしながら，四角形領域が多数の要素で離散化されるなら，読者はサンプルプログラムに含まれているプログラム RECT-1.FOR を用いて入力データを作成すべきである．

例題 4.1 〈データ〉

J.T. KATSIKADELIS
Example 4.1

```
              .00000000        .00000000
              .25000000        .00000000
              .50000000        .00000000
              .75000000        .00000000
             1.00000000        .00000000
             1.00000000        .25000000
             1.00000000        .50000000
             1.00000000        .75000000
             1.00000000       1.00000000
              .75000000       1.00000000
              .50000000       1.00000000
              .25000000       1.00000000
              .00000000       1.00000000
              .00000000        .75000000
              .00000000        .50000000
              .00000000        .25000000

    1           .00000000
    1           .00000000
    1           .00000000
    1           .00000000
    0         200.00000000
    0         200.00000000
    0         200.00000000
    0         200.00000000
    1           .00000000
    1           .00000000
    1           .00000000
    1           .00000000
    0         100.00000000
    0         100.00000000
    0         100.00000000
    0         100.00000000


            0.25        0.25
            0.50        0.25
            0.75        0.25
            0.25        0.50
            0.50        0.50
            0.75        0.50
            0.25        0.75
            0.50        0.75
            0.75        0.75
```

4.6 一定要素を用いて Laplace 方程式を解くプログラム LABECON

例題 4.1 〈結果〉

```
****************************************************************
J.T. KATSIKADELIS
Example 4.1


BASIC PARAMETERS

  NUMBER OF BOUNDARY ELEMENTS= 16
  NUMBER OF INTERNAL POINTS WHERE THE FUNCTION IS CALCULATED=  9


  COORDINATES OF THE EXTREME POINTS OF THE BOUNDARY ELEMENTS

  POINT        XL                  YL
    1        .00000E+00          .00000E+00
    2        .25000E+00          .00000E+00
    3        .50000E+00          .00000E+00
    4        .75000E+00          .00000E+00
    5        .10000E+01          .00000E+00
    6        .10000E+01          .25000E+00
    7        .10000E+01          .50000E+00
    8        .10000E+01          .75000E+00
    9        .10000E+01          .10000E+01
   10        .75000E+00          .10000E+01
   11        .50000E+00          .10000E+01
   12        .25000E+00          .10000E+01
   13        .00000E+00          .10000E+01
   14        .00000E+00          .75000E+00
   15        .00000E+00          .50000E+00
   16        .00000E+00          .25000E+00


  BOUNDARY CONDITIONS

  NODE      INDEX       PRESCRIBED VALUE
    1         1            .00000E+00
    2         1            .00000E+00
    3         1            .00000E+00
    4         1            .00000E+00
    5         0            .20000E+03
    6         0            .20000E+03
    7         0            .20000E+03
    8         0            .20000E+03
    9         1            .00000E+00
   10         1            .00000E+00
   11         1            .00000E+00
   12         1            .00000E+00
   13         0            .10000E+03
   14         0            .10000E+03
   15         0            .10000E+03
   16         0            .10000E+03


****************************************************************

  The system has been solved regularly
```

```
************************************************************

RESULTS

BOUNDARY NODES

        X                Y                U               Un

    .12500E+00       .00000E+00       .11188E+03       .00000E+00
    .37500E+00       .00000E+00       .13732E+03       .00000E+00
    .62500E+00       .00000E+00       .16268E+03       .00000E+00
    .87500E+00       .00000E+00       .18812E+03       .00000E+00
    .10000E+01       .12500E+00       .20000E+03       .10552E+03
    .10000E+01       .37500E+00       .20000E+03       .98417E+02
    .10000E+01       .62500E+00       .20000E+03       .98417E+02
    .10000E+01       .87500E+00       .20000E+03       .10552E+03
    .87500E+00       .10000E+01       .18812E+03       .00000E+00
    .62500E+00       .10000E+01       .16268E+03       .00000E+00
    .37500E+00       .10000E+01       .13732E+03       .00000E+00
    .12500E+00       .10000E+01       .11188E+03       .00000E+00
    .00000E+00       .87500E+00       .10000E+03      -.10552E+03
    .00000E+00       .62500E+00       .10000E+03      -.98417E+02
    .00000E+00       .37500E+00       .10000E+03      -.98417E+02
    .00000E+00       .12500E+00       .10000E+03      -.10552E+03

INTERNAL POINTS

        X                Y           SOLUTION U

    .25000E+00       .25000E+00       .12489E+03
    .50000E+00       .25000E+00       .15000E+03
    .75000E+00       .25000E+00       .17511E+03
    .25000E+00       .50000E+00       .12495E+03
    .50000E+00       .50000E+00       .15000E+03
    .75000E+00       .50000E+00       .17505E+03
    .25000E+00       .75000E+00       .12489E+03
    .50000E+00       .75000E+00       .15000E+03
    .75000E+00       .75000E+00       .17511E+03

************************************************************
```

予想した通り，得られた解は正方形領域の中心を通る軸に関して対称であり，それは x 軸に平行である．表 4.1 は境界上で計算された値と境界要素数 N に対する領域内の点における値を示している．厳密解と得られた結果を比較すると，収束が迅速であり，計算された u と u_n の値が厳密解のそれとほぼ等しいことがわかる．内点における精度も同様によく，これは重み付き残差形の式 (4.11) よりこれらの値は計算されるという事実に帰する．解析結果は PC 上の Microsoft Fortran PowerStation を使用して得られたものである．計算時間は数秒であった．実際に問題を解くために必要な時間

4.6 一定要素を用いて Laplace 方程式を解くプログラム LABECON

表 4.1 例題 4.1 の種々の境界要素離散化による境界値と内点での解の比較

点	総要素数 N					厳密解
	16	48	80	112	144	
	境界節点の u の値					
1	111.88	112.36	112.43	112.46	112.47	112.50
2	137.32	137.47	137.48	137.49	134.49	137.50
3	162.68	162.53	162.52	162.51	162.51	162.50
4	188.12	187.64	187.57	187.54	187.53	187.50
	境界節点での u_n の値					
5	105.520	98.215	99.486	99.665	99.774	100.000
6	98.417	99.800	99.909	99.946	99.964	100.000
	内点での u の値					
1	124.89	124.98	124.99	124.99	125.00	125.00
5	150.00	150.00	150.00	150.00	150.00	150.00
9	175.11	175.02	175.01	175.01	175.00	175.00

は入力データを準備するのに必要な時間と等しい．これより，LABECON のユーザーには，要素の端点座標 XN, YN と内点の座標 XIN, YIN と同様にベクトル INDEX と境界条件を生成する簡単なプログラムを最初に書くことを勧める．この方法より，手入力によるデータ作成という単調な作業と，その結果として起こる誤りを避けることができる．

例題 4.2

この例題の目的は曲線境界を有する領域を取扱う問題におけるプログラム LABECON の有効性を証明することである．とりわけ，以下に示すような Neumann 問題に対して u を計算したい．

$$\nabla^2 u = 0 \quad \text{in} \quad \Omega$$
$$\frac{\partial u}{\partial n} = \bar{u}_n \quad \text{on} \quad \Gamma$$

ただし，領域 Ω は図 4.12 に示されるような楕円形であり，また

$$\bar{u}_n = \frac{2\left(b^2 x^2 - a^2 y^2\right)}{\sqrt{b^4 x^2 + a^4 y^2}} \tag{a}$$

厳密解は以下のようにわかっている．

$$u = x^2 - y^2 + C \tag{b}$$

実際，境界を等しい長さの要素で離散化することは簡単な問題ではない．その上，境界の曲率は点 $A(5.0, 0.0)$ の近傍でより大きくなり，点 $B(0.0, 3.0)$ に近づくにつれて減少していくので，そのような離散化はよい結果を与えないであろう．よりよい離散化は，点 A に近いときは要素の長さを小さく，点 B に向かうにつれて徐々に大きくすることである．この離散化は単調増加のパラメータ $\triangle\theta$ に対する楕円の媒介変数方程式から要素の端点を作り出すことより達成できる．すなわち，それらの座標は以下のように与えられる．

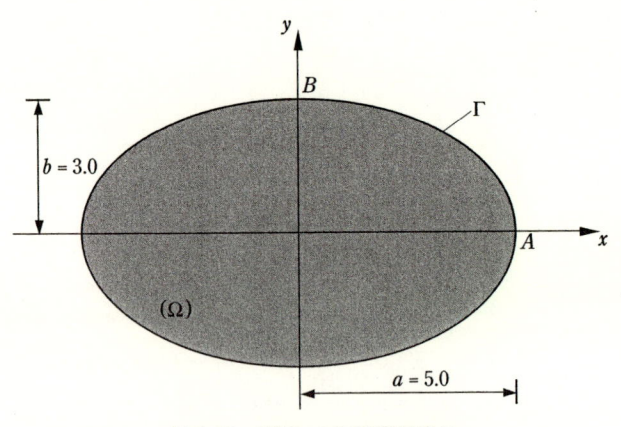

図 4.12 例題 4.2 の楕円領域 Ω

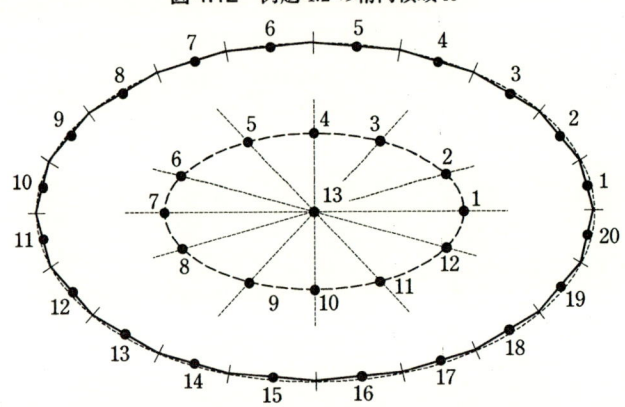

図 4.13 例題 4.2 の境界の離散化と内点の配置

$$x_i = a\cos\theta_i, \quad y_i = b\sin\theta_i \quad (i = 1, 2, \cdots, N)$$

ただし，N は境界要素の総数であり，また

$$\theta_i = (i-1)\triangle\theta, \quad \triangle\theta = \frac{2\pi}{N}$$

例えば，境界を $N = 20$ の要素に離散化すれば（図 4.13 参照），第 1 象限の要素 1 から 5 に対して以下の長さとなる．

$$l_1 = 0.958, \quad l_2 = 1.097, \quad l_3 = 1.289, \quad l_4 = 1.457, \quad l_5 = 1.552$$

そして残りのそれぞれの象限の要素も x と y 軸に対して対称であることより同じ長さとなる．

12 個の内点の座標は以下の式より計算される．

$$x_i = \frac{a}{2}\cos\theta_i, \quad y_i = \frac{b}{2}\sin\theta_i \quad (i = 1, 2, \cdots, 12)$$

4.6　一定要素を用いて Laplace 方程式を解くプログラム LABECON

$$\theta_i = (i-1)\triangle\theta, \quad \triangle\theta = \frac{2\pi}{12}$$

すでに述べたように，データファイルにデータを手入力することは時間の浪費であり，とても退屈な作業である上に間違うリスクも伴う．しかし，LABECON は商業的なコンピュータコードではないため，データの自動作成に対する前処理インターフェースを提供していない．この作業を楽にし，可能な限り間違いをなくすため，FORTRAN プログラムは必要なデータを作成しそれらを INPUTFILE に格納するように書かれている．このプログラムは ELLIPSE-1 という名前でありそれらのコードはサンプルプログラムに与えられている．

例題 4.2〈データ〉

```
J.T. KATSIKADELIS
Example 4.2

     5.0000000         .0000000
     4.7552826         .9270510
     4.0450850        1.7633558
     2.9389263        2.4270510
     1.5450850        2.8531695
      .0000000        3.0000000
    -1.5450850        2.8531695
    -2.9389263        2.4270510
    -4.0450850        1.7633558
    -4.7552826         .9270510
    -5.0000000         .0000000
    -4.7552826        -.9270510
    -4.0450850       -1.7633558
    -2.9389263       -2.4270510
    -1.5450850       -2.8531695
      .0000000       -3.0000000
     1.5450850       -2.8531695
     2.9389263       -2.4270510
     4.0450850       -1.7633558
     4.7552826        -.9270510

  1        9.1955756
  1        4.9664676
  1         .0000000
  1       -3.7385842
  1       -5.6807458
  1       -5.6807458
  1       -3.7385842
  1         .0000000
  1        4.9664676
  1        9.1955756
  1        9.1955756
  1        4.9664676
  1         .0000000
  1       -3.7385842
  1       -5.6807458
  1       -5.6807458
  1       -3.7385842
```

```
    1        .0000000
    1       4.9664676
    0      23.5765287


         2.5000000        .0000000
         2.1650635        .7500000
         1.2500000       1.2990381
          .0000000       1.5000000
        -1.2500000       1.2990381
        -2.1650635        .7500000
        -2.5000000        .0000000
        -2.1650635       -.7500000
        -1.2500000      -1.2990381
          .0000000      -1.5000000
         1.2500000      -1.2990381
         2.1650635       -.7500000
          .0000000        .0000000
```

例題 4.2 の Neumann 問題に関して，楕円形の偏微分方程式の理論から知られている以下の事柄を考慮しなければならない [12]．

(a) この問題に対して解を得るためには，以下が成り立っていなければならない．

$$\int_\Gamma \frac{\partial u}{\partial n} ds = 0$$

このことは，$v=1$ および $\nabla^2 u = 0$ を式 (2.16) に適用することにより簡単に証明できる．

(b) 解 u は一様には決定されないが任意の定数の近似である．

最初の注意から，以下のことを確認しなければならない．

$$\int_\Gamma \bar{u}_n ds \approx \sum_{i=1}^N l_i (\bar{u}_n)_i \approx 0$$

上式は与えられたデータに対して満足されていることを示すことができる．2番目の注意から，式 (4.9) を解く際に困難が発生する．この場合マトリックス $[A] = [H]$ が特異であり，したがって逆行列を求めることができない．この困難は，ある節点における u の値，例えば最後の節点 N の値を任意に規定し，次に混合境界値問題として解けば解消する．一般性を失うことなく，式 (b) で $C = 0$ として計算した u の厳密な値を u^N に代入することで，得られた数値解と厳密解を直接比較することができる．

表 4.2 では，内点において計算された u の値が境界要素数 N 個の種々の値に対して示されている．さらに，図 4.14 は境界要素数 N に対して内点 2 における u の誤差の変化を示している．この問題では，収束の状況は例題 4.1 に比べてゆっくりである．このことは予想されたことであり，楕円の曲線境界を内接の多角形で近似しているからである．より早い収束は，楕円形状を放物線で近似する他の一定要素を用いることで達成できる [13]．

表 4.2　例題 4.2 の様々な境界要素離散化による境界値と内点での解の比較

点	総要素数 N						厳密解
	20	40	100	300	700	1000	
1	7.1022	6.5060	6.2960	6.2556	6.2511	6.2506	6.2500
2	5.0950	4.4114	4.1759	4.1312	4.1262	4.1256	4.1250
3	1.0736	0.2201	-0.0646	-0.1177	-0.1236	-0.1243	-0.1250
4	-0.9207	-1.8715	-2.1842	-2.2422	-2.2485	-2.2492	-2.2500
13	1.2216	0.3514	0.0613	0.0073	0.0014	0.0007	0.0000

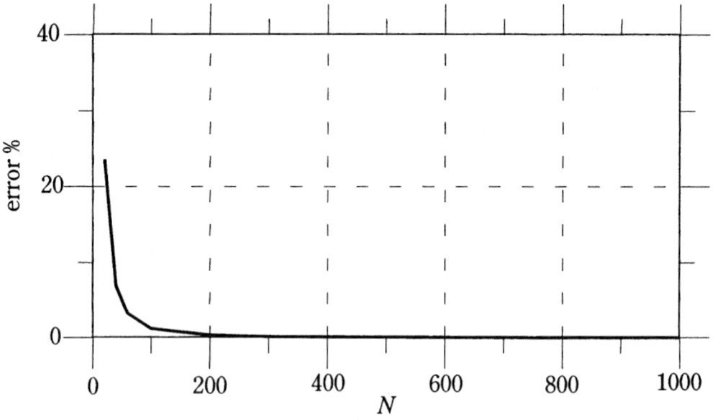

図 4.14　例題 4.2 の境界要素数に対する内点 2 における u の誤差

4.7　複数の境界を有する領域

BEM の様々な応用において，領域 Ω が空洞を含む場合がある．その場合，境界の数が 1 つ以上となる (図 4.15)．すなわち，1 つの外側境界があり，その境界がお互いに交わることがない有限個の内部境界を囲んでいる．数学的用語では，この場合の領域は多重連結領域と言われている．様々な問題でこのような領域に出くわす．例えば，断面に空洞があるような棒のねじり，障害物を過ぎる流れ，または断熱されているパイプの熱伝導問題などである．境界 Γ がすべての境界の和である多重連結領域に対しても，Green の恒等式 (2.16) が成立することが容易に示される．実際，任意で直線である必要がない切断 AB と CD を導入するなら，領域 Ω は穴がない単連結領域に変換される (図 4.16 参照)．そのとき，Green の恒等式 (2.16) は次のように書かれる．

$$\int_\Omega \left(v\nabla^2 u - u\nabla^2 v\right) d\Omega = \sum_{k=1}^3 \int_{\Gamma_k} \left(v\frac{\partial u}{\partial n} - u\frac{\partial v}{\partial n}\right) ds$$
$$+ \int_{BA} \left(v\frac{\partial u}{\partial n} - u\frac{\partial v}{\partial n}\right) ds + \int_{AB} \left(v\frac{\partial u}{\partial n} - u\frac{\partial v}{\partial n}\right) ds$$
$$+ \int_{DC} \left(v\frac{\partial u}{\partial n} - u\frac{\partial v}{\partial n}\right) ds + \int_{CD} \left(v\frac{\partial u}{\partial n} - u\frac{\partial v}{\partial n}\right) ds$$

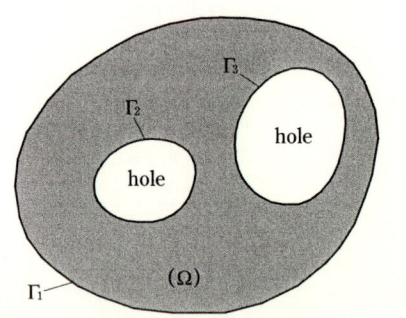

図4.15 多重結合領域 Ω

図4.16 多重結合領域の境界上の正の方向と法線方向

以下のことに注意する：

$$\int_{BA}\left(v\frac{\partial u}{\partial n}-u\frac{\partial v}{\partial n}\right)ds = -\int_{AB}\left(v\frac{\partial u}{\partial n}-u\frac{\partial v}{\partial n}\right)ds$$

$$\int_{DC}\left(v\frac{\partial u}{\partial n}-u\frac{\partial v}{\partial n}\right)ds = -\int_{CD}\left(v\frac{\partial u}{\partial n}-u\frac{\partial v}{\partial n}\right)ds$$

このとき，上式は次のようになる．

$$\int_{\Omega}\left(v\nabla^2 u - u\nabla^2 v\right)d\Omega = \int_{\Gamma}\left(v\frac{\partial u}{\partial n}-u\frac{\partial v}{\partial n}\right)ds \tag{4.48}$$

ただし，$\Gamma = \Gamma_1 \cup \Gamma_2 \cup \Gamma_3$ である．

このようにして Green の恒等式 (2.16) は，境界積分がすべての境界について行われるなら多重連結領域にも成立する．したがって，Green の恒等式から得られる関係式は多重連結領域に対しても成立する．内部の境界は時計回りが正方向であり，外側境界とは反対の向きとなることを注意しておく．

4.8 複数の境界をもつ領域に対するプログラム LABECONMU

プログラム LABECON は，いくつかの空洞の存在する領域 (多重連結領域) でのポテンシャル問題を解くためのプログラムに簡単に修正できる．修正部分はメインプログラムとサブルーチン INPUT，GMATR，HMATR および UINTER のみである．LABECON とは区別するために，新しいプログラムを LABECONMU と名付ける．

LABECONMU の構造は図 4.7 に示した LABECON の概略フローチャートと同じである．このプログラムでは新しい 2 つのパラメータが導入されており，NB は境界の数を定義するパラメータ，ベクトル NL(I) は I 番目 $(I = 1, 2, \cdots, NB)$ の境界上の最後の要素を識別するパラメータである．すべての境界の要素は順番に番号付けられ，N は要素の総数を示していることに注意する．メインプログラム，並びにサブルーチン INPUT，GMATR，HMATR と UINTER の詳細はサンプルプログラムを参照してほしい．

例題 4.3

この例題では，混合境界条件に従う簡単なポテンシャル問題の解法にプログラム LABECONMU を使うことを示す．正方形領域 Ω は2重連結，すなわち1つの空洞がある．外側の境界は 16 個の要素に，内側の境界は 8 個の要素に離散化される．解は 8 個の内点で計算される．データと境界の離散化は図 4.17 と図 4.18 に示されている．入力データはプログラム RECT-2.FOR を使用して作成されている．
厳密解：$u(x,y) = 100(1+x)$

図 4.17　2重連結領域 Ω と境界条件

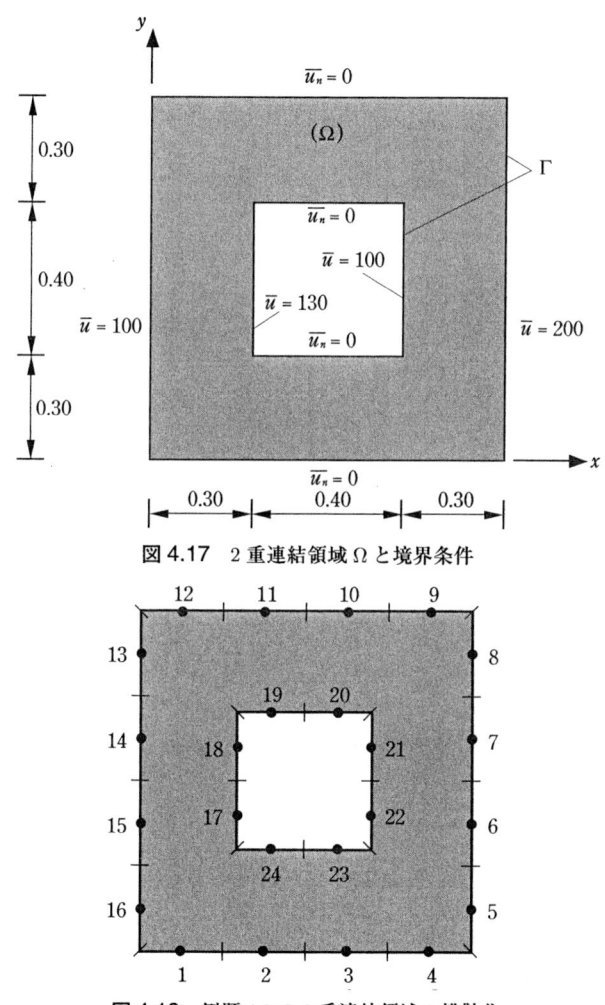

図 4.18　例題 4.3 の 2 重連結領域の離散化

例題 4.3 〈データ〉

```
J.T. KATSIKADELIS
Example 4.3

  16
  24
           .00000000        .00000000
           .25000000        .00000000
           .50000000        .00000000
           .75000000        .00000000
          1.00000000        .00000000
          1.00000000        .25000000
          1.00000000        .50000000
          1.00000000        .75000000
          1.00000000       1.00000000
           .75000000       1.00000000
           .50000000       1.00000000
           .25000000       1.00000000
           .00000000       1.00000000
           .00000000        .75000000
           .00000000        .50000000
           .00000000        .25000000
           .30000000        .30000000
           .30000000        .50000000
           .30000000        .70000000
           .50000000        .70000000
           .70000000        .70000000
           .70000000        .50000000
           .70000000        .30000000
           .50000000        .30000000

     1              .00000000
     1              .00000000
     1              .00000000
     1              .00000000
     0           200.00000000
     0           200.00000000
     0           200.00000000
     0           200.00000000
     1              .00000000
     1              .00000000
     1              .00000000
     1              .00000000
     0           100.00000000
     0           100.00000000
     0           100.00000000
     0           100.00000000
     0           130.00000000
     0           130.00000000
     1              .00000000
     1              .00000000
     1           -100.00000000
     1           -100.00000000
     1              .00000000
     1              .00000000
```

4.8 複数の境界をもつ領域に対するプログラム LABECONMU

```
.15000000      .15000000
.50000000      .15000000
.85000000      .15000000
.15000000      .50000000
.85000000      .50000000
.15000000      .85000000
.50000000      .85000000
.85000000      .85000000
```

例題 4.3 〈結果〉

```
*****************************************************************
J.T. KATSIKADELIS
Example 4.3


BASIC PARAMETERS

NUMBER OF BOUNDARY ELEMENTS= 24
NUMBER OF INTERNAL POINTS WHERE THE FUNCTION IS CALCULATED=  8

NUMBER OF BOUNDARIES =  2
BOUNDARY  1  LAST BOUNDARY ELEMENT= 16
BOUNDARY  2  LAST BOUNDARY ELEMENT= 24


COORDINATES OF THE EXTREME POINTS OF THE BOUNDARY ELEMENTS

POINT        XL              YL
  1       .00000E+00      .00000E+00
  2       .25000E+00      .00000E+00
  3       .50000E+00      .00000E+00
  4       .75000E+00      .00000E+00
  5       .10000E+01      .00000E+00
  6       .10000E+01      .25000E+00
  7       .10000E+01      .50000E+00
  8       .10000E+01      .75000E+00
  9       .10000E+01      .10000E+01
 10       .75000E+00      .10000E+01
 11       .50000E+00      .10000E+01
 12       .25000E+00      .10000E+01
 13       .00000E+00      .10000E+01
 14       .00000E+00      .75000E+00
 15       .00000E+00      .50000E+00
 16       .00000E+00      .25000E+00
 17       .30000E+00      .30000E+00
 18       .30000E+00      .50000E+00
 19       .30000E+00      .70000E+00
 20       .50000E+00      .70000E+00
 21       .70000E+00      .70000E+00
 22       .70000E+00      .50000E+00
 23       .70000E+00      .30000E+00
 24       .50000E+00      .30000E+00
```

BOUNDARY CONDITIONS

NODE	INDEX	PRESCRIBED VALUE
1	1	.00000E+00
2	1	.00000E+00
3	1	.00000E+00
4	1	.00000E+00
5	0	.20000E+03
6	0	.20000E+03
7	0	.20000E+03
8	0	.20000E+03
9	1	.00000E+00
10	1	.00000E+00
11	1	.00000E+00
12	1	.00000E+00
13	0	.10000E+03
14	0	.10000E+03
15	0	.10000E+03
16	0	.10000E+03
17	0	.13000E+03
18	0	.13000E+03
19	1	.00000E+00
20	1	.00000E+00
21	1	-.10000E+03
22	1	-.10000E+03
23	1	.00000E+00
24	1	.00000E+00

****

4.9 領域分割法

ある問題では，物体の材質が区分的に連続である場合がある．例えば，2つ以上の異なるせん断弾性係数の材料からなる複合棒のねじりの問題などである．他の例としては，2つ以上の部分領域で異なる熱伝導率をもつ物体の熱伝導問題などがある．文献では，物体は複数領域物体 (multi-zone body) と呼ばれており，その領域は複合領域 (composite domain) を占めている．

複合領域のポテンシャル問題はそれぞれの部分領域に対して BEM を適用することで解くことができる．これは基本解が均質の領域で有効であることによる．次に，一般性を損なうことなく，図 4.19 の 3 つの部分領域 Ω_1, Ω_2, Ω_3 からなる複合領域に対して BEM を適用する．3 つの部分領域の境界の離散化では，それぞれの界面，すなわち部分領域間の境界の共通部分の両側で同じ離散化を行うことに注意を払う必要がある (図 4.20 参照).

それぞれの部分領域で以下のベクトルが定義される：

部分領域 Ω_1
    $\{u\}_1^1$, $\{u_n\}_1^1$ 外側境界 Γ_1 上の節点値

4.9 領域分割法

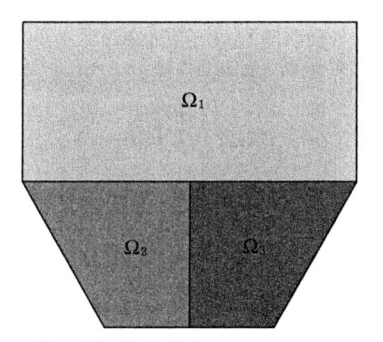

図4.19 複合領域 $\Omega = \Omega_1 \cup \Omega_2 \cup \Omega_3$

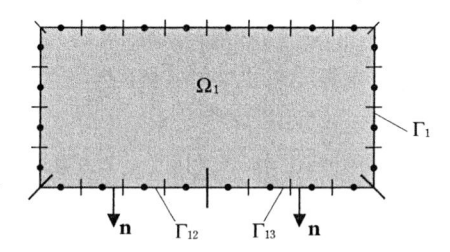

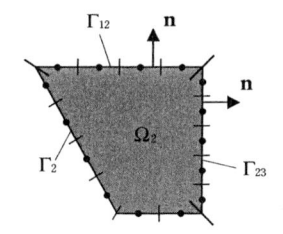

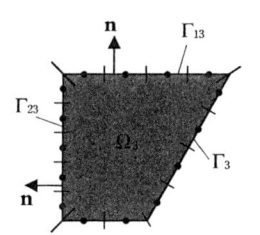

図4.20 複合領域の境界の離散化 ($\Gamma = \Gamma_1 \cup \Gamma_2 \cup \Gamma_3$)

$\{u\}_{12}^1$, $\{u_n\}_{12}^1$ 界面 Γ_{12} 上の節点値
$\{u\}_{13}^1$, $\{u_n\}_{13}^1$ 界面 Γ_{13} 上の節点値

上記の記号では，上付き添字は部分領域を示し，下付き添字は近傍の部分領域または対応する界面を示す．Γ_1, Γ_{12} および Γ_{13} 上の節点数はそれぞれ N_1, N_{12}, N_{13} である．

部分領域 Ω_2

$\{u\}_2^2$, $\{u_n\}_2^2$ 外側境界 Γ_2 上の節点値
$\{u\}_{12}^2$, $\{u_n\}_{12}^1$ 界面 Γ_{12} 上の節点値
$\{u\}_{23}^2$, $\{u_n\}_{23}^2$ 界面 Γ_{23} 上の節点値

Γ_2, Γ_{12} および Γ_{23} 上の節点数はそれぞれ N_2, N_{12}, N_{23} である．

部分領域 Ω_3

$\{u\}_3^3, \quad \{u_n\}_3^3$ 外側境界 Γ_3 上の節点値
$\{u\}_{13}^3, \quad \{u_n\}_{13}^3$ 界面 Γ_{13} 上の節点値
$\{u\}_{23}^3, \quad \{u_n\}_{23}^3$ 界面 Γ_{23} 上の節点値

Γ_3, Γ_{13} および Γ_{23} 上の節点数はそれぞれ N_3, N_{13}, N_{23} である.

境界条件は領域 Ω の外側境界 Γ 上でのみ規定される.すなわち,境界 Γ_1, Γ_2, Γ_3 ($\Gamma = \Gamma_1 \cup \Gamma_2 \cup \Gamma_3$) 上である. u と u_n の両方の値は界面 Γ_{12}, Γ_{13}, Γ_{23} の両側で未知となる.そのため,未知の境界値の総数はそれぞれの部分領域において次のようになる:

部分領域 Ω_1: Γ_1 上で N_1 個, Γ_{12} 上で $2N_{12}$ 個, Γ_{13} 上で $2N_{13}$ 個
  総数は $N_1 + 2N_{12} + 2N_{13}$ 個
部分領域 Ω_2: Γ_2 上で N_2 個, Γ_{12} 上で $2N_{12}$ 個, Γ_{23} 上で $2N_{23}$ 個
  総数は $N_2 + 2N_{12} + 2N_{23}$ 個
部分領域 Ω_3: Γ_3 上で N_3 個, Γ_{13} 上で $2N_{13}$ 個, Γ_{23} 上で $2N_{23}$ 個
  総数は $N_3 + 2N_{13} + 2N_{23}$ 個

しかしながら,境界未知量の評価に対して利用できる方程式は:

部分領域 Ω_1 から: $N_1 + N_{12} + N_{13}$
部分領域 Ω_2 から: $N_2 + N_{12} + N_{23}$
部分領域 Ω_3 から: $N_3 + N_{13} + N_{23}$

したがって,未知量の方が利用できる方程式の数より $2(N_{12} + N_{13} + N_{23})$ 個多くなってしまう.そこで,界面でのいわゆる連続条件である,物理的考察から導かれる式を付加する.これらの条件を以下に示す:

(a) ポテンシャルの連続性. 2つに分割された部分領域の界面の両側でポテンシャルの値は等しい.

$$\left. \begin{array}{l} \{u\}_{12}^1 = \{u\}_{12}^2 \\ \{u\}_{13}^1 = \{u\}_{13}^3 \\ \{u\}_{23}^2 = \{u\}_{23}^3 \end{array} \right\} \quad (4.49)$$

(b) 流束の連続性. 流束 q_n はポテンシャル方程式によって記述される物理問題に関係した量である.例えば,熱伝導問題における流束は Fourier の法則 $q_n = ku_n$ によって与えられ, k は材料の熱伝導率の係数である.ねじりの問題に対しては流束の表現はもっと複雑になる.1つの部分領域から流れ出る流束は,隣接した部分領域に入る流束と等しい.したがって, q_n が界面の法線方向に沿う流束を示すならば,界面を横切る流束の連続性から次式が成立する必要がある.

$$\left. \begin{array}{l} \{q_n\}_{12}^2 = -\{q_n\}_{12}^1 \\ \{q_n\}_{13}^3 = -\{q_n\}_{13}^1 \\ \{q_n\}_{23}^3 = -\{q_n\}_{23}^2 \end{array} \right\} \quad (4.50)$$

式 (4.50) 右辺のマイナス符号は，流束の正方向が外向き法線方向ベクトル **n** に一致するということより説明される．このことは，隣接する部分領域の共通する界面での 2 つの流束ベクトルは反対の向きをもつことを意味している．なぜなら，これらの対応する外向き法線ベクトルは反対方向になるからである (図 4.20)．一般に，流束に対する連続の条件の定式化は，考察中の物理問題に精通していることを必要とする．このような理由から，上記の概念は 6 章を学習すればよりはっきりしたものとなる．

流束の連続性の条件を熱流の問題に適用してみる．部分領域 Ω_1，Ω_2，Ω_3 で熱伝導率がそれぞれ k_1，k_2，k_3 で表されるなら，式 (4.50) は以下のように書ける．

$$\left. \begin{array}{l} \{u_n\}_{12}^2 = -[k_{12}]\{u_n\}_{12}^1 \\ \{u_n\}_{13}^3 = -[k_{13}]\{u_n\}_{13}^1 \\ \{u_n\}_{23}^3 = -[k_{23}]\{u_n\}_{23}^2 \end{array} \right\} \tag{4.51}$$

ただし，$[k_{12}]$，$[k_{13}]$，$[k_{23}]$ は，それぞれ成分 $k_{12} = k_1/k_2$，$k_{13} = k_1/k_3$，$k_{23} = k_2/k_3$ をもつ正方対角マトリックスである．

式 (4.49) と式 (4.51) は，問題のすべての未知量に対して $2(N_{12}+N_{13}+N_{23})$ 個の付加方程式を与える．

上述の理論より，それぞれの部分領域に対するマトリックス方程式は以下のようになる：

(i) 部分領域 Ω_1 の境界に対する方程式

$$[H]^1\{u\}^1 = [G]^1\{u_n\}^1$$

あるいは，

$$\begin{bmatrix} [H]_1^1 & [H]_{12}^1 & [H]_{13}^1 \end{bmatrix} \left\{ \begin{array}{c} \{u\}_1^1 \\ \{u\}_{12}^1 \\ \{u\}_{13}^1 \end{array} \right\} = \begin{bmatrix} [G]_1^1 & [G]_{12}^1 & [G]_{13}^1 \end{bmatrix} \left\{ \begin{array}{c} \{u_n\}_1^1 \\ \{u_n\}_{12}^1 \\ \{u_n\}_{13}^1 \end{array} \right\}$$

外側境界の一部である Γ_1 上の境界条件は，上記の方程式の両辺の最初の項にだけ影響を与える．これらの条件を代入することで，次式を得る．

$$\begin{bmatrix} [A]_1^1 & [H]_{12}^1 & [H]_{13}^1 \end{bmatrix} \left\{ \begin{array}{c} \{x\}_1^1 \\ \{u\}_{12}^1 \\ \{u\}_{13}^1 \end{array} \right\} = \{B\}_1^1 + \begin{bmatrix} [G]_{12}^1 & [G]_{13}^1 \end{bmatrix} \left\{ \begin{array}{c} \{u_n\}_1^1 \\ \{u_n\}_{13}^1 \end{array} \right\} \tag{4.52}$$

ベクトル $\{x\}_1^1$ は，境界 Γ_1 上のすべての未知境界量を含む．マトリックス $[A]_1^1$ とベクトル $\{B\}_1^1$ は，式 (4.9) の場合と同じ手順を用いて導出される．

(ii) 部分領域 Ω_2 の境界に対する方程式

$$[H]^2\{u\}^2 = [G]^2\{u_n\}^2$$

あるいは，

$$[\,[H]_2^2\ [H]_{12}^2\ [H]_{23}^2\,]\left\{\begin{array}{c}\{u\}_2^2\\ \{u\}_{12}^2\\ \{u\}_{23}^2\end{array}\right\}=[\,[G]_2^2\ [G]_{12}^2\ [G]_{23}^2\,]\left\{\begin{array}{c}\{u_n\}_2^2\\ \{u_n\}_{12}^2\\ \{u_n\}_{23}^2\end{array}\right\}$$

式 (4.49) と式 (4.51) の連続条件を用いることで次式を得る.

$$[\,[H]_2^2\ [H]_{12}^2\ [H]_{23}^2\,]\left\{\begin{array}{c}\{u\}_2^2\\ \{u\}_{12}^1\\ \{u\}_{23}^2\end{array}\right\}=[\,[G]_2^2\ -[G]_{12}^2[k_{12}]\ [G]_{23}^2\,]\left\{\begin{array}{c}\{u_n\}_2^2\\ \{u_n\}_{12}^1\\ \{u_n\}_{23}^2\end{array}\right\}$$

次に,外側境界の一部である Γ_2 上の境界条件を適用すれば次式を得る.

$$[\,[A]_2^2\ [H]_{12}^2\ [H]_{13}^2\,]\left\{\begin{array}{c}\{x\}_2^2\\ \{u\}_{12}^1\\ \{u\}_{23}^2\end{array}\right\}=\{B\}_2^2+[\,-[G]_{12}^2[k_{12}]\ [G]_{23}^2\,]\left\{\begin{array}{c}\{u_n\}_{12}^1\\ \{u_n\}_{23}^2\end{array}\right\} \quad (4.53)$$

(iii) 部分領域 Ω_3 の境界に対する方程式

$$[H]^3\{u\}^3=[G]^3\{u_n\}^3$$

あるいは,

$$[\,[H]_3^3\ [H]_{13}^3\ [H]_{23}^3\,]\left\{\begin{array}{c}\{u\}_3^3\\ \{u\}_{13}^3\\ \{u\}_{23}^3\end{array}\right\}=[\,[G]_3^3\ [G]_{13}^3\ [G]_{23}^3\,]\left\{\begin{array}{c}\{u_n\}_3^3\\ \{u_n\}_{13}^3\\ \{u_n\}_{23}^3\end{array}\right\}$$

再び連続条件 (4.49) と (4.51) を用いれば,上記の方程式は以下の形となる.

$$[\,[H]_3^3\ [H]_{13}^3\ [H]_{23}^3\,]\left\{\begin{array}{c}\{u\}_3^3\\ \{u\}_{13}^1\\ \{u\}_{23}^2\end{array}\right\}=[\,[G]_3^3\ -[G]_{13}^3[k_{13}]\ [G]_{23}^3\,]\left\{\begin{array}{c}\{u_n\}_3^3\\ \{u_n\}_{13}^1\\ \{u_n\}_{23}^2\end{array}\right\}$$

最終的に,外側境界の一部である Γ_3 上の境界条件を代入すれば,上式は次式となる.

$$[\,[A]_3^3\ [H]_{13}^3\ [H]_{23}^3\,]\left\{\begin{array}{c}\{x\}_3^3\\ \{u\}_{13}^1\\ \{u\}_{23}^2\end{array}\right\}=\{B\}_3^3+[\,-[G]_{13}^3[k_{13}]\ [G]_{23}^3\,]\left\{\begin{array}{c}\{u_n\}_{13}^1\\ \{u_n\}_{23}^2\end{array}\right\} \quad (4.54)$$

3つの部分領域の式 (4.52), (4.53) と (4.54) は,以下に示すように1つのマトリックスとしてまとめることができる.

$$[A]\{X\}=\{B\} \quad (4.55)$$

ただし,

$\{X\}$:外側境界上と界面のすべての未知量から構成されるベクトル.その次元を以下に示す.

$$N=N_1+N_2+N_3+2N_{12}+2N_{13}+2N_{23}$$

$[A]$:次元 $N\times N$ の既知の正方係数マトリックス

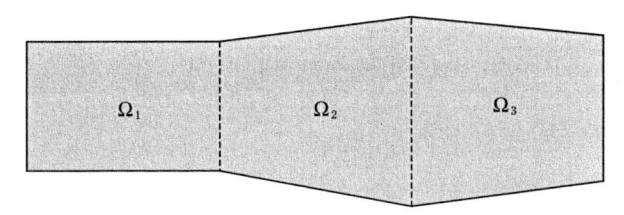

図 4.21 3つの部分領域に分割された細長く均質な領域

$\{B\}$：次元 N の既知ベクトル

ベクトル $\{X\}$, $\{B\}$ とマトリックス $[A]$ は以下の式によって定義される．

$$\{X\} = \begin{Bmatrix} \{x\}_1^1 \\ \{x\}_2^2 \\ \{x\}_3^3 \\ \{u\}_{12}^1 \\ \{u\}_{13}^1 \\ \{u\}_{23}^2 \\ \{u_n\}_{12}^1 \\ \{u_n\}_{13}^1 \\ \{u_n\}_{23}^2 \end{Bmatrix}, \quad \{B\} = \begin{Bmatrix} \{B\}_1^1 \\ \{B\}_2^2 \\ \{B\}_3^3 \end{Bmatrix} \quad (4.56)$$

$$[A] = \begin{bmatrix} [A]_1^1 & [0] & [0] & [H]_{12}^1 & [H]_{13}^1 & [0] & -[G]_{12}^1 & -[G]_{13}^1 & [0] \\ [0] & [A]_2^2 & [0] & [H]_{12}^2 & [0] & [H]_{23}^2 & [G]_{12}^2[k_12] & [0] & -[G]_{23}^2 \\ [0] & [0] & [A]_3^3 & [0] & [H]_{13}^3 & [H]_{23}^3 & [0] & [G]_{13}^3[k_{13}] & [G]_{23}^3[k_{23}] \end{bmatrix} \quad (4.57)$$

ここでマトリックス $[A]$ はゼロでない成分が全部入っているフル・マトリックスではないことを注意しておく．そのためその構造から，必要とされるディスクの容量と実行時間を減少させる式 (4.55) に対する特別な手法が使用可能である．部分領域に関するこの手法は，細長い均質な領域の問題にも使えて，長い距離での基本解の積分に関連する数値問題を克服できる．領域を 2 つ以上の部分領域に分割することで (図 4.21 参照)，それぞれの領域の縦横比を減少させ，マトリックス $[H]$ と $[G]$ はより精度よく計算される．

4.10 おわりに

本章では，BEM はポテンシャル方程式によって記述される問題を解くのに適した数値解析手法であることが示された．境界の離散化に用いられた要素は最も単純な一定要素である．この章で説明した事柄に関してより進んだ学習をしたいときは，Jaswon と Symm[14], Brebbia[15], Banerjee と Butterfield[16], Brebbia と Dominguez[17], Kane[18]

などの文献を参照していただきたい．プログラムを作成する際に使用した言語は，Microsoft Fortran PowerStation (Professional) の FORTRAN 77 である．FORTRAN 90 というより便利な言語を用いることもできたが，読者にはまだなじみがないという理由で使用しなかった．

[1] Wolfram, S., 1988. *Mathematica. A System for Doing Mathematics by Computer*, Addison-Wesley Publishing Company, Redwood City, California.

[2] Robertson, J., 1996. *Engineering Mathematics with MAPLE.*, McGraw-Hill, New York.

[3] Katsikadelis, J.T., 1982. *The Analysis of Plates on Elastic Foundation by the Boundary Integral Equation Method*, Ph.D. Dissertation, Polytechnic University of New York.

[4] Katsikadelis, J.T. and Armenakas, A.E., 1984. Analysis of Clamped Plates on Elastic Foundation by the Boundary Integral Equation Method, *ASME Journal of Applied Mechanics*, Vol.51, pp.574-580.

[5] Katsikadelis, J.T. and Armenakas, A.E., 1983. Numerical Evaluation of Double Integrals with a Logarithmic or a Cauchy-Type Singularity, *ASME Journal of Applied Mechanics*, Vol.50, pp.682-684.

[6] Nardini, D. and Brebbia, C.A., 1982. New Approach to Vibration Analysis Using Boundary Elements, in: *Boundary Element Methods in Engineering*, Computational Mechanics Publications, Southampton and Springer-Verlag, Berlin.

[7] Partridge, P.W., Brebbia, C.A. and Wrobel, L.C., 1992. *The Dual Reciprocity Boundary Element Method*, Computational Mechanics Publications, Southampton.

[8] Golberg, M.A. and Chen, C.S., 1994. The Theory of Radial Basis Functions Applied to the BEM for Inhomogeneous Partial Differential Equations, *Boundary Elements Communications*, Vol.5, pp.57-61.

[9] Golberg, M.A., 1995. The Numerical Evaluation of Particular Solutions in the BEM-A review, *Boundary Elements Communications*, Vol.6, pp.99-106.

[10] Partridge, P.W., 1997. Approximation Functions in the Dual Reciprocity Method, *Boundary Element Methods Communications*, Vol.8, pp.1-4.

[11] *Microsoft Fortran PowerStation 4.0, Professional*, Edition 1994-95.

[12] Zauderer, E., 1989. *Partial Differential Equations of Applied Mathematics*, John Wiley & Sons, New York.

[13] Katsikadelis, J.T. and Kallivokas, L.F., 1986. Clamped Plates on Pasternak-Type Elastic Foundation by the Boundary Element Method, *ASME Journal of Applied Mechanics*, Vol.53, pp.909-916.

[14] Jaswon, M.A. and Symm, G.T., 1977. *Integral Equation Methods in Potential*

Theory and Elastostatics, Academic Press, Inc., London.
[15] Brebbia, C.A., 1978. *The Boundary Element Method for Engineers*, Pentech Press, Plymouth.
[16] Banerjee, P.K. and Butterfield, R., 1981. *Boundary Element Methods in Engineering Science*, McGraw-Hill, New York.
[17] Brebbia, C.A. and Dominguez, J., 2001. *Boundary Elements: An Introductory Course*, 2nd edition, Computational Mechanics Publications, Southampton.
[18] Kane, J.H., 1994. *Boundary Element Analysis in Engineering Continuum Mechanics*, Prentice Hall, Englewood Cliffs, New Jersey.

演習問題

4.1 内点 $P \in \Omega$ における導関数 u_x と u_y を計算するサブルーチンを FORTRAN 言語を用いて作成せよ．

4.2 異方性体の問題を解くことに使用できるようにプログラム LABECON を適切に修正せよ．

4.3 以下の図に示すような複合領域とその離散化に対して，式 (4.55) のマトリックス $[A]$ とベクトル $\{B\}$ を計算せよ．

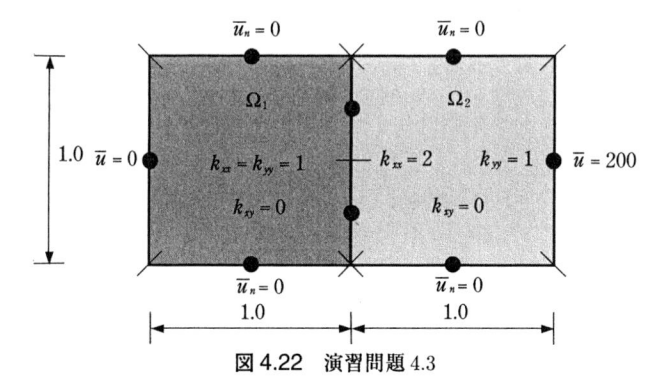

図 4.22 演習問題 4.3

5
境界要素の解析技術

5.1 はじめに

　前章では，Poisson 方程式 (3.6a) と境界条件 (3.6b) で記述される境界値問題が BEM によって数値的にモデル化された．この数値モデル化では，境界積分方程式 (3.37) の離散化を出発点とし，積分方程式の解を近似する線形代数方程式系 (4.9) を導いた．近似の精度と BEM の有効性は境界の離散化手法 (すなわち，用いる要素のタイプ) と要素における核関数の積分に用いる評価方法に依存する．

　一定要素は 4 章で説明した．この要素は直線によって境界形状を近似し，境界の未知量は要素上で一定と仮定される．このことで境界上の不連続な分布が生じることになる．境界の未知量に対するよりよい近似は要素にわたって線形に変化するという近似を導入することで達成できる．しかし，線形要素でさえ曲線境界を正確に近似できないので，理想的なものとは言えない．このことから，高次要素，すなわち，通常は 2 次あるいは 3 次の高次の補間多項式によりその要素の境界形状と境界未知量の両方を近似する要素が開発された．明らかに，これらの要素は曲線境界と要素上の境界未知量を正確に近似する．しかしながら，それらの要素では，要素上で積分した関数がより複雑になり，計算時間がかなり増加してしまうという弱点をもっている．

　一般に，境界要素は次に示すような 3 つの種類に分類される [1]：
　(a) サブパラメトリック要素．境界形状を近似する多項式は境界量の変化の近似より低い次数であり，例えば，要素形状は直線であるが境界量は放物線的に変化する要素である．
　(b) アイソパラメトリック要素．境界形状と境界量は同じ次数の多項式で近似される．例えば，4 章で定義された線形要素や 2 次要素などはアイソパラメトリックである．
　(c) スーパーパラメトリック要素．境界形状は境界量の近似より高い次数の多項式で近似される．例えば，要素形状は放物状の曲線で近似されるが境界量は一定または線形に変化する要素である．

サブパラメトリックとスーパーパラメトリック要素の使用はまったく限定されている．しかしながら，サブパラメトリック要素は直線で囲まれた境界に 2 次要素を適用

する場合には必然的に都合が悪いものとなる．境界を放物曲線によりモデル化し境界量が一定であるとするスーパーパラメトリック要素は，Katsikadelis やその共同研究者らなどにより広く使用されている [2-6]．この要素は，影響マトリックスを構成する手順が一定要素より容易であるという利点があり，曲線境界を非常に正確に近似するという利点もある．一般に，アイソパラメトリック要素は最もよく使用されるものであり，とりわけ BEM の商業的なプログラムにおいて幅広く使用されている．

境界要素は連続要素と不連続要素に分類される．連続要素は要素端点に節点があり，隣の要素と節点を共有する．一方，不連続要素は端点から離れた場所に節点が配置される．以下の節では，線形あるいは 2 次要素の連続および不連続モデル化の議論をする．

5.2 線形要素

以前に述べたように，線形要素では直線によって境界形状を近似し，要素上で線形関数によって境界量を近似する．ある要素上での境界量の変化を表す式を得るには，2つの節点での境界値が必要となる．このために，l を要素の長さとし $-l/2 \leq x' \leq l/2$ である局所座標系 $Ox'y'$ をそれぞれの要素に導入すると便利である．連続要素では節点は要素端点に配置され (図 5.1a)，不連続要素では端点間に節点が配置される (図 5.1b)．図 5.2 は楕円境界を 12 個の連続要素による離散化を示しており，図 5.3 は同じ楕円境界を 12 個の不連続要素による離散化を示している．これらの 2 つの図より，不連続要素を用いた境界の離散化は，連続要素で離散化をする場合に比べて 2 倍の節点を必要とすることがわかる．しかしながら，よりよい近似は不連続要素を用いることで実現する (図 5.4 参照)．いずれにせよ不連続要素の利点は，連続要素を用いた場合との精度の比較ではなく，むしろその境界量が不連続となる点 (例えばかど点における法線方向の導関数) で生じる計算上の問題を克服することである．ハイブリッド要素あるいは非適合要素，すなわち要素節点の 1 つだけを要素端点に配置した要素が考案されてきた．

ここで，端点が j と $j+1$，長さが l_j である離散化された境界の j 番目の要素について考えてみる (図 5.5)．局所座標系 $O'x'y'$ においてその形状は次式で記述される．

$$x' = x' \quad (-l_j/2 \leq x' \leq l_j/2)$$
$$y' = 0$$

一方，全体座標系 Oxy においては次式で表される．

$$x = \frac{x_{j+1}+x_j}{2} + \frac{x_{j+1}-x_j}{l_j}x' \tag{5.1a}$$

$$y = \frac{y_{j+1}+y_j}{2} + \frac{y_{j+1}-y_j}{l_j}x' \tag{5.1b}$$

ここで要素上の点 x' の正方向は j から $j+1$ に向かって定義されていることを考慮すると，離散化された境界の節点と端点は反時計回りに番号付けされる．間隔 $[-l_j/2, l_j/2]$

(a) 連続要素

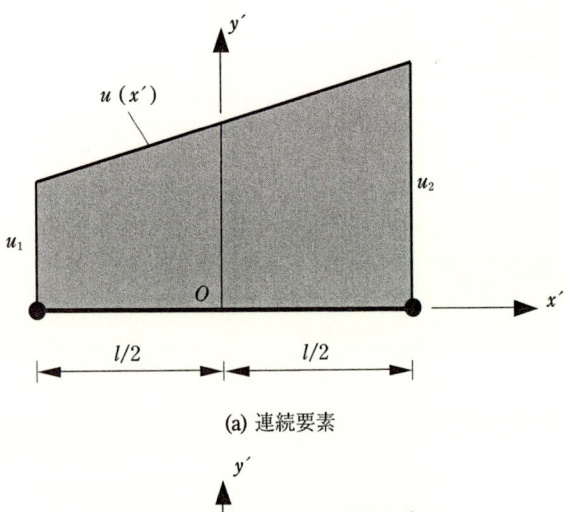

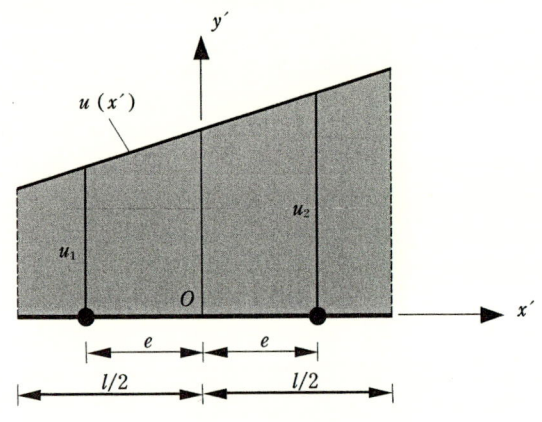

(b) 不連続要素

図 5.1 連続および不連続な線形要素

は以下のように無次元化される.

$$\xi = \frac{x'}{l_j/2} \tag{5.2}$$

したがって，式 (5.1) は次のようになる．

$$x = \frac{x_{j+1}+x_j}{2} + \frac{x_{j+1}-x_j}{2}\xi \tag{5.3a}$$

$$y = \frac{y_{j+1}+y_j}{2} + \frac{y_{j+1}-y_j}{2}\xi \tag{5.3b}$$

ただし，$-1 \leq \xi \leq 1$ である．

式 (5.3) を次のように書き改める．

5.2 線形要素

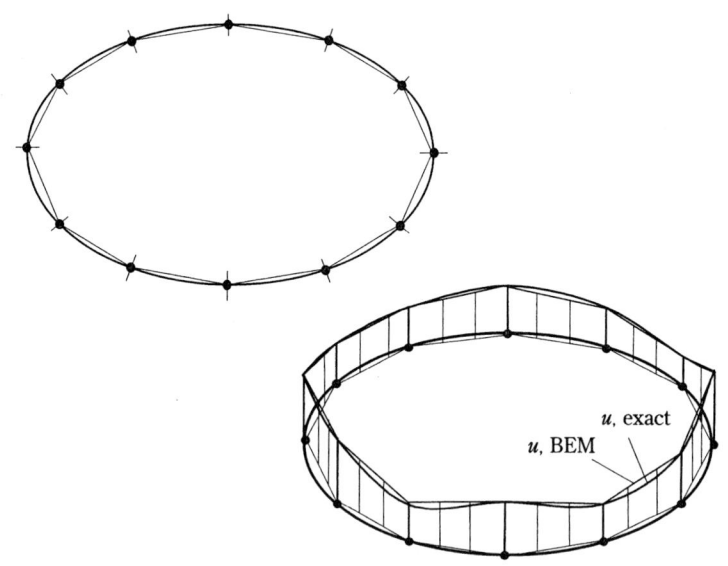

図 5.2 12 個の連続要素によってモデル化された楕円境界

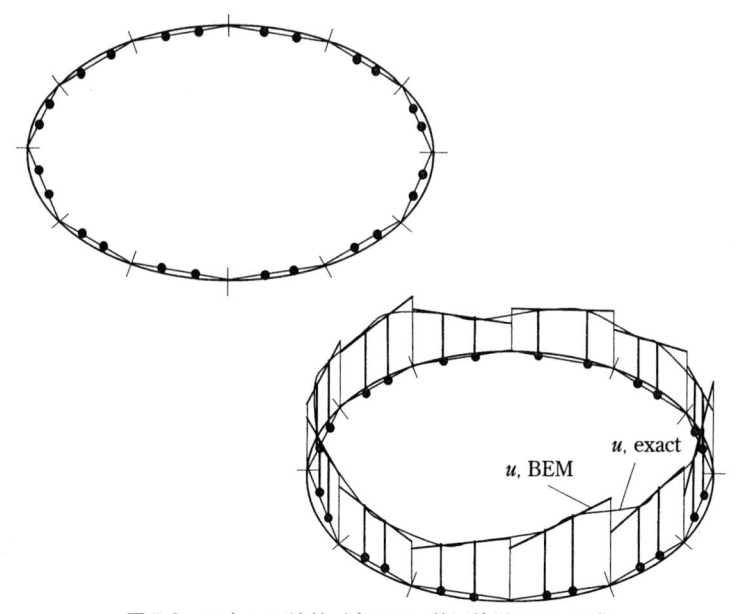

図 5.3 12 個の不連続要素による楕円境界のモデル化

(a) 連続な要素

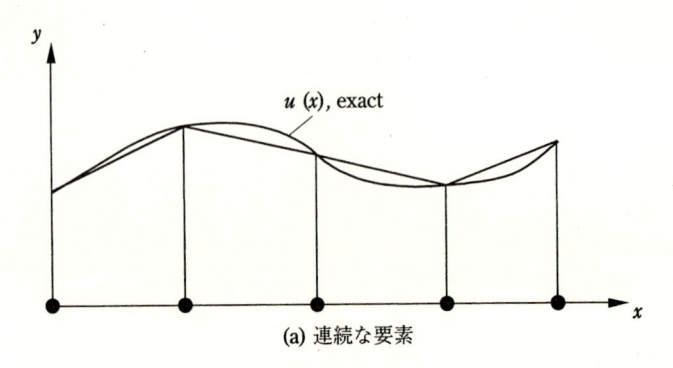

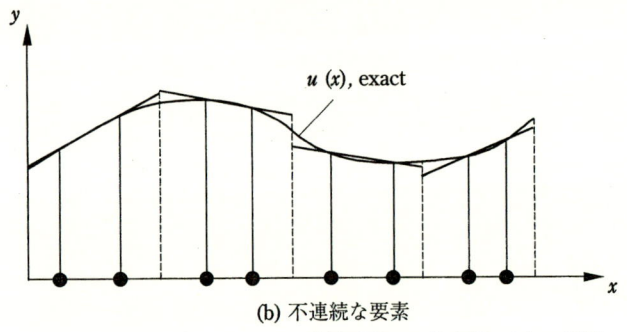

(b) 不連続な要素

図 5.4　線形で連続，および不連続要素での厳密解 $u(x)$ の近似

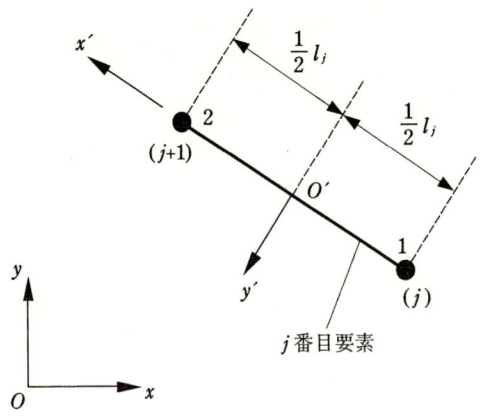

図 5.5　j 番目の要素に対する全体座標系 (Oxy) と局所座標系 $(O'x'y')$

$$x(\xi) = \frac{1}{2}(1-\xi)x_j + \frac{1}{2}(1+\xi)x_{j+1} \tag{5.4a}$$

$$y(\xi) = \frac{1}{2}(1-\xi)y_j + \frac{1}{2}(1+\xi)y_{j+1} \tag{5.4b}$$

境界量 u (または u_n) の変化は要素上で直線的に変化する．したがって，局所座標系におけるその分布は次式で与えられる．

$$u = \frac{u^{j+1}+u^j}{2} + \frac{u^{j+1}-u^j}{l_j}x'$$

または

$$u = \frac{u^{j+1}+u^j}{2} + \frac{u^{j+1}-u^j}{2}\xi$$

あるいは

$$u(\xi) = \frac{1}{2}(1-\xi)u^j + \frac{1}{2}(1+\xi)u^{j+1} \tag{5.5}$$

j と $j+1$ の節点に局所番号付けを用いるとそれぞれ1と2となり，定義された式(5.4a)，(5.4b) と (5.5) はすべて以下の一般的な式で表される．

$$f(\xi) = \psi_1(\xi)f_1 + \psi_2(\xi)f_2 \tag{5.6}$$

ただし，f_1 と f_2 は節点1と2での関数 $f(x)$ の値であり，$f(\xi)$ は $x(\xi)$, $y(\xi)$, $u(\xi)$ または $u_n(\xi)$ のいずれかの関数を示している．関数 $\psi_1(\xi)$ と $\psi_2(\xi)$ は次のように与えられる．

$$\psi_1(\xi) = \frac{1}{2}(1-\xi) \tag{5.7a}$$

$$\psi_2(\xi) = \frac{1}{2}(1+\xi) \tag{5.7b}$$

これらは線形要素について $f(\xi)$ の表示式への節点値 f_j と f_{j+1} の影響を表している．これらは線形補間関数であり線形形状関数と呼ばれる．以上より，線形要素はアイソパラメトリックであると結論できる．

5.3 線形要素を用いる BEM

本節では，連続な線形要素を用いるポテンシャル方程式に対する BEM について記述する．要素の数は節点の数と等しくなる．このようにして実際の境界はかど点に配置された節点からなる内接多角形でモデル化される．

一定要素の場合，実際の境界をモデル化した境界は節点において常に滑らかであり，そのために積分方程式 (3.29) を用いる．しかしながら，線形要素の場合は節点は多角形のかど点にあり，そのために積分方程式 (3.28) で $\alpha = \alpha^i$ とした式を代わりに使わなければならない．ただし，α^i は要素 $i+1$ と i のなす角度である (図5.6)．境界を N 個の線形要素に離散化することで式 (3.28) は次式となる．

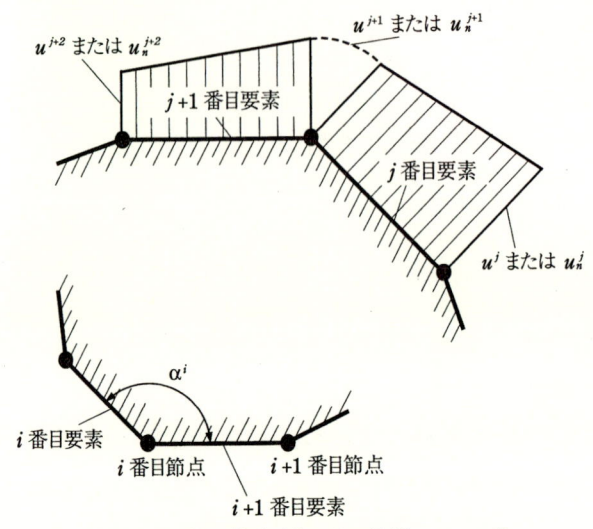

図 5.6 連続な線形要素による境界のモデル化

$$\varepsilon^i u^i = -\sum_{j=1}^{N} \int_{\Gamma_j} v u_n ds + \sum_{j=1}^{N} \int_{\Gamma_j} u v_n ds \tag{5.8}$$

ただし，$\varepsilon^i = \alpha^i/2\pi$，また $v_n = \partial v/\partial n$ は基本解の境界法線方向の導関数を表す．

さて，j 要素の積分について調べる．境界量 u と u_n に対して式 (5.6) の線形近似を用いることで，式 (5.8) の最初の和に現れる線積分は次のように書くことができる．

$$\begin{aligned}
\int_{\Gamma_j} v u_n ds &= \int_{-1}^{1} v\left[\psi_1(\xi) u_n^1 + \psi_2(\xi) u_n^2\right] \frac{l_j}{2} d\xi \\
&= u_n^1 \int_{-1}^{1} v\psi_1(\xi) \frac{l_j}{2} d\xi + u_n^2 \int_{-1}^{1} v\psi_2(\xi) \frac{l_j}{2} d\xi \\
&= g_1^{ij} u_n^1 + g_2^{ij} u_n^2
\end{aligned} \tag{5.9}$$

ただし，

$$g_1^{ij} = \frac{l_j}{2} \int_{-1}^{1} v\psi_1(\xi) d\xi \tag{5.10a}$$

$$g_2^{ij} = \frac{l_j}{2} \int_{-1}^{1} v\psi_2(\xi) d\xi \tag{5.10b}$$

$$v = \frac{1}{2\pi} \ln r \tag{5.11}$$

$$r = \sqrt{\left[x(\xi) - x_i\right]^2 + \left[y(\xi) - y_i\right]^2} \tag{5.12}$$

g_1^{ij} と g_2^{ij} などの上付き添字 i はソースが作用する i 番目の節点を示し，上付き添字 j は

積分が実行される要素を示している.最後に,下付きの添字 1 と 2 はそれぞれ局所に番号付けされた点 j と $j+1$ を示している.

同様の方法で式 (5.8) の第 2 項の和に現れる線積分は次のように書くことができる.

$$\int_{\Gamma_j} v_n u ds = h_1^{ij} u^1 + h_2^{ij} u^2 \tag{5.13}$$

ただし,

$$h_1^{ij} = \frac{l_j}{2} \int_{-1}^{1} v_n \psi_1(\xi) d\xi \tag{5.14a}$$

$$h_2^{ij} = \frac{l_j}{2} \int_{-1}^{1} v_n \psi_2(\xi) d\xi \tag{5.14b}$$

$$v_n = \frac{\partial v}{\partial n} = \frac{1}{2\pi} \frac{\cos \phi}{r} \tag{5.15}$$

式 (5.9) と (5.13) を式 (5.8) に代入すれば,この式から次式を得る.

$$-\varepsilon^i u^i + \sum_{j=1}^{N} \hat{H}_{ij} u^j = \sum_{j=1}^{N} G_{ij} u_n^j \tag{5.16}$$

ただし,

$$\hat{H}_{ij} = \begin{cases} h_1^{i1} + h_2^{iN} & j = 1 \\ h_1^{ij} + h_2^{i,j-1} & j = 2, 3, \cdots, N \end{cases} \tag{5.17}$$

$$G_{ij} = \begin{cases} g_1^{i1} + g_2^{iN} & j = 1 \\ g_1^{ij} + g_2^{i,j-1} & j = 2, 3, \cdots, N \end{cases} \tag{5.18}$$

式 (5.16) はマトリックス形式で下のように書かれる.

$$[H]\{u\} = [G]\{u_n\} \tag{5.19}$$

ただし,次式とおいてある.

$$[H] = -[\varepsilon] + [\hat{H}] \tag{5.20}$$

$[\varepsilon]$ は係数 ε^i の成分をもつ対角マトリックスである.

○かど点および境界条件が変化する点での処理

式 (5.19) の定式化において,境界値 u と $u_n = \partial u/\partial n$ は唯一の値をもつと仮定された.しかしながら,これはすべての場合に言えることではない.例えば u_n がかど点において連続でないならば,その値は一般にかど点の前後で違う値になる.同様に,混合境界条件では節点で違う値が規定されていて,点ごとに境界条件の種類が変わる.かど点においては,境界条件を以下に示すように区別する [7]:
 (a) 既知量:u_n がかど点の前後で既知である.
   未知量:u がかど点で未知である.
 (b) 既知量:u とかど点の前で u_n が既知である.

未知量：u_n がかど点の後で未知である．
(c) 既知量：u とかど点の後で u_n が既知である．
未知量：u_n がかど点の前で未知である．
(d) 既知量：u がかど点で既知である．
未知量：u_n がかど点の前後で未知である．

上記のすべての場合において u はかど点において連続であると仮定されており，そのためかど点で u は唯一の値をもつ．かど点の前と後という言葉は，境界の正の方向の定義に従ったかど点の直前あるいは直後の値を示している (4.7 節を参照)．

未知の境界量は，u_n がすべての節点で不連続であるという仮定の下で決定される．このことは，$2N$ 個の u_n の値を取扱うことを意味している．このことを考慮すると，式 (5.19) は以下のように書かれる．

$$[H]\{u\} = [G^*]\{u_n^*\} \tag{5.21}$$

ただし，$\{u_n^*\}$ は $2N$ 個 (1 つの節点で 2 つ) の法線方向導関数を含むベクトルであり，マトリックス $[G^*]$ は $N \times 2N$ のマトリックスであり，その成分が次式のように定義される．

$$\begin{cases} G^*_{i,2j-1} = g_1^{ij} \\ G^*_{i,2j} = g_2^{ij} \end{cases} \quad (j=1,2,\cdots,N) \tag{5.22}$$

かど点の境界条件の最初の 3 つの場合，すなわち (a), (b), (c) の場合，1 つの境界値だけが未知量となる．そのため境界条件に基づいた再配列を行う際に，式 (5.21) は N 個の未知境界値量に対して N 個の線形方程式の系となり，N 個の未知数について解くことができる．未知量はすべての節点を検討することで再配列される．u が節点で未知ならば，式 (5.21) の左辺には対応する列が残ることになる．それ以外の場合は，この列に既知の u がかけられ，符号を変えて方程式の右辺に移項される．同様に u_n が未知ならば，符号を変えてマトリックス $[G^*]$ のそれに対応する列は方程式の左辺に移項される．節点が実際の境界のかど点にないときは，u_n に対応する 2 つの連続した列は一緒に加えられる．この手順を実行した後，方程式の右辺には既知量のみが集められ，マトリックスの掛け算をすることで 1 つのベクトルとなる．また，かど点はその前後において片側が不連続な要素を用いて取扱うことができる (図 5.7)．このとき，2 つの異なる節点が方程式に現れ，それぞれの節点で u_n の値が計算される．

境界の勾配が急に変化するような場合 (特に凹角のかど) やその点において境界条件のタイプが変わる点では，全領域にわたっての数値解析解の精度を低下させる，局所的な特異性のある解の挙動を発生させることを注意しておく．この問題の解決策は，特異性のある点の近くの要素分割を工夫することである．このような工夫をしたとしても，この方法は信頼できる解 (特に解の導関数) を求めるのに有効なわけではなく，そのために特別な手法に頼らざるをえない [8]．

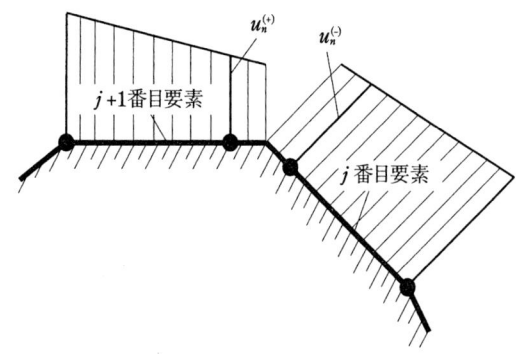

図 5.7 かど点に隣接する不連続要素 $(u_n = \partial u/\partial n)$

5.4 線形要素上の線積分の評価

式 (5.19) におけるマトリックス $[G]$ と $[H]$ は線積分 (5.10) と (5.14) の計算を必要とし，それらの被積分関数は基本解 u またはその法線方向導関数 $v_n = \partial v/\partial n$ と線形の形状関数 $\psi_1(\xi)$ と $\psi_2(\xi)$ の積である．積分は $[-1, +1]$ の範囲で実行される．一定要素について行なったのと同様に，積分の評価に関して2つの場合が線形要素に対しても考えられる．これらの2つの場合は関数 (5.11) と (5.15) の挙動により規定される．とりわけ，j 番目の要素上で積分が実行されるときは，この要素はソース点 i を含まないため (すなわち $i \neq j$)，常に $r \neq 0$ となりその積分は正則となる．一方，ソース点が j 番目の要素上にある場合 (すなわち $i = j$)，距離 r が $r = 0$ の値をとるためその積分の挙動は特異となる．最初の場合 $(i \neq j)$ の積分は外側積分 (outside integration)，2番目の場合 $(i = j)$ の積分は内側積分 (inside integration) と言われている．

5.4.1 外側積分

積分 (5.10) と (5.14) は数式処理 (例えば MAPLE) などを使用することで解析的に評価できる．しかしながら，この方法はある場合には数ページを要するとても長い式表示となってしまい，コンピュータを使用するうえで実用的ではなくなる．きわめて実用的で精確なアプローチは数値積分である．このために，種々の積分方法が使われている．例えば，台形公式，Simpson の公式，Newton-Cotes 積分公式などである．しかし，BEM 積分の数値的評価に対して最も適しているのは Gauss 求積法である (付録 B 参照)．この方法は，最少数の被積分関数の値を使ってきわめて精度よく積分の近似を行う．数値積分はやみくもに行うべきではない．数値積分の精度は積分点の数ばかりでなく，積分区間内で被積分関数がどのように変化するかにも依存する．被積分関数が滑らかに変化すれば，より精度の高い結果を与える．したがって，積分の手順は思慮深い考察を必要とし，被積分関数が急激な変化を示している場合には特別な注意が

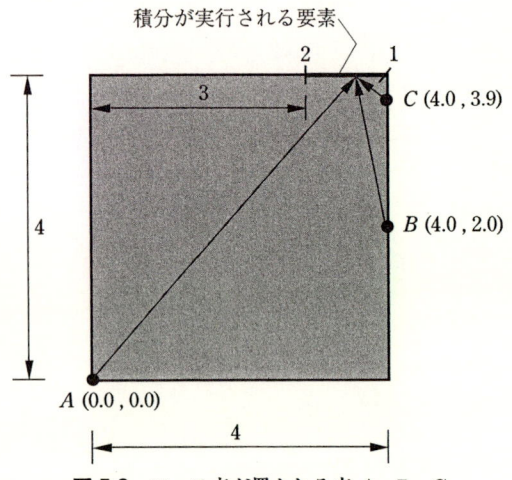

図 5.8 ソース点が置かれる点 A, B, C

必要である．積分 (5.10) と (5.14) において，形状関数が滑らかに変化し，そのため被積分関数の挙動は関数 $\ln r$ と $1/r$ によって支配される．

よりよく被積分関数の変化を観察するために，図 5.8 の領域を考え，要素端点 $(4, 4)$ と $(3, 4)$ をもつ要素上で関数 $g(\xi) = \psi_1(\xi) \ln r$ を調べる．ソース点が 3 つの位置に配置されている場合を考える：

(i) 要素からかなり離れている点 A
(ii) そこそこ要素から離れている点 B
(iii) 要素に近い点 C

この特定の要素に対して，変換式 (5.4a) と (5.4b) は次式となる．

$$x(\xi) = \left[\frac{1}{2}(1-\xi)\right]4 + \left[\frac{1}{2}(1+\xi)\right]3 = 3.5 - 0.5\xi$$

$$y(\xi) = \left[\frac{1}{2}(1-\xi)\right]4 + \left[\frac{1}{2}(1+\xi)\right]4 = 4$$

式 (5.12) より，ソース点からの距離は以下のようになる．

$$r(\xi) = \sqrt{[x(\xi) - x_i]^2 + [y(\xi) - y_i]^2}$$

ただし，x_i と y_i は全体系でのソース点の座標である．

図 5.9 では，点 A, B, C と関連して被積分関数の挙動を，関数 $g(\xi)$ を描くことで図示している．関数 $g(\xi)$ の変化は，ソース点が積分が実行される要素に近いときにかなり特異となることに注意しなければならない．そのため BEM の効率的なプログラミングでは，そのような挙動を積分点の変化を伴う Gauss 求積法を用いることにより考慮すべきである (すなわち，ソース点が要素に近づくにつれて積分点の数を増やしていく)．積分点の数は十分な精度を保証するように選ぶ必要がある．しかしながら，

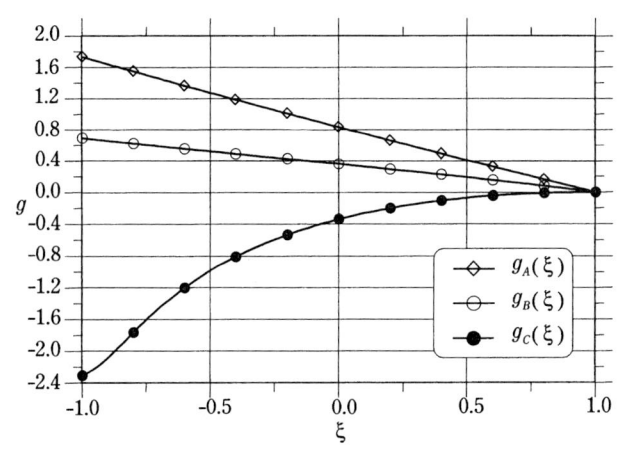

図5.9 ソース点の異なる位置での被積分関数 $g(\xi) = \psi_1(\xi) \ln r$ の挙動

計算経費を低く抑えるには,不必要に積分点の数を増やすのは避けるべきである.

5.4.2 内側積分

この場合,ソース点は積分が実行される要素上に位置している.積分点が要素上を動くので,ソース点と一致するのは避けられない.距離 r が0となり式(5.10)と(5.14)の被積分関数は特異な挙動を示す.なぜなら,因子 $\ln r$ と $\cos\phi/r$ は $r = 0$ に対して無限大になるからである(式(5.11)と(5.15)を参照).これらの積分は特異積分として知られている.それらの積分値は存在し,特別な積分方法で数値的あるいは解析的に決定される.特異な積分係数 H_{ii} と G_{ii} を直接計算することにより,特異積分を回避するための手法として間接法が提案されている(5.4.3項を参照).以下では,まず対数特異性の積分を,次に Cauchy 型特異性 $(1/r)$ について記述する.

(1) 対数特異性の積分

(a) 解析的積分

まず,図5.10に示す不連続な線形要素の一般的な場合について考える.連続要素は節点が要素端点に置かれた場合の特別な場合として生じる.線形要素の2つの節点は局所的な番号 1, 2 として表され,それらは全体座標系で (x_1, y_1), (x_2, y_2) で表される.それらの表記を用いて局所座標系から全体座標系への変換は次式によって簡単に証明することができる.

$$x(\xi) = \frac{\kappa_1 x_2 + \kappa_2 x_1}{\kappa} + \frac{x_2 - x_1}{\kappa}\xi \quad (5.23a)$$

$$y(\xi) = \frac{\kappa_1 y_2 + \kappa_2 y_1}{\kappa} + \frac{y_2 - y_1}{\kappa}\xi \quad (5.23b)$$

ただし $-1 \leq \xi \leq 1$ であり,また

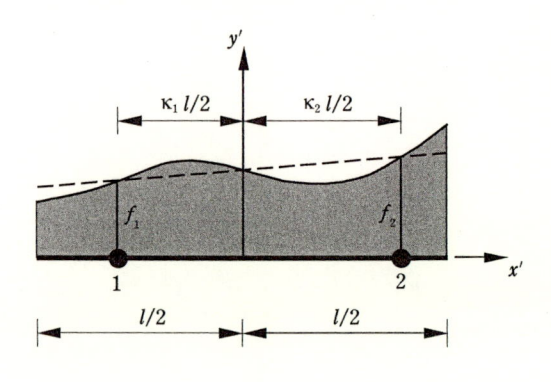

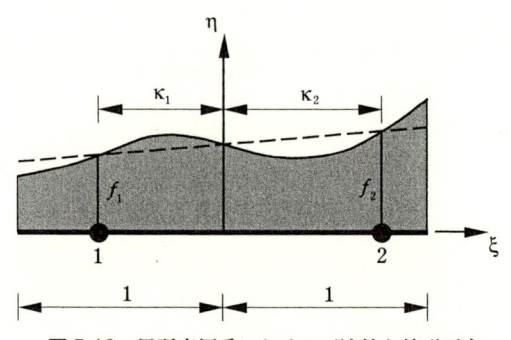

図 5.10 局所座標系における不連続な線形要素

$$\kappa = \kappa_1 + \kappa_2, \quad \xi = \frac{x'}{l/2} \tag{5.24}$$

さらに，式 (5.23) は以下のように書き改めることができる．
$$x(\xi) = \psi_1(\xi) x_1 + \psi_2(\xi) x_2$$
$$y(\xi) = \psi_1(\xi) y_1 + \psi_2(\xi) y_2$$
ただし，形状関数 $\psi_1(\xi)$ と $\psi_2(\xi)$ は次式で与えられる．

$$\psi_1(\xi) = \frac{1}{\kappa}(\kappa_2 - \xi) \tag{5.25a}$$

$$\psi_2(\xi) = \frac{1}{\kappa}(\kappa_1 + \xi) \tag{5.25b}$$

ただし，$0 \leq \kappa_1, \kappa_2 \leq 1$ である．

$\kappa_1 = \kappa_2 = 1$ に対して式 (5.25) の形状関数は式 (5.7) になることは明らかであり，それは連続な線形要素の形状関数を表す．

ソースが局所座標系の要素 J 上 $(J = 1, 2)$ に置かれている場合，その座標は以下のようになる．

$$x_J = \frac{\kappa_1 x_2 + \kappa_2 x_1}{\kappa} + \frac{x_2 - x_1}{\kappa} \xi_J$$

5.4 線形要素上の線積分の評価

$$y_J = \frac{\kappa_1 y_2 + \kappa_2 y_1}{\kappa} + \frac{y_2 - y_1}{\kappa} \xi_J$$

ただし,
$$\xi_1 = -\kappa_1, \qquad \xi_2 = \kappa_2$$
式 (5.12) の距離は次のようになる.

$$r(\xi) = \frac{l_j}{2} |\xi - \xi_J| \tag{5.26}$$

ただし, l_j は j 要素の長さである.

不連続な線形要素について記述したので, 次にソース点 i が積分が実行される要素 j 上にある場合に対する式 (5.10) の積分について考察する. このとき, 積分 (5.10a) は不連続要素に対して次式のように書くことができる.

$$\frac{4\pi}{l_j} g_1^{ij} = \int_{-1}^{1} \psi_1(\xi) \ln r \, d\xi$$
$$= \int_{-1}^{\xi_J} \psi_1(\xi) \ln r \, d\xi + \int_{\xi_J}^{1} \psi_1(\xi) \ln r \, d\xi$$
$$= I_1 + I_2 \tag{5.27}$$

ただし, i 番目の節点は要素 $j (j = 1, 2, \cdots, N)$ の J 番目の局所節点 $(J = 1, 2)$ に一致する. 不連続な要素に対して節点数は要素数 N とは等しくならないことに気をつけなければならない. 例えば, すべての要素が不連続ならば総節点数は $2N$ 個となり, この数は線形要素で離散化した場合の最大の節点数である. 次の変換:

$$\xi = -(1 + \xi_J) z + \xi_J \tag{5.28}$$

は, I_1 の積分区間 $[-1, \xi_J]$ を区間 $[0, +1]$ に写像する. 式 (5.27) で与えられる I_1 の表現を代入すれば次式を得る.

$$I_1 = \int_{-1}^{\xi_J} \psi_1(\xi) \ln r \, d\xi$$
$$= \int_0^1 \frac{1}{\kappa} [(\kappa_2 - \xi_J) + (1 + \xi_J) z] \ln \left[\frac{l_j}{2} (1 + \xi_J) z \right] (1 + \xi_J) \, dz$$

次の量を導入する.

$$\theta = \frac{l_j}{2} (1 + \xi_J) z, \qquad \theta_1 = \frac{l_j}{2} (1 + \xi_J)$$

このことより上述の式は以下のようになる.

$$I_1 = \int_0^{\theta_1} \frac{1}{\kappa} \frac{2}{l_j} \left[(\kappa_2 - \xi_J) + \frac{2}{l_j} \theta \right] \ln \theta \, d\theta \tag{5.29}$$

上式は次の形をしている.

$$I_1 = \int_0^{\theta_1} (a + b\theta) \ln \theta \, d\theta \tag{5.30}$$

ただし, 2つの定数は次式で与えられる.

$$a = \frac{1}{\kappa}\frac{2}{l_j}(\kappa_2 - \xi_J), \qquad b = \frac{1}{\kappa}\left(\frac{2}{l_j}\right)^2$$

式 (5.30) の積分に部分積分を行うと，容易に以下の式を得ることができる．

$$I_1 = \left[a\theta(\ln\theta - 1) + b\theta^2\left(\frac{1}{2}\ln\theta - \frac{1}{4}\right)\right]_0^{\theta_1} \tag{5.31}$$

あるいは，a と b の定数の定義を用いれば次式となる．

$$I_1 = \frac{1}{\kappa}(\kappa_2 - \xi_J)(1 + \xi_J)\left\{\ln\left[\frac{l_j}{2}(1 + \xi_J)\right] - 1\right\}$$
$$+ \frac{1}{\kappa}(1 + \xi_J)^2\left\{\frac{1}{2}\ln\left[\frac{l_j}{2}(1 + \xi_J)\right] - \frac{1}{4}\right\} \tag{5.32}$$

式 (5.27) の 2 つ目の積分に関しては，変換：

$$\xi = (1 - \xi_J)z + \xi_J \tag{5.33}$$

は，I_2 の積分区間 $[\xi_J, +1]$ を区間 $[0, +1]$ 上に写像する．このことより，積分に関する新しい以下の式を得る．

$$I_2 = \int_{\xi_J}^1 \psi_1(\xi)\ln r\, d\xi$$
$$= \int_0^1 \frac{1}{\kappa}[(\kappa_2 - \xi_J) - (1 - \xi_J)z]\ln\left[\frac{l_j}{2}(1 - \xi_J)z\right](1 - \xi_J)\, dz$$

さらに，以下のように定義する．

$$\theta = \frac{l_j}{2}(1 - \xi_J)z, \qquad \theta_1 = \frac{l_j}{2}(1 - \xi_J)$$

すると上述の式は以下のように書かれる．

$$I_2 = \int_0^{\theta_1} \frac{1}{\kappa}\frac{2}{l_j}\left[(\kappa_2 - \xi_J) - \frac{2}{l_j}\theta\right]\ln\theta\, d\theta \tag{5.34}$$

式 (5.34) の積分は式 (5.30) のそれとまったく同じ形となっているが，2 つの定数は違う値をとり，それらは以下のように定義される．

$$a = \frac{1}{\kappa}\frac{2}{l_j}(\kappa_2 - \xi_J), \qquad b = -\frac{1}{\kappa}\left(\frac{2}{l_j}\right)^2$$

これらの一連の定数を式 (5.31) に代入すれば，最終的に式 (5.27) の 2 番目の積分は次式で得られる．

$$I_2 = \frac{1}{\kappa}(\kappa_2 - \xi_J)(1 - \xi_J)\left\{\ln\left[\frac{l_j}{2}(1 - \xi_J)\right] - 1\right\}$$
$$- \frac{1}{\kappa}(1 - \xi_J)^2\left\{\frac{1}{2}\ln\left[\frac{l_j}{2}(1 - \xi_J)\right] - \frac{1}{4}\right\} \tag{5.35}$$

式 (5.32) と (5.35) の結果を組み合わせると，節点 i が要素 j 上にある場合 (すなわち特異な場合) について，影響係数 g_1^{ij} の解析的表現が得られる．

式 (5.10b) により定義される他の影響係数は，不連続な要素に対して以下のように書き表される．

$$\frac{4\pi}{l_j} g_2^{ij} = \int_{-1}^{1} \psi_2(\xi) \ln r d\xi$$

$$= \int_{-1}^{\xi_J} \psi_2(\xi) \ln r d\xi + \int_{\xi_J}^{1} \psi_2(\xi) \ln r d\xi$$

$$= I_3 + I_4 \tag{5.36}$$

ただし，添字 i, j, J は式 (5.27) の場合のように定義されている．積分 I_3 と I_4 は，I_1 と I_2 に対して適用されたのと同様の手順で評価される．2つの積分について得られた式表示は次のようになる．

$$I_3 = \frac{1}{\kappa}(\kappa_1 + \xi_J)(1 + \xi_J)\left\{\ln\left[\frac{l_j}{2}(1+\xi_J)\right] - 1\right\}$$

$$- \frac{1}{\kappa}(1+\xi_J)^2 \left\{\frac{1}{2}\ln\left[\frac{l_j}{2}(1+\xi_J)\right] - \frac{1}{4}\right\} \tag{5.37}$$

$$I_4 = \frac{1}{\kappa}(\kappa_1 + \xi_J)(1 - \xi_J)\left\{\ln\left[\frac{l_j}{2}(1-\xi_J)\right] - 1\right\}$$

$$+ \frac{1}{\kappa}(1-\xi_J)^2 \left\{\frac{1}{2}\ln\left[\frac{l_j}{2}(1-\xi_J)\right] - \frac{1}{4}\right\} \tag{5.38}$$

上式を式 (5.36) と組み合わせると，特異な場合について影響係数 g_2^{ij} の解析的な式を与える．

連続要素の影響係数は，前述の式で $\xi_1 = -1$ と $\xi_2 = 1$ とおけば導かれる．この場合，式 (5.27) と (5.36) から次式が得られる：

(i) $\xi_J = -1$ に対して $\kappa_1 = \kappa_2 = 1$, $\kappa = 2$ となり

$$\left.\begin{array}{l} g_1^{ij} = \dfrac{l_j}{4\pi}(\ln l_j - 1.5) \\[6pt] g_2^{ij} = \dfrac{l_j}{4\pi}(\ln l_j - 0.5) \end{array}\right\} \tag{5.39a}$$

(ii) $\xi_J = +1$ に対して $\kappa_1 = \kappa_2 = 1$, $\kappa = 2$ となり

$$\left.\begin{array}{l} g_1^{ij} = \dfrac{l_j}{4\pi}(\ln l_j - 0.5) \\[6pt] g_2^{ij} = \dfrac{l_j}{4\pi}(\ln l_j - 1.5) \end{array}\right\} \tag{5.39b}$$

(b) 数値積分

前述の議論から，式 (5.27) と (5.36) のような対数特異性をもつ積分は以下の形で表される．

$$I = \int_0^1 f(x) \ln x dx \tag{5.40}$$

特別な Gauss 積分法がその数値的評価に対して展開されている．Stroud と Secrest[10] はこの種類の積分を以下のように近似した．

$$\int_0^1 f(\xi) \ln\left(\frac{1}{\xi}\right) d\xi \approx \sum_{k=1}^n f(\xi_k) w_k \qquad (5.41)$$

積分点 ξ_k とそれに対応する重み w_k の表が示されている (付録 B と文献 [10,11] を参照)．積分区間は常に区間 $[0,+1]$ に変換しなければならないことをここで強調しておく．そのために，ソースが要素の中にある場合は積分区間は 2 つの区間：$[-1,\xi_J]$ と $[\xi_J,+1]$ に分割されなければならない．したがって，式 (5.10) の影響係数は以下のようになる．

$$\begin{aligned}\frac{4\pi}{l_j} g_\alpha^{ij} &= \int_{-1}^1 \psi_\alpha(\xi) \ln r d\xi \\ &= \int_{-1}^{\xi_J} \psi_\alpha(\xi) \ln r d\xi + \int_{\xi_J}^1 \psi_\alpha(\xi) \ln r d\xi \quad (\alpha=1,2)\end{aligned} \qquad (5.42)$$

ただし，$\xi_J\,(J=1,2)$ はソース点 i が置かれている j 番目の要素の節点を表しており，r はソースと式 (5.26) において与えられる積分点に関する距離である．

変換 (5.28) と (5.33) は，式 (5.42) の 2 つの積分区間 $[-1,\xi_J]$ と $[\xi_J,+1]$ をそれぞれ $[0,+1]$ 上に写像する．式 (5.42) はそのとき次式のように書ける．

$$\begin{aligned}\frac{4\pi}{l_j} g_\alpha^{ij} =& \int_0^1 \psi_\alpha^{(1)}(z)(1+\xi_J) \ln\left[\frac{l_j}{2}(1+\xi_J)z\right] dz \\ &+ \int_0^1 \psi_\alpha^{(2)}(z)(1-\xi_J) \ln\left[\frac{l_j}{2}(1-\xi_J)z\right] dz\end{aligned}$$

あるいは，対数項を展開することにより以下のようになる．

$$\begin{aligned}\frac{4\pi}{l_j} g_\alpha^{ij} =& (1+\xi_J) \ln\left[\frac{l_j}{2}(1+\xi_J)\right] \int_0^1 \psi_\alpha^{(1)}(z) dz \\ &+ (1+\xi_J) \int_0^1 \psi_\alpha^{(1)}(z) \ln z dz \\ &+ (1-\xi_J) \ln\left[\frac{l_j}{2}(1-\xi_J)\right] \int_0^1 \psi_\alpha^{(2)}(z) dz \\ &+ (1-\xi_J) \int_0^1 \psi_\alpha^{(2)}(z) \ln z dz \\ =& I_1+I_2+I_3+I_4\end{aligned} \qquad (5.43)$$

ただし，$\psi_\alpha^{(1)}(z)$ と $\psi_\alpha^{(2)}(z)\,(\alpha=1,2)$ は，それぞれ式 (5.28) と (5.33) から z の項で ξ を表すことにより，$\psi_\alpha^{(1)}(\xi)$ から得られる変換された形状関数である．積分 I_1 と I_3 は正則な積分であり，今までの Gauss 求積法を適用するか解析的に評価することができるが，I_2 と I_4 は特異積分であり式 (5.41) より数値的に評価される．

(c) 特異性をとり除くことによる積分

式 (5.10) の積分は以下のように書くこともできる．

5.4 線形要素上の線積分の評価

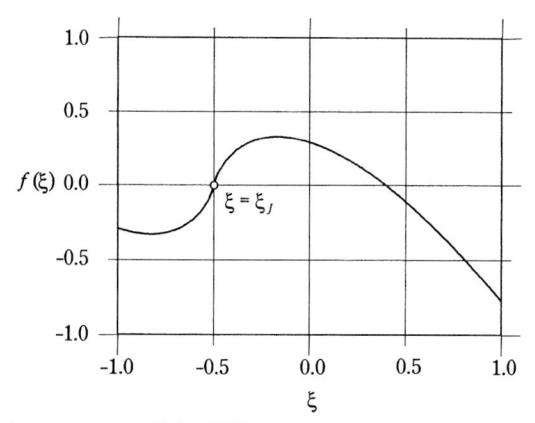

図 5.11 $\xi_J = -0.5$ に対する関数 $f(\xi) = [\psi_1(\xi) - \psi_1(\xi_J)] \ln r(\xi)$ の変化

$$\frac{4\pi}{l_j} g_\alpha^{ij} = \int_{-1}^{1} \psi_\alpha(\xi) \ln r d\xi$$

$$= \int_{-1}^{1} [\psi_\alpha(\xi) - \psi_\alpha(\xi_J)] \ln r d\xi + \psi_\alpha(\xi_J) \int_{-1}^{1} \ln r d\xi \qquad (5.44)$$

最初の積分の被積分関数は $\xi = \xi_J$ に対して 0 となる．実際，この被積分関数は以下のように書くことができる．

$$\frac{\ln r(\xi)}{\left[\frac{1}{\psi_\alpha(\xi) - \psi_\alpha(\xi_J)}\right]}$$

上式が $\xi = \xi_J$ の場合に不定形 $\frac{\infty}{\infty}$ となることが容易に理解できる．このことより続けて L'Hôspital の法則を適用し，導関数 $\psi_\alpha'(\xi) = d\psi_\alpha(\xi)/d\xi$ と $r'(\xi) = dr(\xi)/d\xi$ は有限で 0 にならないことを考慮すれば，問題の被積分関数は次式となる．

$$\lim_{\xi \to \xi_J} \{[\psi_\alpha(\xi) - \psi_\alpha(\xi_J)] \ln r(\xi)\} = 0$$

この結果から，式 (5.44) の最初の積分は正則な積分であり，慣用の Gauss 求積法を用いて評価することができる．2 つの分割された区間 $[-1, \xi_J]$ と $[\xi_J, +1]$ に対して積分が実行されるならば，この数値積分の精度が高くなることは述べておく価値がある．明らかに，このことは図 5.11 で描かれているような被積分関数の形によって示される．式 (5.44) の第 2 の積分は対数特異性を示しているが，それは解析的に簡単に評価可能である．最後に，特異性をとり除く方法は式 (5.44) の積分の評価を容易にするが，それは特異積分の評価を避けてはいないことを述べておく．

表 5.1 は g_α^{ij} の積分の値を示している．それらは次の 3 つの場合で計算されている：(a) 式 (5.27) と (5.36) から解析的に評価した場合，(b) 式 (5.41) の特別な Gauss 積分を 8 つの積分点を用いて評価した場合，(c) 式 (5.44) による特異性をとり出して評価した場合である．最後の場合では，正則な積分はそれぞれの部分区間 $[-1, \xi_J]$, $[\xi_J, +1]$ に

表 5.1 ソース i が要素上にあるときの積分 g_α^{ij} の値

影響係数	解析的手法	Gauss の積分式 (5.43)	特異性の抽出式 (5.44)
g_1^{1j}	-0.2970889377	-0.2970889376	-0.2970889377
g_2^{1j}	0.0274675251	0.0274675250	0.0274675251
g_1^{2j}	0.0274675251	0.0274675250	0.0274675251
g_2^{2j}	-0.2970889377	-0.2970889376	-0.2970889377

において 8 個の Gauss 点を用いて計算されており,また特異積分は解析的に評価されている.すべての場合について,要素データは $x_1 = 3.0$, $y_1 = 2.0$, $x_2 = 1.0$, $y_2 = 3.0$ であり $\kappa_1 = \kappa_2 = 0.5$ である.

(2) Cauchy 型の特異性をもつ積分

これはすでに述べたことであるが,マトリックス $[H]$ と $[G]$ の対角成分 $\hat{H}_{ii}$ と G_{ii} の計算は内側積分を必要とする.前節において,対数特異性をもつ線積分の係数 G_{ii} の評価に対する方法を説明した.しかしながら,係数 $\hat{H}_{ii}$ は式 (5.14) と (5.15) の形の積分を評価することで決定される.

$$\int_{-1}^{1} \psi_\alpha(\xi) \frac{\cos\phi}{r} d\xi, \quad r = \frac{l_j}{2}|\xi - \xi_J| \qquad (5.45)$$

ただし,$\psi_\alpha(\xi)\, (\alpha = 1, 2)$ は式 (5.25) で与えられ,r は式 (5.26) において与えられる.

線形要素は直線で境界形状を近似するので,$\phi = \text{angle}(\mathbf{r}, \mathbf{n})$ である (付録 A を参照) から,$\cos\phi$ は明らかに要素の全域にわたって以下のようになる.

$$\cos\phi = \cos\left(\pm\frac{\pi}{2}\right) = 0$$

したがって,式 (5.45) の被積分関数は以下のようになる.

$$\psi_\alpha(\xi) \frac{\cos\phi}{r} = \begin{cases} 0, & \xi \neq \xi_J \\ \frac{0}{0}, & \xi = \xi_J \end{cases}$$

L'Hôspital の法則を適用すれば,上式より以下の式を得る.

$$\lim_{\xi \to \xi_J} \frac{\psi_\alpha(\xi)\cos\phi}{r(\xi)} = \lim_{\xi \to \xi_J} \frac{\psi'_\alpha(\xi)\cos\phi}{r'(\xi)} = 0 \qquad (5.46)$$

これは,導関数 $\psi'_\alpha(\xi) = (-1)^\alpha / \kappa$ は定数となり (式 (5.25) 参照),その値が積分区間 $[-1, +1]$ で有限であり,同じことが $r'(\xi)$ に関しても正しく,式 (5.26) によってこの導関数は次のように与えられるからである.

$$r'(\xi) = \frac{l_j}{2}\text{sign}(\xi) \qquad (5.47)$$

ただし,sign は ξ の signum であり,次のように定義される.

$$\text{sign}(\xi) = \begin{cases} +1, & \xi > 0 \\ -1, & \xi < 0 \end{cases} \qquad (5.48)$$

したがって,式 (5.45) の積分値は以下のようになる.

5.4 線形要素上の線積分の評価

$$\int_{-1}^{1} \psi_\alpha(\xi) \frac{\cos\phi}{r} d\xi = 0 \tag{5.49}$$

この結果は，$\cos\phi \neq 0$ となるような高次の要素に対しては成り立たないことを注意しておく．

式 (5.45) における被積分関数は $1/r$ の挙動を示し，$r=0$ のとき無限大となる．この特異性は Cauchy 型の特異性として知られている．解析的，数値的およびハイブリッド手法がこの種の特異性をもつ積分の評価に対して発展してきた．それらの使用とそのプログラミングには特別な配慮を必要とする．対角成分 $\hat{H}_{ii}$ の他に係数 ε^i も，もちろんコンピュータの負担は増加するが計算しなければならない (式 (5.16) と (5.20) 参照)．しかしながら，特異積分の評価を避ける間接的な方法により，$H_{ii} = \hat{H}_{ii} - \varepsilon_i$ 成分を直接評価することは可能である．

5.4.3 影響係数対角項の間接的評価

一定要素に対する式 (4.7) におけるマトリックス $[G]$ と $[H]$ または線形要素に対する式 (5.19) のマトリックスは，境界形状とその離散化，そして用いられた要素によってのみ影響を受ける．このためこれらのマトリックスは境界条件には依存せず，与えられた境界形状，境界の離散化と用いられた境界要素の種類に対して変わらず残ることになる．

間接的な積分は関数 $u = ax+by+c$ が以下に示すような Laplace 方程式の解であるという理論に基づいている．すなわち，

$$\nabla^2 u = 0 \quad \text{in } \Omega$$

境界条件は以下のように与えられる．

$$u = ax+by+c \quad \text{on } \Gamma \tag{5.50a}$$
$$u_n = \nabla u \cdot \mathbf{n} = an_x + bn_y \quad \text{on } \Gamma \tag{5.50b}$$

(a) 成分 H_{ii} の評価

$a=b=0$, $c=1$ と仮定しよう．この場合，境界上で $u=1$, $u_n=0$ となる．明らかにこれらの値は式 (5.19) を満足し，それらの値を代入することで以下の式を得る．

$$[H]\{1\} = 0$$

ただし，$\{1\}$ はすべての成分が 1 に等しいベクトルである．上式は以下のように書くこともできる．

$$\sum_{j=1}^{N} H_{ij} = 0$$

または

$$H_{ii} = -\sum_{\substack{j=1 \\ j \neq i}}^{N} H_{ij} \quad (i=1,2,\cdots,N) \tag{5.51}$$

式 (5.51) は，マトリックス $[H]$ の i 列目における対角成分がその行における残りの成

分のマイナス和に等しいことを示している．式 (5.51) は閉じた領域 Ω に対してのみ成り立つ．u に対する一定値が無限遠方において正則条件から，無限領域に対しては成り立たない．にもかかわらずその場合でも，ある間接的な手法を用いて H_{ii} を評価することは可能である (文献 [12] 参照)．

(b) 成分 G_{ii} の評価

マトリックス $[H]$ が計算されたならば，マトリックス $[G]$ の対角成分 G_{ii} は，正則または特異であれ任意の積分の評価を避ける間接法を用いて計算される．このために，式 (5.19) を以下の関数に適用する．

$$u = ax + by$$

すると以下の式が得られる．

$$[G]\{u_n\} = [H]\{u\}$$

または

$$\sum_{j=1}^{N} G_{ij} u_n^j = \sum_{j=1}^{N} H_{ij} u^j \qquad (i = 1, 2, \cdots, N)$$

上式を G_{ii} に対して解くことで以下の式を得る．

$$G_{ii} = \frac{1}{u_n^i} \left(-\sum_{\substack{j=1 \\ i \neq j}}^{N} G_{ij} u_n^j + \sum_{j=1}^{N} H_{ij} u^j \right) \tag{5.52}$$

式 (5.52) に現れる境界値 u^j と u_n^j は以下の式より計算される．

$$u^j = ax_j + by_j \tag{5.53a}$$
$$u_n^j = an_x^j + bn_y^j \tag{5.53b}$$

ただし，(x_j, y_j) は j 番目の節点の座標であり，(n_x^j, n_y^j) は j 番目の要素に対する単位法線方向成分である．定数 a と b は任意に選べばよいが，$u_n^i \neq 0$ という条件下で選ぶ．このことは式 (5.53b) より成分 a と b をもつベクトルはベクトル $\mathbf{n}^j$ $(j=1,2,\cdots,N)$ に対して垂直であってはならないことを意味している．言い換えれば，j 番目の境界要素と平行であってはならないということである．この条件を満たすには $a=1$, $b = \lambda > 0$ と定義すればよく，λ は以下の式を満足するように選ぶ．

$$\lambda \neq \left| \frac{y_{j+1} - y_j}{x_{j+1} - x_j} \right| \tag{5.54}$$

5.5 高次要素

一定あるいは線形要素では曲線境界形状を十分に精度よく近似することはできない．このため曲線要素を用いることが推奨されており，内挿多項式は 1 次以上の高次のものである．一般に，無次元区間 $[-1, +1]$ での式の形は以下のようになる．

$$f(\xi) = a_0 + a_1\xi + a_2\xi^2 + a_3\xi^3 + \cdots + a_n\xi^n \qquad (-1 \leq \xi \leq 1) \tag{5.55}$$

$n=2$ では式 (5.55) は 2 次要素あるいは放物線要素，$n=3$ では 3 次要素，またそれ以

5.5 高次要素

上の高次要素などの補間関数を導出する．以下には 2 次要素について記述を限定する．より高次の要素あるいはアイソパラメトリック要素の一般論については，文献 [13] を参照してほしい．

式 (5.8) の線積分における境界値 u と u_n はある原点からの円弧の長さの関数となる．2 次的な変化を仮定した場合，境界値 u または u_n は以下の形の多項式によって示される．

$$f(s) = \alpha_0 + \alpha_1 s + \alpha_2 s^2 \tag{5.56}$$

積分中に変化する点 $(x, y) \in \Gamma$ は，s の関数すなわち $x = x(s)$, $y = y(s)$ となる．したがって，

$$r = \sqrt{[x(s)-x_i]^2 + [y(s)-y_i]^2} = r(s)$$

$$v = v(s), \qquad v_n = \frac{\partial v}{\partial n} = v_n(s)$$

このため，評価すべき積分は以下の形となる．

$$I = \int_{\Gamma_J} w(s)\,ds \tag{5.57}$$

もちろんこの積分は，まず $s = s(\xi)$ という変換を確立し，それを式 (5.57) に代入することで実行することができる．この方法は概念的には簡単であるが，その実行には s の複雑な式を作成する必要があり，そのために最適な手法ではない．この方法の代わりに，積分を簡単な手順で行う方法を以下に示す．

積分は固有座標 ξ に関して無次元積分区間 $[-1, +1]$ にわたって行われ，積分 (5.57) は以下のようになる．

$$I = \int_{-1}^{1} w^*(\xi) |J(\xi)| d\xi \tag{5.58}$$

ただし，$|J(\xi)|$ は xy 平面の放物線 Γ_j を直線区間 $-1 \leq \xi \leq 1$ と $\xi\eta$ 平面の $\eta = 0$ に座標変換するときのヤコビアンである (図 5.12 参照)．

境界値 f (u または u_n) は 2 次の ξ の多項式によって区間 $[-1, +1]$ において直接近似される．すなわち，

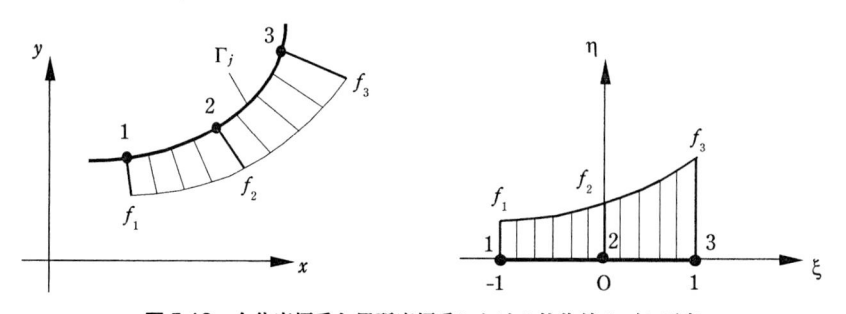

図 5.12　全体座標系と局所座標系における放物線 (2 次) 要素

$$f(\xi) = \alpha_0 + \alpha_1\xi + \alpha_2\xi^2 \tag{5.59}$$

係数 α_0, α_1 と α_2 は，関数 $f(\xi)$ がそれぞれ点 $\xi = -1, 0, 1$ においてそれぞれ節点値 f_1, f_2, f_3 となるように決定される (図 5.12 参照)．したがって，

$$\left. \begin{array}{l} f(-1) = f_1 \\ f(0) = f_2 \\ f(1) = f_3 \end{array} \right\} \tag{5.60}$$

条件 (5.60) を式 (5.59) に適用すれば，未知係数に対して次の方程式系を得る．

$$\begin{array}{l} \alpha_0 - \alpha_1 + \alpha_2 = f_1 \\ \alpha_0 = f_2 \\ \alpha_0 + \alpha_1 + \alpha_2 = f_3 \end{array}$$

上式の解は以下のようである．

$$\left. \begin{array}{l} \alpha_0 = f_2 \\ \alpha_1 = \dfrac{f_3 - f_1}{2} \\ \alpha_2 = \dfrac{f_1 - 2f_2 + f_3}{2} \end{array} \right\} \tag{5.61}$$

式 (5.61) を (5.59) に代入すれば，境界量を要素の 3 つの節点値で表現する次式を得る．

$$f(\xi) = f_2 + \frac{f_3 - f_1}{2}\xi + \frac{f_1 - 2f_2 + f_3}{2}\xi^2 \tag{5.62}$$

式 (5.62) はさらに以下のように書かれる．

$$f(\xi) = \psi_1(\xi) f_1 + \psi_2(\xi) f_2 + \psi_3(\xi) f_3 \tag{5.63}$$

または

$$f(\xi) = \sum_{\alpha=1}^{3} \psi_\alpha(\xi) f_\alpha \tag{5.64}$$

ただし，

$$\left. \begin{array}{l} \psi_1(\xi) = -\dfrac{1}{2}\xi(1-\xi) \\ \psi_2(\xi) = (1-\xi)(1+\xi) \\ \psi_3(\xi) = \dfrac{1}{2}\xi(1+\xi) \end{array} \right\} \tag{5.65}$$

式 (5.65) で定義されている関数は放物線要素または 2 次要素の形状関数である．

放物線要素の xy 平面から $\xi\eta$ 平面の区間 $-1 \leq \xi \leq 1$ への写像は，次の変換で達成される．

$$\left. \begin{array}{l} x(\xi) = b_0 + b_1\xi + b_2\xi^2 \\ y(\xi) = c_0 + c_1\xi + c_2\xi^2 \end{array} \right\} \tag{5.66}$$

式 (5.59) と (5.66) より，いま検討中の 2 次要素はアイソパラメトリックであると容易に結論できる．なぜなら，境界形状と境界量がともに同じ多項式によって近似されているからである．式 (5.66) の係数 b_k と $c_k (k = 0, 1, 2)$ は，要素曲線が $\xi = -1, 0, 1$ に対

5.5 高次要素

してそれぞれ点 (x_1,y_1), (x_2,y_2) と (x_3,y_3) を通過しなければならないという条件より決定される．これらの条件は数学的に以下の式で表される．

$$x(-1)=x_1,\ x(0)=x_2,\ x(1)=x_3$$
$$y(-1)=y_1,\ y(0)=y_2,\ y(1)=y_3$$

上の条件より，$x(\xi)$ と $y(\xi)$ に対する式が導出されるのは明らかであり，その表示は式 (5.64) と同じであって，詳しく書けば次式となる．

$$\left.\begin{array}{l} x(\xi)=\displaystyle\sum_{\alpha=1}^{3}\psi_\alpha(\xi)x_\alpha \\ y(\xi)=\displaystyle\sum_{\alpha=1}^{3}\psi_\alpha(\xi)y_\alpha \end{array}\right\} \tag{5.67}$$

ただし，形状関数 $\psi_\alpha(\xi)$ は式 (5.65) で与えられる．

式 (5.67) は，距離 r だけでなく変数 ξ の関数として影響係数を表している積分の核関数 $v(r)$ と $v_n(r)$ を表すために用いられる．最終的に式 (5.58) のヤコビアンは次式で評価される．

$$ds=\sqrt{dx^2+dy^2}=\sqrt{[x'(\xi)]^2+[y'(\xi)]^2}d\xi$$

したがって，

$$\begin{aligned}|J(\xi)|&=\left\{[x'(\xi)]^2+[y'(\xi)]^2\right\}^{1/2} \\ &=\left[(b_1+2b_2\xi)^2+(c_1+2c_2\xi)^2\right]^{1/2}\end{aligned} \tag{5.68}$$

ただし，式 (5.61) に基づき次式が成り立つ．

$$\left.\begin{array}{l} b_1=\dfrac{x_3-x_1}{2},\ b_2=\dfrac{x_1-2x_2+x_3}{2} \\ c_1=\dfrac{y_3-y_1}{2},\ c_2=\dfrac{y_1-2y_2+y_3}{2} \end{array}\right\} \tag{5.69}$$

境界を N 個の放物線要素に離散化すれば，境界積分方程式 (3.31) は次のように書ける．

$$\varepsilon^i u^i=-\sum_{j=1}^{N}\int_{\Gamma_j}vu_n ds+\sum_{j=1}^{N}\int_{\Gamma_j}uv_n ds \tag{5.70}$$

境界量が要素上で放物線的に変化することを考慮すれば，式 (5.70) における右辺第 2 項の線積分は次式となる．

$$\begin{aligned}\int_{\Gamma_j}u(q)v_n(p_i,q)ds_q&=\int_{\Gamma_j}\left(\psi_1 u^1+\psi_2 u^2+\psi_3 u^3\right)v_n ds \\ &=h_1^{ij}u^1+h_2^{ij}u^2+h_3^{ij}u^3\end{aligned} \tag{5.71}$$

ただし，以下のように定義した．

$$\left.\begin{aligned} h_1^{ij} &= \int_{\Gamma_j} \psi_1 v_n ds \\ h_2^{ij} &= \int_{\Gamma_j} \psi_2 v_n ds \\ h_3^{ij} &= \int_{\Gamma_j} \psi_3 v_n ds \end{aligned}\right\} \tag{5.72}$$

上述の積分を評価するために，それらの被積分関数を変数 ξ の項で表す．

$$h_\alpha^{ij} = \int_{\Gamma_j} \psi_\alpha v_n ds = \int_{-1}^1 \psi_\alpha(\xi) \frac{\cos\phi(\xi)}{2\pi r(\xi)} |J(\xi)| d\xi \quad (\alpha = 1,2,3) \tag{5.73}$$

同様に次式を得る．

$$\begin{aligned} \int_{\Gamma_J} u_n v ds &= \int_{\Gamma_j} \left(\psi_1 u_n^1 + \psi_2 u_n^2 + \psi_3 u_n^3\right) v ds \\ &= g_1^{ij} u_n^1 + g_2^{ij} u_n^2 + g_3^{ij} u_n^3 \end{aligned} \tag{5.74}$$

ただし，

$$\begin{aligned} g_\alpha^{ij} &= \int_{\Gamma_j} \psi_\alpha v ds \\ &= \int_{-1}^1 \psi_\alpha(\xi) \frac{\ln r(\xi)}{2\pi} |J(\xi)| d\xi \quad (\alpha = 1,2,3) \end{aligned} \tag{5.75}$$

積分 (5.73) と (5.75) の計算は線形要素に対して用いられたものと同様の手順で数値的に実行される．したがって，外側積分 $(i \neq j)$ に対しては通常の Gauss 積分が使える．内側積分 $(i = j)$ に対しては，g_α^{ij} の計算を解析的に行うことは非常に複雑なものとなってしまうため推奨できない．それに代わり，特異性をとり出す方法が最も適したものとなる．成分 H_{ii} は 5.4.3 項で説明された間接的手法を用いて計算され，特異積分の評価はこのようにして避けられる．

かど点あるいはその点で境界条件が変化するような部分では，片側を不連続とした放物線要素を用いて取扱われる (図 5.13 で $\kappa_2 = 1$ とするように)．不連続な放物線要素では多項式 (5.59) の係数は以下の条件から決定される．

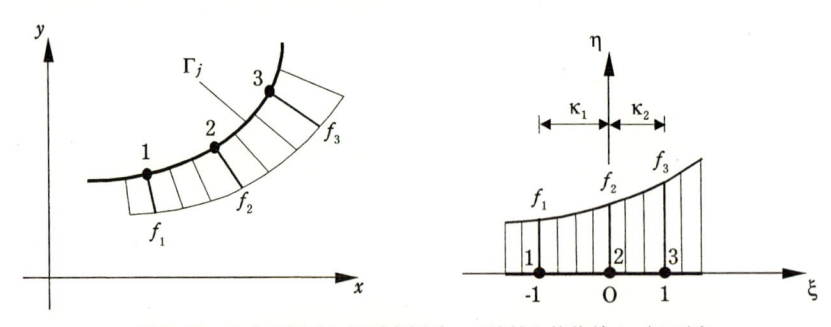

図 5.13 全体座標系と局所座標系の不連続な放物線 (2 次) 要素

5.5 高次要素

$$\left.\begin{array}{l}f(-\kappa_1)=f_1\\f(0)=f_2\\f(\kappa_2)=f_3\end{array}\right\} \qquad (5.76)$$

上式より，以下の式を得る．

$$\left.\begin{array}{l}\alpha_0-\alpha_1\kappa_1+\alpha_2\kappa_1^2=f_1\\\alpha_0=f_2\\\alpha_0+\alpha_1\kappa_2+\alpha_2\kappa_2^2=f_3\end{array}\right\} \qquad (5.77)$$

式 (5.77) を未知係数 α_0, α_1 と α_2 について解けば次式を得る．

$$\left.\begin{array}{l}\alpha_0=f_2\\\alpha_1=-\dfrac{\kappa_2^2}{K}f_1+\dfrac{\kappa_2^2-\kappa_1^2}{K}f_2+\dfrac{\kappa_1^2}{K}f_3\\\alpha_2=\dfrac{\kappa_2}{K}f_1-\dfrac{\kappa_1+\kappa_2}{K}f_2+\dfrac{\kappa_1}{K}f_3\end{array}\right\} \qquad (5.78)$$

ただし，

$$K=\kappa_1\kappa_2(\kappa_1+\kappa_2)$$

上記の係数 α_i の値を式 (5.59) に代入すれば，この式は以下の見慣れた形になる．

$$f(\xi)=\sum_{\alpha=1}^{3}\psi_\alpha(\xi)f_\alpha \quad (\alpha=1,2,3) \qquad (5.79)$$

ただし，$\psi_\alpha(\xi)$ は次式で与えられる形状関数である．

$$\left.\begin{array}{l}\psi_1(\xi)=\dfrac{\kappa_2}{K}(-\kappa_2+\xi)\xi\\\psi_2(\xi)=\dfrac{\kappa_1+\kappa_2}{K}\left[\kappa_1\kappa_2+(\kappa_2-\kappa_1)\xi-\xi^2\right]\\\psi_3(\xi)=\dfrac{\kappa_1}{K}(\kappa_1+\xi)\xi\end{array}\right\} \qquad (5.80)$$

明らかに，式 (5.80) は $\kappa_1=\kappa_2=1$ のときは式 (5.65) の形状関数になる．高次要素は，高次内挿多項式を選択して2次要素に対するのと同じ手順に正確に従えば導出できる．

$n\geq 1$ に対する多項式 (5.55) に基づいて導出されたすべての連続要素では，すべての境界上で境界量は連続的に変化する．すなわち，要素を構成する節点で境界値が不連続にならないことを表している．この種の連続性を C^0 連続という．しかしながら，これらの要素は要素間の節点での導関数の連続性は保証しない．そのような連続性は C^1 連続と呼ばれていて，Hermite 多項式あるいは Hermite 補間関数として知られる特別な3次多項式によって記述される形状関数を用いることで，その連続性は保証される．この場合，要素は2つの節点から構成され，それらは要素の端点に配置される．未知量は境界量の値 f_1 と f_2 とそれに関する導関数 $\theta_1=(df/d\xi)_1$ と $\theta_2=(df/d\xi)_1$ である．境界量は次のように表される．

$$f(\xi)=\psi_1(\xi)f_1+\psi_2(\xi)f_2+\psi_3(\xi)\theta_1+\psi_4(\xi)\theta_2 \qquad (5.81)$$

ただし，形状関数 $\psi_\alpha(\xi)$ は Hermite 多項式 [1] によって以下のように与えられる．

$$\left.\begin{array}{l}\psi_1(\xi) = \dfrac{1}{4}(1-\xi)^2(2+\xi), \quad \psi_2(\xi) = \dfrac{1}{4}(1+\xi)^2(2-\xi) \\[2mm] \psi_3(\xi) = \dfrac{1}{4}(1-\xi)^2(1+\xi), \quad \psi_4(\xi) = -\dfrac{1}{4}(1+\xi)^2(1-\xi)\end{array}\right\} \quad (5.82)$$

5.6 疑似特異積分

未知の境界値が境界積分方程式の解より得られたならば，内点におけるポテンシャル u とその導関数 $u_{,x} = \partial u/\partial x$ と $u_{,y} = \partial u/\partial y$ の値は，式 (4.11)，(4.15) と (4.16) を用いるか，線形あるいは 2 次要素による近似に対応するものから計算できる．前述の式に含まれる影響係数は，被積分関数に次の形の因子を含む要素 Γ_j 上の線積分の項で表される．

$$\ln r, \quad \dfrac{1}{r}, \quad \dfrac{1}{r^2} \qquad (5.83)$$

ただし，$r = |P-q|$ は点 $P \in \Omega$ と点 $q \in \Gamma_j$ との距離である．明らかに，点 P は領域 Ω 内にあり，点 q は境界上にあるため，r は常に $r \neq 0$ となる．したがって，この積分は被積分関数が常に有限なので，少なくとも理論上は正則となる．もし点 P が境界よりかなり離れた場所にあれば，関数 (5.83) は滑らかに変化し，したがって通常の Gauss 積分は精度のよい結果を与える．しかしながら，点 P が境界に近い場所にある場合，関数 (5.83) は有限であるが極めて大きな値をとり，それらの変化はもはや滑らかなものではなくなる．

この挙動を説明するために，図 5.14 の要素を考える．内点 P は境界に近い場所にある．式 (5.3) を用いれば，全体系座標は局所系座標の項で表される．すなわち，

$$x(\xi) = 2-\xi$$
$$y(\xi) = 2+\xi$$

また，式 (5.12) は次のように点 P と q の間の距離を与える．

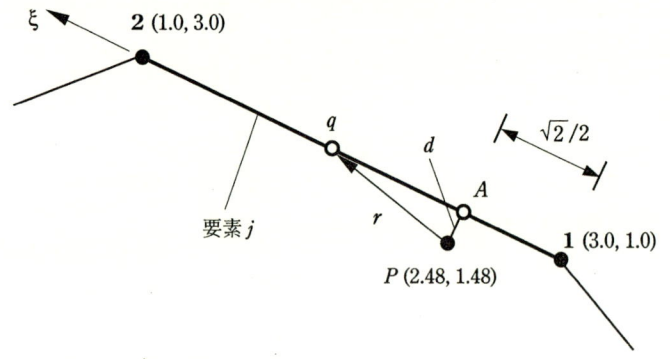

図 5.14　線形要素と境界に近い点 P で $d = \min(r) = 0.02 \ll 1$

5.6 疑似特異積分

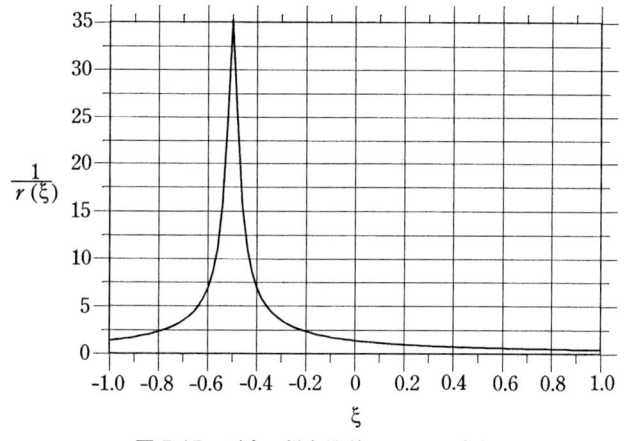

図 5.15 要素に沿う関数 $1/r(\xi)$ の変化

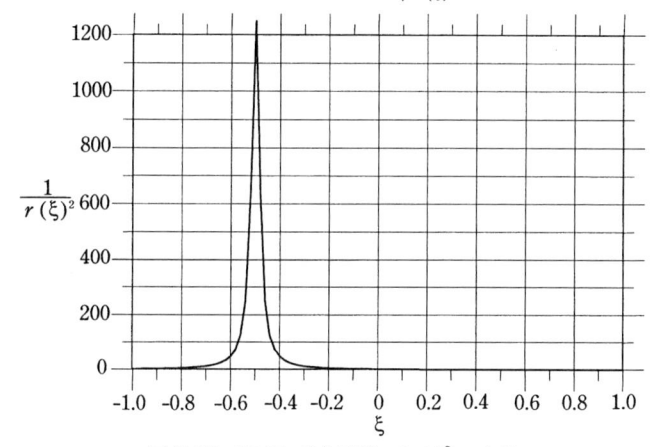

図 5.16 要素に沿う関数 $1/r(\xi)^2$ の変化

$$r(\xi) = \left\{[x(\xi)-2.48]^2+[y(\xi)-1.48]^2\right\}^{1/2}$$
$$= \left[(0.48+\xi)^2+(0.52+\xi)^2\right]^{1/2} \tag{5.84}$$

関数 $1/r(\xi)$ と $1/r(\xi)^2$ の変化は図 5.15 と図 5.16 にそれぞれ示されている.これらの関数は $\xi = -0.5$ の点,つまり要素上の点 P の法線方向の射影となる点 A において大きな値となることがわかる.

したがって,境界に近い場所における点 P に対して関数 (5.83) の積分は実際には特異ではないが,特異性のある挙動を示す.文献では,それらは疑似特異性として知られている.それらの評価はかなり難しく,通常の Gauss 積分も特異積分に適した方法

も適用することができない．それにもかかわらず，これらの積分の評価に関して他の特別な手法が展開されている．それらの中で最も頻繁に利用されているのは次のものである：要素の再分割の方法，または座標変換の方法である．最初の方法はLachatとWatson[14]，およびKane[15]らによって詳細に議論が展開されている．一方，第2の方法はTells[16]によって与えられた．ここでは最初の方法のみを以下に説明するが，他の方法に関しては関連する文献を参照していただきたい．

○要素再分割法

この方法は，線積分の値に対して一様な精度を保証するために成功裏に用いられている．この方法の成功はユーザーの経験に基づいている．この方法は以下のような積分を評価することで説明される．

$$\int_{-1}^{1} \frac{1}{r(\xi)} d\xi \tag{5.85}$$

被積分関数は図5.15に描かれているが，これより区間$[-1, +1]$において以下に示す4つの部分区間に分割すればよいことを示している．

部分区間1： $[-1, -0.6]$
部分区間2： $[-0.6, -0.5]$
部分区間3： $[-0.5, -0.4]$
部分区間4： $[-0.4, +1]$

それぞれの部分区間において積分は，例えば台形公式，Simpsonの公式，Newton-Cotes積分公式などを用いて評価することができる．Gauss数値積分もこの場合においても推奨できる．適用するときは，まずそれぞれの部分区間を$[-1, +1]$に変換することが必要である．ξ_kとξ_{k+1}がk番目の部分区間端点を表すとき，以下の線形変換を行えば目的にかなう．

$$\xi = \frac{\xi_{k+1} + \xi_k}{2} + \frac{\xi_{k+1} - \xi_k}{2}\eta \quad (-1 \leq \eta \leq 1) \tag{5.86}$$

k番目の部分区間における積分の値は以下のように与えられる．

$$I_k = \frac{\xi_{k+1} - \xi_k}{2} \sum_{i=1}^{n} \frac{1}{r\left(\frac{\xi_{k+1}+\xi_k}{2} + \frac{\xi_{k+1}-\xi_k}{2}\eta_i\right)} w_i \tag{5.87}$$

ただし，η_iとw_i $(i = 1, 2, \cdots, n)$はn次のGauss積分における座標とその重みである．

積分(5.85)は図5.14に示される要素の様々な再分割を用いることで数値的に計算される．それらの結果を厳密解と比較して表5.2に与える．これらの結果から，積分点の数が20点で同じとしても，要素の再分割の選択が積分の精度に大変な影響を及ぼすことがわかる．したがって，制御できない誤差を避けるために疑似特異積分の計算に特別な配慮が払われるべきである．許容される精度を得るための一般的な法則は，図5.14における距離dより十分小さな長さとなるように点Aの両側に2つの等しい部分区間を選ぶことである．

表 5.2 要素の様々な部分区間に対する疑似特異積分 (5.85) の値

部分区間の数	部分区間	Gauss 点の数	$\int_{-1}^{1} \frac{1}{r(\xi)} d\xi$
1	$[-1.0, +1.0]$	20	7.55905
2	$[-1.0, -0.5]$	10	6.34858
	$[-0.5, +1.0]$	10	
2	$[-1.0, -0.5]$	12	6.29535
	$[-0.5, +1.0]$	8	
2	$[-1.0, -0.5]$	8	6.35520
	$[-0.5, +1.0]$	12	
4	$[-1.0, -0.6]$	5	6.30650
	$[-0.6, -0.5]$	4	
	$[-0.5, -0.4]$	5	
	$[-0.4, +1.0]$	6	
4	$[-1.0, -0.6]$	6	6.30934
	$[-0.6, -0.5]$	4	
	$[-0.5, -0.4]$	4	
	$[-0.4, +1.0]$	6	
厳密解			6.309586

5.7 おわりに

本章までの BEM の説明から明らかなように,BEM が現実的な工学問題を解くための数値解析手法として発展したのは,特異境界積分方程式を解くことに成功したことに基づいている.したがって,境界要素の技術 (境界要素の様々な種類の構成,それらの要素上での効率的な積分,とりわけ特異核関数の積分,同様に境界量の不連続を取扱うための処理) が BEM の成功に関して最も重要な要因であり,計算法として BEM が登場して以来熱心に研究されてきた分野である.この題目に対してもっと進んだ情報が欲しい読者には,Brebbia-Dominguez[7],Kane[9],そして Banerjee-Butterfield[13] らの書物を推奨する.特異積分の評価に関してはより進んだ技術について書かれている文献が多数存在する.Hall[17] および Doblare[18] の文献を推奨すると同時に,特異積分の評価法を提案した Sladek-Sladek[19] による最近の文献も推奨する.特異積分についてではないが Hayami-Brebbia[20] の文献では疑似特異積分を取扱っている.対数特異性の線積分の計算手法はまた Katsikadelis-Armenakas[21] に与えられている.Theocaris とその共同研究者らの文献 [22,23] はより拡張した特異積分について扱っている.特に超特異積分の評価に関する多大な研究成果は,Guiggiani とその共同研究者らによる文献 [24,25] で知ることができる.読者はまたこの題目に関するより拡張された文献を,近年 22 年間連続して開催されている国際境界要素法会議論文集の計算法の現状という章で見つけることができる.

5. 境界要素の解析技術

[1] Reddy, J.N., 1993. *An Introduction to the Finite Element Method*, McGraw-Hill International Editions, New York.

[2] Katsikadelis, J.T. and Sapountzakis, E., 1985. Torsion of Composite Bars by the Boundary Element Method, *ASCE Journal of Engineering Mechanics*, Vol.111, pp.1197-1210.

[3] Katsikadelis, J.T. and Kallivokas, L., 1988. Plates on Biparametric Elastic Foundation, *ASCE Journal of Engineering Mechanics*, Vol.114, pp.547-875.

[4] Katsikadelis, J.T. and Armenakas, A.E., 1989. A New Boundary Equation Solution to the Plate Problem, *ASME Journal of Applied Mechanics*, Vol.56, pp.264-374.

[5] Katsikadelis, J.T., 1991. Special Methods for Plate Analysis, in: Beskos, D. (ed.), *Boundary Element Analysis of Plates and Shells*, Springer-Verlag, Berlin.

[6] Katsikadelis, J.T. and Kokkinos, F.T., 1987. Static and Dynamic Analysis of Composite Shear Walls by the Boundary Element Method, *Acta Mechanica*, Vol.68, pp.231-250.

[7] Brebbia, C.A. and Dominguez, J., 2001. *Boundary Elements: An Introductory Course*, 2nd edition, Computational Mechanics Publications, Southampton.

[8] Lefeber, D., 1989. Solving Problems with Singularities Using Boundary Elements, in: Brebbia, C.A. and Connor, J.J. (eds.), *Topics in Engineering*, Vol.6, Computational Mechanics Publications, Southampton.

[9] Kane, J.H., 1994. *Boundary Elements Analysis in Engineering Continuum Mechanics*, Prentice Hall, Englewood Cliffs, New Jersey.

[10] Stroud, A.H. and Secrest, D., 1966. *Gaussian Quadrature Formulas*, Prentice Hall, Englewood Cliffs, New Jersey.

[11] Abramowitz, M. and Stegun, I. (eds.), 1972. *Handbook of Mathematical Functions*, 10th edition, Dover Publications, New York.

[12] Brebbia, C.A., Telles, J.C.F. and Wrobel, L.C., 1984. *Boundary Element Techniques*, Springer-Verlag, Berlin.

[13] Banerjee, P.K. and Butterfield, R., 1981, *Boundary Element Methods in Engineering Science*, McGraw-Hill, U.K.

[14] Lachat, J.C. and Watson, J.O., 1976. Effective Numerical Treatment of Boundary Integral Equations: A Formulation for Three-Dimensional Elastostatics, *International Journal for Numerical Methods in Engineering*, Vol.10, pp.991-1005.

[15] Kane, J.H., Gupta, A. and Saigal, S., 1989. Reusable Intrinsic Sample Point (RISP) Algorithm for Efficient Numerical Integration of Three Dimensional Curved Boundary Elements, *International Journal for Numerical Methods in Engineering*, Vol.28, pp.1661-1676.

[16] Telles, J.C.F., 1987. A Self-Adaptive Coordinate Transformation for Efficient Nu-

merical Evaluations of General Boundary Element Integrals, *International Journal for Numerical Methods in Engineering*, Vol.24, pp.959-973.

[17] Hall, W.S., 1988. Integration Methods for Singular Boundary Element Integrands, in: Brebbia C.A. (ed.), *Boundary Elements X*, Vol.1, *Mathematical and Computational Aspects*, Computational Mechanics Publications, Southampton.

[18] Doblare, M., 1987. Computational Aspects of the Boundary Element Method, in: Brebbia C.A. (ed.), *Topics in Boundary Element Research*, Springer-Verlag, Berlin.

[19] Sladek, V. and Sladek, J. (eds.), 1998. *Singular Integrals in Boundary Element Methods*, Computational Mechanics Publications, Southampton.

[20] Hayami, K. and Brebbia, C.A., 1988. Quadrature Methods for Singular and Nearly Singular Integrals in 3-D Boundary Element Method, in: Brebbia C.A. (ed.), *Boundary Elements X*, Vol.1, *Computational Aspects*, Computational Mechanics Publications, Southampton.

[21] Katsikadelis, J.T. and Armenakas, A.E., 1983. Numerical Evaluation of Line Integrals with a Logarithmic Singularity, *AIAA Journal*, Vol.23, pp.1135-1137.

[22] Theocaris, P.S., 1981. Numerical Solution of Singular Integral Equations: Methods, *ASCE Journal of Engineering Mechanics*, Vol.107, pp.733-751.

[23] Theocaris, P.S., 1981. Numerical Solution of Singular Integral Equations: Applications, *ASCE Journal of Engineering Mechanics*, Vol.107, pp.753-771.

[24] Guiggiani, M., 1992. Direct Evaluation of Hypersingular Integrals in 2D BEM, in: Hackbusch, W. (ed.), *Notes in Numerical Field Mechanics*, Vol.33, pp.23-24, Vieweg, Braunschweig.

[25] Guiggiani, M., Krishnasamy, G., Rudolphi, T.J. and Rizzo, F.J., 1992. A General Algorithm for the Numerical Equations, *ASME Journal of Applied Mechanics*, Vol.59, pp.604-614.

演習問題

5.1 内部の節点が以下に配置されている場合の 3 次の形状関数を導出せよ．

(i) $\xi_2 = -1/3$ と $\xi_3 = 1/3$

(ii) $\xi_2 = -1/2$ と $\xi_3 = 1/2$

5.2 半径 $R = 3$ で角度 $\theta_0 = \pi/12$ の扇形が与えられているとき，円弧をそれぞれ (i) 線形要素, (ii) 2 次要素と (iii) 3 次要素を用いて近似した場合によるその面積を計算し，その誤差も求めよ．

5.3 Gauss 積分を用いて以下の疑似特異積分を計算せよ．

$$I = \int_{-1}^{1} \frac{dx}{\left[(x-0.25)^2 + 0.05\right]^4}$$

5.4 Γ_j が点 **1** $(4.30, 2.50)$, **2** $(4.10, 2.90)$, **3** $(3.80, 3.20)$ を通る2次要素であり，ソース点が $P(4.15, 2.65)$ に配置されている場合について以下の積分を計算せよ．

$$\int_{\Gamma_j} \psi_1(\xi) \ln r \, ds$$

5.5 節点 **1** $(1,2)$ と **2** $(1.5, 2.3)$ をもつ線形要素に対して，積分 g_α^{ij} を計算せよ．ただし，$\kappa_1 = \kappa_2 = 0.5$ であり，ソースは点 **1** と **2** の順に配置される．

6
境界要素法の応用

6.1 はじめに

3章で述べたように，LaplaceおよびPoisson方程式は様々な物理系の挙動を表す．本章では，BEMが次のようないくつかの問題を解くのに用いられる．すなわち，非円形の角形断面棒のねじり，膜のたわみ，単純支持された板の曲げ，熱伝導や流体の流れ問題などである．

6.2 非円形断面棒のねじり

6.2.1 ゆがみ関数

両端に作用するモーメント M_t によってねじれている任意断面の棒を考えよう (図6.1)．断面は棒の長さ方向に一定である．Saint-Venantのねじり理論 [1, 2] より，棒の変形は，(a) 棒のねじりの中心を通る軸回りの断面の回転と，(b) すべての部分で同じ

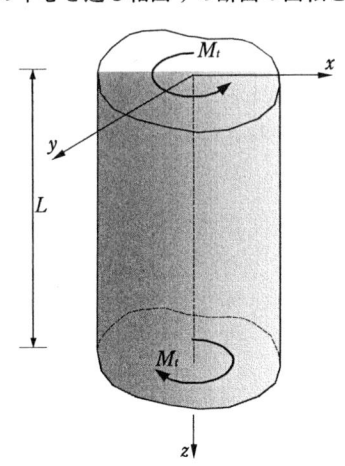

図6.1 端モーメント M_t によってねじられている任意断面の棒

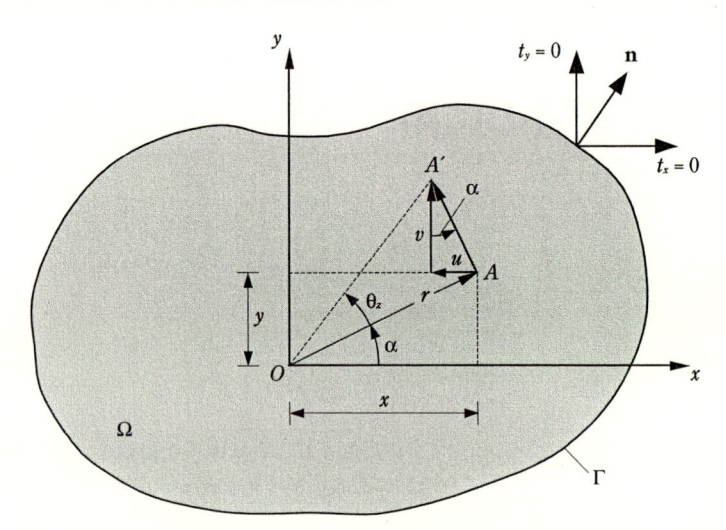

図 6.2 ねじられた棒の断面内での変位成分

である断面のゆがみから構成される．端の断面のねじりの中心に座標系の原点を選択する (図 6.1) と，距離 z での回転は θz である．ただし，θ は単位長さ当たりの断面の回転を表す定数である．図 6.2 を参照し，回転が小さいものを仮定すると，点 $A(x,y,z)$ の回転による変位 u と v は次式で決められる．

$$u = -(AA')\sin\alpha = -r\theta z\frac{y}{r} = -\theta zy \tag{6.1a}$$

$$v = (AA')\cos\alpha = r\theta z\frac{x}{r} = -\theta zx \tag{6.1b}$$

断面のゆがみは次のように定義される．

$$w = \theta\phi(x,y) \tag{6.2}$$

ただし，$\phi(x,y)$ はゆがみ関数である．

式 (6.1) と (6.2) によって与えられる変位より，以下のひずみ成分が求まる．

$$\left.\begin{aligned}
\varepsilon_x &= \frac{\partial u}{\partial x} = 0, \quad \varepsilon_y = \frac{\partial v}{\partial y} = 0 \\
\varepsilon_z &= \frac{\partial w}{\partial z} = 0, \quad \gamma_{xy} = \frac{\partial u}{\partial y} + \frac{\partial v}{\partial x} = 0 \\
\gamma_{xz} &= \frac{\partial w}{\partial x} + \frac{\partial u}{\partial z} = \theta\left(\frac{\partial \phi}{\partial x} - y\right) \\
\gamma_{yz} &= \frac{\partial w}{\partial y} + \frac{\partial v}{\partial z} = \theta\left(\frac{\partial \phi}{\partial y} + x\right)
\end{aligned}\right\} \tag{6.3}$$

したがって，均質な線形弾性体に対して，上記のひずみ成分に関する式より得られる応力成分は次式となる．

6.2 非円形断面棒のねじり

$$\left.\begin{array}{l}\sigma_x = \sigma_y = \sigma_z = \tau_{xy} = 0 \\ \tau_{xz} = G\theta\left(\dfrac{\partial \phi}{\partial x}-y\right) \\ \tau_{yz} = G\theta\left(\dfrac{\partial \phi}{\partial y}+x\right)\end{array}\right\} \quad (6.4)$$

物体力がない場合の3次元応力状態に対する釣り合い方程式は次式となる.

$$\frac{\partial \sigma_x}{\partial x}+\frac{\partial \tau_{xy}}{\partial y}+\frac{\partial \tau_{xz}}{\partial z} = 0 \quad (6.5\text{a})$$

$$\frac{\partial \tau_{xy}}{\partial x}+\frac{\partial \sigma_y}{\partial y}+\frac{\partial \tau_{yz}}{\partial z} = 0 \quad (6.5\text{b})$$

$$\frac{\partial \tau_{xz}}{\partial x}+\frac{\partial \tau_{yz}}{\partial y}+\frac{\partial \sigma_z}{\partial z} = 0 \quad (6.5\text{c})$$

構成関係式 (6.4) を式 (6.5) に代入すれば次式を得る.

$$\frac{\partial \tau_{xz}}{\partial z} = 0 \quad (6.6\text{a})$$

$$\frac{\partial \tau_{yz}}{\partial z} = 0 \quad (6.6\text{b})$$

$$\frac{\partial^2 \phi}{\partial x^2}+\frac{\partial^2 \phi}{\partial y^2} = 0 \quad (6.6\text{c})$$

応力成分 τ_{xz} と τ_{yz} が z に独立なので,式 (6.6) の最初の2つは常に成り立つ.最後の式 (6.6c) はゆがみ関数 $\phi(x,y)$ が満足しなければならない条件を表している.

さらに,応力成分は棒の表面上の表面力の境界条件を満足しなければならない.すなわち,

$$\left.\begin{array}{l}\sigma_x n_x+\tau_{xy}n_y+\tau_{xz}n_z = t_x \\ \tau_{xy}n_x+\sigma_y n_y+\tau_{yz}n_z = t_y \\ \tau_{xz}n_x+\tau_{yz}n_y+\sigma_z n_z = t_z\end{array}\right\} \quad (6.7)$$

ただし,n_x,n_y,n_z は外側の法線方向の余弦方向であり,t_x,t_y,t_z は棒の表面上の表面力の成分である.

(a) まず棒の表面上の境界条件について考察する.表面力は作用しない,すなわち $t_x = t_y = t_z = 0$ である.さらに $n_z = 0$ である.式 (6.4) を考慮すると,式 (6.7) の最初の2つの境界条件は恒等的に満足されることが容易にわかる.一方,第3式から次式を得る.

$$\left(\frac{\partial \phi}{\partial x}-y\right)n_x+\left(\frac{\partial \phi}{\partial y}+x\right)n_y = 0$$

上式は以下のように書くこともできる.

$$\frac{\partial \phi}{\partial x}n_x+\frac{\partial \phi}{\partial y}n_y = yn_x-xn_y$$

または

$$\frac{\partial \phi}{\partial n} = yn_x - xn_y \tag{6.8}$$

ゆがみ関数 ϕ は，Laplace 方程式の Neumann 問題を解くことで式 (6.6c) と (6.8) から決定できる．その際，次の関数：

$$\phi_n(s) = yn_x - xn_y \tag{6.9}$$

が，Neumann 問題の解の存在条件を満足すると仮定する．すなわち，

$$\int_\Gamma \phi_n ds = 0 \tag{6.10}$$

この条件は，Green の恒等式 (2.16) において $v=1$ と $u=\phi$ とすることで得られる．実際，式 (2.3) を用いると，式 (6.9) は以下のように書くことができる．

$$\phi_n = y\frac{dy}{ds} + x\frac{dx}{ds}$$
$$= \frac{1}{2}\frac{d}{ds}(x^2+y^2)$$

したがって，関数 $\frac{1}{2}(x^2+y^2)$ はすべての境界で連続であり，以下の式を得る．

$$\int_\Gamma \phi_n ds = \frac{1}{2}\int_\Gamma \frac{d}{ds}(x^2+y^2)\,ds$$
$$= \frac{1}{2}\left[x^2+y^2\right]_B^B = 0$$

ただし B は，変数 s に対する原点としてとられる，境界上の任意点である．

(b) $z=0$ と $z=L$ における端の断面上で，$n_x = n_y = 0$ と $n_z = 1$ である．したがって，境界条件 (6.7) は以下のようになる．

$$\tau_{xz} = t_x, \quad \tau_{yz} = t_y, \quad \sigma_z = t_z = 0 \tag{6.11}$$

この式は，端の断面は接線に沿って働く表面力のみを受けていることを表している．

これらの表面力の合力が 0 となることは容易に証明できる．すなわち，

$$\int_\Omega \tau_{xz}d\Omega = 0, \qquad \int_\Omega \tau_{yz}d\Omega = 0 \tag{6.12}$$

実際，式 (6.5) の第 3 式は次式となる．

$$\frac{\partial \tau_{xz}}{\partial x} + \frac{\partial \tau_{yz}}{\partial y} = 0 \tag{6.13}$$

さらに，式 (6.12) の第 1 式は以下のように書くことができる．

$$\int_\Omega \tau_{xz}d\Omega = \int_\Omega \left[\tau_{xz} + x\left(\frac{\partial \tau_{xz}}{\partial x} + \frac{\partial \tau_{yz}}{\partial y}\right)\right]d\Omega$$
$$= \int_\Omega \left[\frac{\partial (x\tau_{xz})}{\partial x} + \frac{\partial (x\tau_{yz})}{\partial y}\right]d\Omega$$

次に，Gauss の発散定理 (2.9) と式 (6.7) の最後の式を用いれば，$n_z = 0$，$t_z = 0$ なので，上式より次式を得る．

6.2 非円形断面棒のねじり

$$\int_\Omega \tau_{xz} d\Omega = \int_\Gamma x\left(\tau_{xz}n_x + \tau_{yz}n_y\right) ds = 0 \tag{6.14}$$

同様な方法で式 (6.12) の第 2 式を証明できる.
$z=0$ の断面上の合モーメントは次式となる.

$$M_t = \int_\Omega (x\tau_{yz} - y\tau_{xz})\, d\Omega = G\theta \int_\Omega \left(x^2 + y^2 + x\frac{\partial\theta}{\partial y} - y\frac{\partial\theta}{\partial x}\right) d\Omega \tag{6.15}$$

次式とおけば,

$$I_t = \int_\Omega \left(x^2 + y^2 + x\frac{\partial\theta}{\partial y} - y\frac{\partial\theta}{\partial x}\right) d\Omega \tag{6.16}$$

次式となる.

$$M_t = GI_t\theta \tag{6.17}$$

断面形状にのみ依存する定数 I_t は, 通常ねじり定数 (torsional constant) と呼ばれる. GI_t は断面のねじり剛性 (torsional rigidity) と呼ばれる. 端の断面の相対的回転を $\bar{\theta} = \theta L$ で表すと, 式 (6.17) は以下のように書くこともできる.

$$M_t = \frac{GI_t}{L}\bar{\theta} \tag{6.18}$$

GI_t/L は長さ L の棒のねじり剛性係数 (torsional stiffness coefficient) を表す. この係数は, 格子要素または 3 次元の梁要素の剛性マトリックスにおいて現れる.

前述の解析より, 棒のねじり定数と同様にねじりによるせん断応力の決定には, 断面のゆがみ関数 ϕ を決める必要がある. 簡単な断面形状 (例えば, 楕円形, 正方形, 三角形) に対してゆがみ関数 ϕ は厳密解または近似解析解を用いて決定できる. しかしながら, 実用上の工学問題において直面するように, 複雑な形の断面に対しては任意領域 Ω での Laplace 方程式の Neumann 問題を解く必要がある. したがって, ゆがみ関数 ϕ は以下の境界値問題の解となる.

$$\nabla^2 \phi = 0 \quad \text{in } \Omega \tag{6.19a}$$

$$\frac{\partial\phi}{\partial n} = yn_x - xn_y \quad \text{on } \Gamma \tag{6.19b}$$

関数 ϕ は定数項を除き正確に決定される. すなわち, 関数 ϕ^* は以下の形で求められる.

$$\phi^*(x,y) = \phi(x,y) + C \tag{6.20}$$

ただし, $\phi(x,y)$ は厳密解であり, C は定数である.

明らかに, 応力成分とねじり定数はこの任意の定数による影響は受けない. なぜなら式 (6.4) と (6.16) により ϕ の導関数のみがこれらの値の評価に必要だからである. 変位 w に関しては, 任意の定数により棒の軸方向の剛体運動が導入される (式 (6.2) 参照). しかしこれは断面の変形に影響しない. 定数 C は, 断面のある点で変位を例えば $w=0$ となるように規定することで決定でき, その場合, この点で $\phi^* = 0$, また $\phi(x,y) = \phi^*(x,y) - C$ となる. 軸の変位が 0 となる点として, 断面のねじりの中心を選択するとよい.

○ねじり中心の決定

式 (6.19) の境界値問題の解は，座標軸の原点が断面のねじりの中心 (断面の回転中に変位しない点) にとられるなら，ゆがみ面を与える．軸対称の断面 (例えば正方形，正三角形，楕円形など) においてのねじり中心は，断面の図心に一致するので調べればすぐにわかる．しかし，任意の断面形状に対してねじり中心を知ることはできず，ゆがみ関数を決定するために決めなければならない．このことは以下のようにすれば達成できる．

原点 O がねじり中心 (x_0, y_0) と一致しない場合，式 (6.1a,b), (6.2), (6.3), (6.4), (6.6c) と (6.8) はそれぞれ以下のように書き表される．

$$u = -\theta z\, (y-y_0) \qquad (6.21a)$$

$$v = \theta z\, (x-x_0) \qquad (6.21b)$$

$$w = \theta \phi\, (x, y) \qquad (6.21c)$$

$$\left.\begin{array}{l} \varepsilon_x = 0, \quad \varepsilon_y = 0, \quad \varepsilon_z = 0, \quad \gamma_{xy} = 0 \\[4pt] \gamma_{xz} = \theta \left[\dfrac{\partial \theta}{\partial x} - (y-y_0)\right] \\[8pt] \gamma_{yz} = \theta \left[\dfrac{\partial \theta}{\partial y} + (x-x_0)\right] \end{array}\right\} \qquad (6.22)$$

$$\left.\begin{array}{l} \sigma_x = \sigma_y = \sigma_z = \tau_{xy} = 0 \\[4pt] \tau_{xz} = G\theta \left[\dfrac{\partial \phi}{\partial x} - (y-y_0)\right] \\[8pt] \tau_{yz} = G\theta \left[\dfrac{\partial \phi}{\partial y} + (x-x_0)\right] \end{array}\right\} \qquad (6.23)$$

$$\frac{\partial^2 \phi}{\partial x^2} + \frac{\partial^2 \phi}{\partial y^2} = 0 \qquad (6.24)$$

$$\frac{\partial \phi}{\partial n} = (y-y_0)\, n_x - (x-x_0)\, n_y \qquad (6.25)$$

式 (6.25) はさらに以下のように書くことができる．

$$\frac{\partial}{\partial n}(\phi + y_0 x - x_0 y) = y n_x - x n_y \qquad (6.26)$$

または

$$\frac{\partial \phi^*}{\partial n} = y n_x - x n_y \qquad (6.27)$$

ただし，

$$\phi^* = \phi + y_0 x - x_0 y + C \qquad (6.28a)$$

したがって，以下のようになる．

$$\phi = \phi^* - y_0 x + x_0 y - C \qquad (6.28b)$$

$\nabla^2 \phi^* = \nabla^2 \phi$ なので，いま解いている Neumann 問題は実際は次式となる．

6.2 非円形断面棒のねじり

$$\left.\begin{array}{l}\nabla^2\phi^* = 0 \\ \dfrac{\partial \phi^*}{\partial n} = yn_x - xn_y\end{array}\right\} \quad (6.29)$$

上式から関数 ϕ^* が得られる．その結果，応力成分とねじり定数は関数 ϕ^* の項で表されるべきであり ϕ の項ではない．このことは式 (6.28b) の ϕ を式 (6.23) に代入することにより達成され，以下の式が求まる．

$$\tau_{xz} = G\theta \left(\dfrac{\partial \phi^*}{\partial x} - y\right) \quad (6.30\mathrm{a})$$

$$\tau_{yz} = G\theta \left(\dfrac{\partial \phi^*}{\partial y} + x\right) \quad (6.30\mathrm{b})$$

座標軸の原点に関してのモーメント M_t を表すために，上式を式 (6.15) に用いれば次式を得る．

$$I_t = \int_\Omega \left(x^2 + y^2 + x\dfrac{\partial \phi^*}{\partial y} - y\dfrac{\partial \phi^*}{\partial x}\right) d\Omega \quad (6.31)$$

式 (6.28a)，(6.29)，(6.30) と (6.31) に基づき，次のように結論できる．
 (a) 座標系の原点が断面のねじり中心と一致しない場合，Neumann 問題の解として求められるゆがみ関数 ϕ^* は，断面内で剛体回転と棒の軸に平行な変形を受ける (文献 [1] 参照)．
 (b) 応力成分 τ_{xz}, τ_{yz} とねじり定数 I_t は座標軸の原点の位置に依存しない．

実際のゆがみ関数 ϕ は，最初に x_0, y_0 と C を求めてから決定される．これらの値は，Saint-Venant の理論では無視されている軸の方向のゆがみによる垂直応力により生じるひずみエネルギーの最小化より求めることができる．このエネルギーは以下のように与えられる [5]．

$$\begin{aligned}\Pi(x_0, y_0, C) &= \dfrac{1}{2} E\theta^2 \int_\Omega \phi^2 d\Omega \\ &= \dfrac{1}{2} E\theta^2 \int_\Omega (\phi^* - y_0 x + x_0 y - C)^2 d\Omega \end{aligned} \quad (6.32)$$

最小化の条件は次式である．

$$\left.\begin{array}{l}\dfrac{\partial \Pi}{\partial x_0} = 0 \\ \dfrac{\partial \Pi}{\partial y_0} = 0 \\ \dfrac{\partial \Pi}{\partial C} = 0\end{array}\right\} \quad (6.33)$$

式 (6.32) を 3 つの量のそれぞれに関して微分すれば，次式となる．

$$\left.\begin{array}{l}I_x x_0 - I_{xy} y_0 - S_x C = -I_1 \\ I_{xy} x_0 - I_y y_0 - S_y C = -I_2 \\ S_x x_0 - S_y y_0 - A C = -I_3\end{array}\right\} \quad (6.34)$$

ただし，次のようにおいた．

$$
\left.\begin{aligned}
A &= \int_\Omega d\Omega, & S_x &= \int_\Omega y d\Omega, & S_y &= \int_\Omega x d\Omega \\
I_x &= \int_\Omega y^2 d\Omega, & I_{xy} &= \int_\Omega xy d\Omega, & I_y &= \int_\Omega x^2 d\Omega \\
I_1 &= \int_\Omega y\phi^* d\Omega, & I_2 &= \int_\Omega x\phi^* d\Omega, & I_3 &= \int_\Omega \phi^* d\Omega
\end{aligned}\right\} \quad (6.35)
$$

ねじり問題を BEM で解いているので，この解法の境界だけという特性を損なわないために，式 (6.35) の領域積分は境界線積分に変換されなければならない．これは式 (2.5), (2.6) と (2.9) を用いることで達成される．このことより，以下のように書くことができる．

$$A = \int_\Omega d\Omega = \frac{1}{2}\int_\Omega \left(\frac{\partial x}{\partial x}+\frac{\partial y}{\partial y}\right) d\Omega = \frac{1}{2}\int_\Gamma (xn_x+yn_y)\,ds \tag{6.36}$$

$$S_x = \int_\Omega y d\Omega = \frac{1}{2}\int_\Omega \frac{\partial}{\partial y}(y^2)\,d\Omega = \frac{1}{2}\int_\Gamma y^2 n_y ds \tag{6.37}$$

$$S_y = \int_\Omega x d\Omega = \frac{1}{2}\int_\Omega \frac{\partial}{\partial x}(x^2)\,d\Omega = \frac{1}{2}\int_\Gamma x^2 n_x ds \tag{6.38}$$

$$I_x = \int_\Omega y^2 d\Omega = \frac{1}{3}\int_\Omega \frac{\partial}{\partial y}(y^3)\,d\Omega = \frac{1}{3}\int_\Gamma y^3 n_y ds \tag{6.39}$$

$$I_y = \int_\Omega x^2 d\Omega = \frac{1}{3}\int_\Omega \frac{\partial}{\partial x}(x^3)\,d\Omega = \frac{1}{3}\int_\Gamma x^3 n_x ds \tag{6.40}$$

$$I_{xy} = \int_\Omega xy d\Omega = \frac{1}{4}\int_\Omega \left[\frac{\partial}{\partial x}(x^2 y)+\frac{\partial}{\partial y}(xy^2)\right] d\Omega$$

$$= \frac{1}{4}\int_\Gamma xy(xn_x+yn_y)\,ds \tag{6.41}$$

関数 ϕ^* を含む積分を取扱うために，Green の第 2 恒等式 (2.16) が $v=\phi^*$ および以下の関数に対して繰り返し適用される．

$$u_1 = \frac{yr^2}{8}, \quad u_2 = \frac{xr^2}{8}, \quad u_3 = \frac{r^2}{4}, \quad (r^2 = x^2+y^2) \tag{6.42}$$

ここで $\nabla^2 u_1 = y$, $\nabla^2 u_2 = x$ と $\nabla^2 u_3 = 1$ に注意すると，以下の式を得る．

$$I_1 = \int_\Omega y\phi^* d\Omega = \int_\Gamma \left(\phi^*\frac{\partial u_1}{\partial n}-u_1\frac{\partial \phi^*}{\partial n}\right) ds \tag{6.43}$$

$$I_2 = \int_\Omega x\phi^* d\Omega = \int_\Gamma \left(\phi^*\frac{\partial u_2}{\partial n}-u_2\frac{\partial \phi^*}{\partial n}\right) ds \tag{6.44}$$

$$I_3 = \int_\Omega \phi^* d\Omega = \int_\Gamma \left(\phi^*\frac{\partial u_3}{\partial n}-u_3\frac{\partial \phi^*}{\partial n}\right) ds \tag{6.45}$$

前述の積分は一定要素を用いた BEM で計算される．

任意の断面をもつ棒に対するねじり問題を解くために必要とする手順は要約すると

6.2 非円形断面棒のねじり

次のようになる:
(a) 関数 ϕ^* は,任意に選択された xy 座標系に関する式 (6.29) によって記述される Neumann 問題の解として決定される.特別な注意が Neumann 問題に対する解の存在を確実にするために必要である (例題 4.2 参照).
(b) ねじり中心の座標 (x_0, y_0) と定数 C は,式 (6.34) の解より計算される.
(c) ゆがみ関数 ϕ は式 (6.28b) を用いて評価される.
(d) 境界上の応力 τ_{tz} は後の 6.2.2 項において説明される手順を用いて計算され,ねじり定数 I_t は式 (6.31) または次に導く境界積分形 (6.47) により与えられる.

領域積分ばかりでなく,被積分関数に含まれる ϕ^* の導関数の評価もまた回避するために,領域積分 (6.31) を境界線積分に変換する.このことは以下の手順によって達成される.

式 (6.31) は以下のように書くことができる.

$$I_t = \int_\Omega \left[\frac{\partial}{\partial x}\left(xy^2 - y\phi^*\right) + \frac{\partial}{\partial y}\left(yx^2 + x\phi^*\right)\right] d\Omega \tag{6.46}$$

Gauss の発散定理 (2.9) を用いることで上記の積分は以下のような境界線積分に変換される.

$$I_t = \int_\Gamma \left[\left(x^2 y - y\phi^*\right) n_x + \left(yx^2 + x\phi^*\right) n_y\right] ds \tag{6.47}$$

○注意事項

Saint-Venant のねじり問題の解は,以下の関数を決定することでもまた得ることができる:
(a) 関数 $\psi(x,y)$: これは $\phi(x,y)$ の共役関数であり,次の Dirichlet 問題の解である.

$$\nabla^2 \psi = 0 \quad \text{in } \Omega$$

$$\psi = \frac{1}{2}\left(x^2 + y^2\right) + C \quad \text{on } \Gamma$$

ただし,C は任意の定数である.この場合,せん断応力とねじり定数は以下のように表される.

$$\tau_{xz} = G\theta\left(\frac{\partial \psi}{\partial y} - y\right)$$

$$\tau_{yz} = G\theta\left(\frac{\partial \psi}{\partial x} + x\right)$$

$$I_t = \int_\Omega \left(x^2 + y^2 - x\frac{\partial \psi}{\partial x} - y\frac{\partial \psi}{\partial y}\right) d\Omega$$

(b) Prandtl の応力関数 $F(x,y)$: これは次の Dirichlet 問題の解である.

$$\nabla^2 F = -2 \quad \text{in } \Omega$$

$$F = C \quad \text{on } \Gamma$$

ただし,C は任意の定数である.せん断応力とねじり定数は以下のように与えられる.

$$\tau_{xz} = G\theta \frac{\partial F}{\partial y}$$

$$\tau_{yz} = -G\theta \frac{\partial F}{\partial x}$$

$$I_t = -\int_\Omega \left(x\frac{\partial F}{\partial x} + y\frac{\partial F}{\partial y} \right) d\Omega$$

ねじり関数 ϕ の項による定式化は，上記2つの関数の項による定式化よりはよく使われる．その理由は次のとおりである．

(i) ひとたび関数 ψ または F が得られたなら，これらの関数からゆがみ関数，すなわち軸方向変位を決定するには，元の問題とは異なる別のポテンシャル問題の解を必要とする．

(ii) 断面に空洞がない場合，つまり領域 Ω が単連結の場合，境界条件に現れる任意の定数 C は例えば $C=0$ のように任意の値を与えることができる．しかし，断面に空洞がある場合，つまり領域 Ω が多重連結の場合，定数 C は一般にすべての境界上で同じ値をとらず，その厳密な値を決定しなければならない．このことは変形が唯一あることを保証する付加的な条件により行われる．したがって，問題の解法はより複雑になる．

6.2.2 応力の評価

応力の成分 τ_{xz} と τ_{yz} は式 (6.4) を用いて評価される．これらの値はまず，関数 ϕ の導関数を評価することで決定される．断面の領域の内部の点に対して導関数は式 (4.15) と (4.16) を用いて計算できる．

応力の最大値は境界上に現れる．応力 τ_{nz} は0であるが，応力 τ_{tz} は次式で与えられる．

$$\tau_{tz} = -\tau_{xz} n_y + \tau_{yz} n_x$$

式 (6.4) より，上式は次のようになる．

$$\tau_{tz} = G\theta \left(\frac{\partial \phi}{\partial t} + x n_x + y n_y \right) \tag{6.48}$$

導関数 $\partial \phi/\partial t = \partial \phi/\partial s$ は，次に示すように，境界にわたって ϕ の数値的微分することによって計算される．

境界上の3つの連続な節点 $i-1$, i, $i+1$ を考えよう．値 ϕ_{i-1} と ϕ_{i+1} は，点 i での ϕ とその導関数の値で表すことができ，Taylor 級数展開を用いて次式となる．

$$\phi_{i-1} = \phi_i - (\phi_{,s})_i s_1 + \frac{1}{2}(\phi_{,ss})_i s_1^2 - \frac{1}{6}(\phi_{,sss})_i s_1^3 + \cdots$$

$$\phi_{i+1} = \phi_i + (\phi_{,s})_i s_2 + \frac{1}{2}(\phi_{,ss})_i s_2^2 + \frac{1}{6}(\phi_{,sss})_i s_2^3 + \cdots$$

ただし，l_i を i 番目の要素の長さとするとき，

$$s_1 = \frac{l_{i-1} + l_i}{2} \qquad s_2 = \frac{l_i + l_{i+1}}{2}$$

上式では2次以上の高次項は無視，つまり2次の導関数を除く．この操作で，1次の導関数に対する中心差分近似が導出される．

$$(\phi_{,s})_i = \left(\frac{\partial \phi}{\partial t}\right)_i = \alpha_1 \phi_{i-1} + \alpha_2 \phi_i + \alpha_3 \phi_{i+1} \tag{6.49}$$

ただし，

$$\alpha_1 = -\frac{s_2}{s_1(s_1+s_2)}, \quad \alpha_2 = -\frac{s_1-s_2}{s_1 s_2}, \quad \alpha_3 = \frac{s_1}{s_2(s_1+s_2)} \tag{6.50}$$

もし $s_1 = s_2 = \Delta_s$ ならば，周知の次式を得る．

$$\left(\frac{\partial \phi}{\partial t}\right)_i = \frac{\phi_{i+1} - \phi_{i-1}}{2\Delta s} \tag{6.51}$$

かどに近い点では，導関数 $\partial\phi/\partial t$ は不連続となる．このため前進(後退)差分をかど点の前後では用いなければならない．前進差分または後退差分での $\partial\phi/\partial t$ の評価に対する差分近似式は以下で導出する．

前進差分に対して値 ϕ_i, ϕ_{i+1} と ϕ_{i+2} を考える．ϕ_{i+1} と ϕ_{i+2} の Taylor 展開近似は，点 i での ϕ とその導関数で与えられて次式となる．

$$\phi_{i+1} = \phi_i + (\phi_{,s})_i s_1 + \frac{1}{2}(\phi_{,ss})_i s_1^2 + \frac{1}{6}(\phi_{,sss})_i s_1^3 + \cdots$$

$$\phi_{i+2} = \phi_i + (\phi_{,s})_i (s_1+s_2) + \frac{1}{2}(\phi_{,ss})_i (s_1+s_2)^2 + \frac{1}{6}(\phi_{,sss})_i (s_1+s_2)^3 + \cdots$$

2次以上の高次項を無視すると上式から次式を得る．

$$(\phi_{,s})_i = \left(\frac{\partial \phi}{\partial t}\right)_i = \alpha_1 \phi_i + \alpha_2 \phi_{i+1} + \alpha_3 \phi_{i+2} \tag{6.52}$$

ただし，

$$\alpha_1 = -\frac{2s_1+s_2}{s_1(s_1+s_2)}, \quad \alpha_2 = \frac{s_1+s_2}{s_1 s_2}, \quad \alpha_3 = -\frac{s_1}{s_2(s_1+s_2)} \tag{6.53}$$

$$s_1 = \frac{l_i + l_{i+1}}{2}, \quad s_2 = \frac{l_{i+1} + l_{i+2}}{2}$$

後退差分に関しては値 ϕ_{i-2}, ϕ_{i-1}, ϕ_i を考え，前述と同様の手順に従えば次式を得る．

$$(\phi_{,s})_i = \left(\frac{\partial \phi}{\partial t}\right)_i = \alpha_1 \phi_i + \alpha_2 \phi_{i-1} + \alpha_3 \phi_{i-2} \tag{6.54}$$

$$\alpha_1 = \frac{2s_1+s_2}{s_1(s_1+s_2)}, \quad \alpha_2 = -\frac{s_1+s_2}{s_1 s_2}, \quad \alpha_3 = \frac{s_1}{s_2(s_1+s_2)} \tag{6.55}$$

$$s_1 = \frac{l_i + l_{i-1}}{2}, \quad s_2 = \frac{l_{i-1} + l_{i-2}}{2}$$

6.2.3 一定要素を用いてねじり問題を解くプログラム TORSCON

プログラム LABECON はねじり問題を解くものに簡単に修正できる．メインプログラムの他に，修正されるサブルーチンは INPUT，UINTER，OUTPUT である．さら

に，3つの新しいサブルーチンが加えられる．すなわち，TORCENTER，TORSTIF，TORSTRESS であり，それぞれは断面のねじり中心，ねじり定数 I_t，境界応力 τ_{tz} を計算する．メインプログラムと修正されたサブルーチン並びに新しく作成されたサブルーチンのソースコードはサンプルプログラムに格納してある．

例題 6.1

この例題ではプログラム TORSCON を半軸 $a=5.0$ と $b=3.0$ の楕円形断面の棒のねじり問題に用いる．例題 4.2 のように，境界は均等ではない N 個の一定要素を用いて離散化される．端点の座標は以下の式より計算される．

$$x_i = a\cos\theta_i, \qquad y_i = b\sin\theta_i$$

ただし，

$$\theta_i = -\Delta\theta/2 + (i-1)\Delta\theta, \quad \Delta\theta = 2\pi/N \quad (i=1,2,\cdots,N)$$

同心の楕円上に配置されている内点の座標は，次の関係式より計算される．

$$x_k = a_i\cos\theta_j, \qquad y_k = b_i\sin\theta_j$$
$$k = (i-1)N_2 + j$$
$$a_i = i\Delta a, \quad \Delta a = a/(N_1+1) \quad (i=1,2,\cdots,N_1)$$
$$b_i = i\Delta b, \quad \Delta b = b/(N_1+1) \quad (i=1,2,\cdots,N_1)$$
$$\theta_j = (j-1)\Delta\theta, \quad \Delta\theta = 2\pi/N_2 \quad (j=1,2,\cdots,N_2)$$

ただし，N_1 は同心の内部楕円の数であり，N_2 はそれぞれの楕円上にある点の数である．

解析解は次式で与えられる [1]．

$$\phi = \frac{b^2-a^2}{a^2+b^2}xy, \quad I_t = \frac{\pi a^3 b^3}{a^2+b^2}, \quad \frac{\tau_{tz}}{G\theta} = \frac{2\sqrt{b^4x^2+a^4y^2}}{a^2+b^2}$$

プログラム ELLIPSE-3.FOR を使用して作成されたデータファイルと $N=20$，$N_1=1$ と $N_2=12$ $(IN=12)$ に対するプログラム TORSCON の解を以下に示す．

例題 6.1 〈データ〉

```
J.T. Katsikadelis
Example 6.1

    4.9384417     -.4693034
    4.9384417      .4693034
    4.4550326     1.3619715
    3.5355339     2.1213203
    2.2699525     2.6730196
     .7821723     2.9630650
    -.7821723     2.9630650
   -2.2699525     2.6730196
   -3.5355339     2.1213203
   -4.4550326     1.3619715
   -4.9384417      .4693034
   -4.9384417     -.4693034
```

```
          -4.4550326     -1.3619715
          -3.5355339     -2.1213203
          -2.2699525     -2.6730196
           -.7821723     -2.9630650
            .7821723     -2.9630650
           2.2699525     -2.6730196
           3.5355339     -2.1213203
           4.4550326     -1.3619715


           2.5000000      .0000000
           2.1650635      .7500000
           1.2500000     1.2990381
            .0000000     1.5000000
          -1.2500000     1.2990381
          -2.1650635      .7500000
          -2.5000000      .0000000
          -2.1650635     -.7500000
          -1.2500000    -1.2990381
            .0000000    -1.5000000
           1.2500000    -1.2990381
           2.1650635     -.7500000
            .0000000      .0000000
```

例題 6.1 〈結果〉

```
****************************************************************
J.T. Katsikadelis
Example 6.1


BASIC PARAMETERS

NUMBER OF BOUNDARY ELEMENTS= 20
NUMBER OF INTERNAL POINTS WHERE THE FUNCTION IS CALCULATED= 13


COORDINATES OF THE EXTREME POINTS OF THE BOUNDARY ELEMENTS

POINT         XL              YL
  1        .49384E+01     -.46930E+00
  2        .49384E+01      .46930E+00
  3        .44550E+01      .13620E+01
  4        .35355E+01      .21213E+01
  5        .22700E+01      .26730E+01
  6        .78217E+00      .29631E+01
  7       -.78217E+00      .29631E+01
  8       -.22700E+01      .26730E+01
  9       -.35355E+01      .21213E+01
 10       -.44550E+01      .13620E+01
 11       -.49384E+01      .46930E+00
 12       -.49384E+01     -.46930E+00
 13       -.44550E+01     -.13620E+01
 14       -.35355E+01     -.21213E+01
 15       -.22700E+01     -.26730E+01
 16       -.78217E+00     -.29631E+01
```

17	.78217E+00	-.29631E+01
18	.22700E+01	-.26730E+01
19	.35355E+01	-.21213E+01
20	.44550E+01	-.13620E+01

BOUNDARY CONDITIONS

NODE	INDEX	PRESCRIBED VALUE
1	1	.00000E+00
2	1	-.14314E+01
3	1	-.19716E+01
4	1	-.17030E+01
5	1	-.95863E+00
6	1	.00000E+00
7	1	.95863E+00
8	1	.17030E+01
9	1	.19716E+01
10	1	.14314E+01
11	1	.00000E+00
12	1	-.14314E+01
13	1	-.19716E+01
14	1	-.17030E+01
15	1	-.95863E+00
16	1	.00000E+00
17	1	.95863E+00
18	1	.17030E+01
19	1	.19716E+01
20	0	.00000E+00

****

The system has been solved regularly

****

RESULTS

BOUNDARY NODES

X	Y	U	Un
.49384E+01	.00000E+00	.44409E-15	-.24373E-16
.46967E+01	.91564E+00	-.19551E+01	-.14314E+01
.39953E+01	.17416E+01	-.31820E+01	-.19716E+01
.29027E+01	.23972E+01	-.31957E+01	-.17030E+01
.15261E+01	.28180E+01	-.19795E+01	-.95863E+00
.00000E+00	.29631E+01	-.11102E-14	.12682E-15
-.15261E+01	.28180E+01	.19795E+01	.95863E+00
-.29027E+01	.23972E+01	.31957E+01	.17030E+01
-.39953E+01	.17416E+01	.31820E+01	.19716E+01
-.46967E+01	.91564E+00	.19551E+01	.14314E+01
-.49384E+01	.00000E+00	-.11102E-14	.24373E-16
-.46967E+01	-.91564E+00	-.19551E+01	-.14314E+01
-.39953E+01	-.17416E+01	-.31820E+01	-.19716E+01
-.29027E+01	-.23972E+01	-.31957E+01	-.17030E+01

```
 -.15261E+01      -.28180E+01      -.19795E+01      -.95863E+00
  .00000E+00      -.29631E+01      -.24425E-14      -.12682E-15
  .15261E+01      -.28180E+01       .19795E+01       .95863E+00
  .29027E+01      -.23972E+01       .31957E+01       .17030E+01
  .39953E+01      -.17416E+01       .31820E+01       .19716E+01
  .46967E+01      -.91564E+00       .19551E+01       .14314E+01
```

```
******************************************************************

      COORDINATES OF THE TWIST CENTER    AND    ARBITRARY CONSTANT

      XTC= .12682E-15   YTC= .24373E-16        C=-.19551E+01

******************************************************************

      INTERNAL POINTS

           X                Y              SOLUTION U

        .25000E+01       .00000E+00       -.44409E-15
        .21651E+01       .75000E+00       -.73446E+00
        .12500E+01       .12990E+01       -.73517E+00
        .00000E+00       .15000E+01       -.22204E-15
       -.12500E+01       .12990E+01        .73517E+00
       -.21651E+01       .75000E+00        .73446E+00
       -.25000E+01       .00000E+00       -.88818E-15
       -.21651E+01      -.75000E+00       -.73446E+00
       -.12500E+01      -.12990E+01       -.73517E+00
        .00000E+00      -.15000E+01       -.88818E-15
        .12500E+01      -.12990E+01        .73517E+00
        .21651E+01      -.75000E+00        .73446E+00
        .00000E+00       .00000E+00       -.88818E-15

******************************************************************

      TORSION CONSTANT    D= .30472E+03

******************************************************************

      BOUNDARY STRESS Ttz

           X                Y                Ttz

        .49384E+01       .00000E+00        .29371E+01
        .46967E+01       .91564E+00        .29825E+01
        .39953E+01       .17416E+01        .32838E+01
        .29027E+01       .23972E+01        .37469E+01
        .15261E+01       .28180E+01        .41137E+01
        .00000E+00       .29631E+01        .42484E+01
       -.15261E+01       .28180E+01        .41137E+01
       -.29027E+01       .23972E+01        .37469E+01
       -.39953E+01       .17416E+01        .32838E+01
       -.46967E+01       .91564E+00        .29825E+01
       -.49384E+01       .00000E+00        .29371E+01
       -.46967E+01      -.91564E+00        .29825E+01
       -.39953E+01      -.17416E+01        .32838E+01
```

```
         -.29027E+01     -.23972E+01      .37469E+01
         -.15261E+01     -.28180E+01      .41137E+01
          .00000E+00     -.29631E+01      .42484E+01
          .15261E+01     -.28180E+01      .41137E+01
          .29027E+01     -.23972E+01      .37469E+01
          .39953E+01     -.17416E+01      .32838E+01
          .46967E+01     -.91564E+00      .29825E+01
```

****

表6.1 は,様々な N の値に対する楕円断面のいくつかの量についての計算結果を示している.この表は BEM の精度についての結論を引き出す補助資料ともなっている.さらに,図 6.3 はゆがみ表面 $\phi = w/\theta$ の等高線図を示している.

表 6.1 様々な N の値に対する楕円断面棒での ϕ, $\tau_{tz}/G\theta$ と I_t の計算値

点 x,y	境界要素数 N						厳密解
	20	60	100	160	220	300	
内点での ϕ の値							
2.1651,0.7500	−0.7345	−0.7607	−0.7629	−0.7636	−0.7639	−0.7640	−0.7641
1.2500,1.2990	−0.7352	−0.7607	−0.7629	−0.7637	−0.7639	−0.7640	−0.7641
境界節点での $\tau_{tz}/G\theta$ の値							
5.0000,0.0000	2.9371	2.6846	2.6608	2.6525	2.6499	2.6486	2.6471
0.0000,3.0000	4.2484	4.3930	4.4050	4.4091	4.4104	4.4110	4.4118
I_t の値							
	304.72	311.08	311.57	311.74	311.79	311.82	311.84

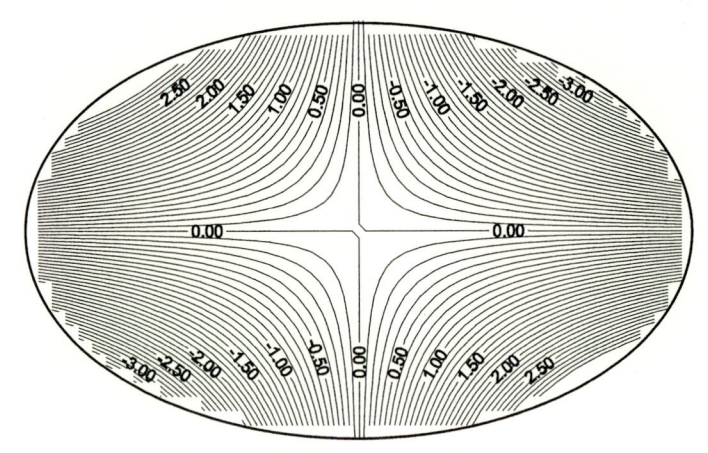

図 6.3 楕円断面棒でのゆがみ関数の等高線

例題 6.2

プログラム TORSCON を一辺 $a = 4.0$ の正方形断面の棒に対するねじり問題を解くのに用いる．I_t の値と $\max \tau_{tz}/G\theta$ は様々な N の値に対して計算され，それらは表 6.2 にまとめられている．データファイルはそれぞれの場合の離散化に対してプログラム RECT-3.FOR で作成される．ゆがみ関数 $\phi = w/\theta$ は図 6.4 と図 6.5 に示される．厳密解は長方形断面 $a \times b$ に対して導出される次の解析的表示式より計算される [1].

$$I_t = \frac{1}{3}a^3 b \left[1 - \frac{192}{\pi^5} \frac{a}{b} \sum_{n=1,3,5,\cdots}^{\infty} \frac{1}{n^5} \tanh\left(\frac{n\pi b}{2a}\right) \right]$$

$$\frac{\max \tau_{tz}}{G\theta} = a \left[1 - \frac{8}{\pi^2} \sum_{n=1,3,5,\cdots}^{\infty} \frac{1}{n^2 \cosh\left(\frac{n\pi b}{2a}\right)} \right]$$

表 6.2 様々な N の数に対する正方形断面棒の I_t, $\max \tau_{tz}/G\theta$ の計算値

境界要素数 N	I_t	$\max \tau_{tz}/G\theta$
20	35.718	2.6186
60	35.979	2.6938
100	35.988	2.6988
140	35.989	2.7010
220	35.989	2.7010
厳密解	35.990	2.7010

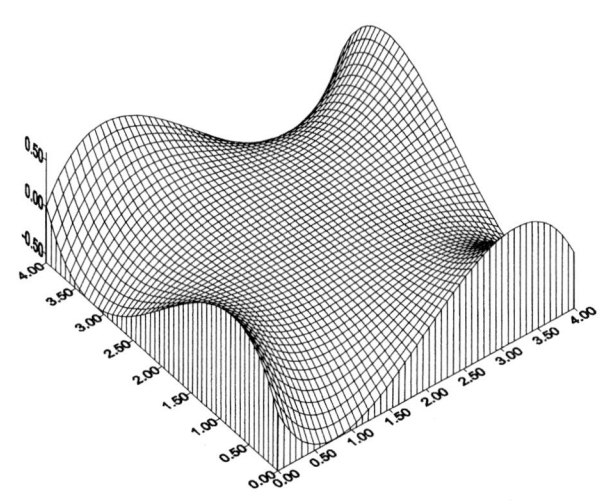

図 6.4 正方形断面棒に対するゆがみ関数 $\phi = w/\theta$

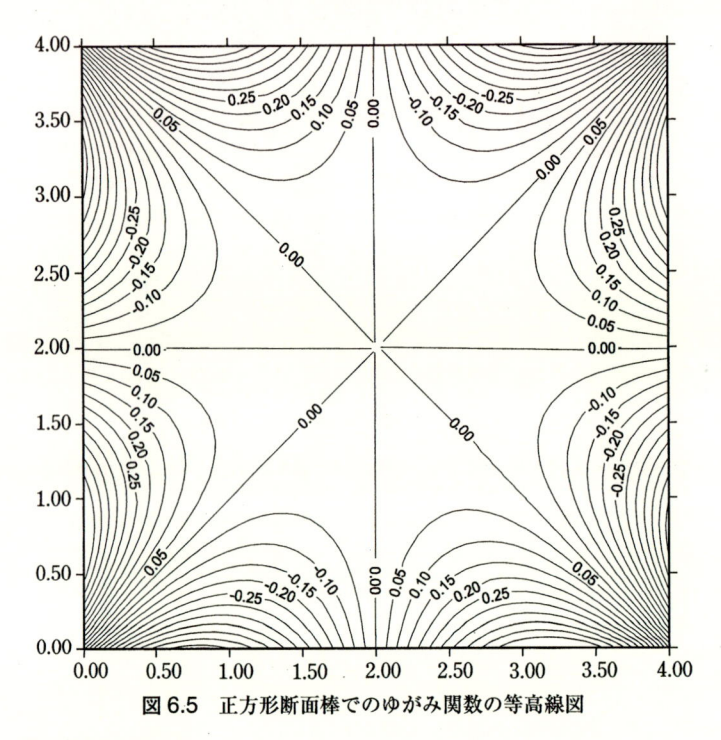

図 6.5　正方形断面棒でのゆがみ関数の等高線図

6.2.4　異方性材のねじり

円形でない断面の棒について考える．その棒は，材料特性が対称な 1 つの面をもつ異方性材料から構成され，その面は棒の z 軸に垂直である (図 6.1 参照)．このことは，z 軸に垂直な 1 つの面 (この面に関して対称な任意の 2 つの方向が材料特性の対称な方向であるという性質をもつ) が棒の任意点を通ることを意味する．このような材料は単斜晶系と呼ばれており，21 個ではなく独立な 13 個の弾性定数がある．この場合，一般的な異方性体に対する一般化された Hooke の法則が簡単化され，次の 6 つの関係式で表される．

$$\left.\begin{aligned}
\varepsilon_x &= \alpha_{11}\sigma_x + \alpha_{12}\sigma_y + \alpha_{13}\sigma_z + \alpha_{16}\tau_{xy} \\
\varepsilon_y &= \alpha_{12}\sigma_x + \alpha_{22}\sigma_y + \alpha_{23}\sigma_z + \alpha_{26}\tau_{xy} \\
\varepsilon_z &= \alpha_{13}\sigma_x + \alpha_{23}\sigma_y + \alpha_{33}\sigma_z + \alpha_{36}\tau_{xy} \\
\gamma_{yz} &= \alpha_{44}\tau_{yz} + \alpha_{45}\tau_{xz} \\
\gamma_{xz} &= \alpha_{45}\tau_{yz} + \alpha_{55}\tau_{xz} \\
\gamma_{xy} &= \alpha_{16}\sigma_x + \alpha_{26}\sigma_y + \alpha_{36}\sigma_z + \alpha_{66}\tau_{xy}
\end{aligned}\right\} \tag{6.56}$$

式 (6.3) のひずみ–変位関係式を上述の構成式に代入することで次式を得る．

$$\sigma_x = \sigma_y = \sigma_z = \tau_{xy} = 0 \tag{6.57}$$

および

6.2 非円形断面棒のねじり

$$\left.\begin{array}{l}\alpha_{55}\tau_{xz}+\alpha_{45}\tau_{yz} = \theta\left(\dfrac{\partial\phi}{\partial x}-y\right) \\ \alpha_{45}\tau_{xz}+\alpha_{44}\tau_{yz} = \theta\left(\dfrac{\partial\phi}{\partial y}+x\right)\end{array}\right\} \tag{6.58}$$

式 (6.58) を τ_{xz} と τ_{yz} について解くと次式を得る.

$$\tau_{xz} = \dfrac{\theta}{|\alpha|}\left[\alpha_{44}\left(\dfrac{\partial\phi}{\partial x}-y\right)-\alpha_{45}\left(\dfrac{\partial\phi}{\partial y}+x\right)\right] \tag{6.59a}$$

$$\tau_{yz} = \dfrac{\theta}{|\alpha|}\left[-\alpha_{45}\left(\dfrac{\partial\phi}{\partial x}-y\right)+\alpha_{55}\left(\dfrac{\partial\phi}{\partial y}+x\right)\right] \tag{6.59b}$$

ただし,

$$|\alpha| = \det[\alpha] = \begin{vmatrix} \alpha_{55} & \alpha_{45} \\ \alpha_{45} & \alpha_{44} \end{vmatrix} = \alpha_{44}\alpha_{55}-\alpha_{45}^2 \tag{6.60}$$

式 (6.57) と (6.59) を釣り合い方程式 (6.5) と境界条件 (6.7) に代入すれば, ゆがみ関数 ϕ に対する次の境界値問題に到達する.

$$\bar{\alpha}_{44}\dfrac{\partial^2\phi}{\partial x^2}-2\bar{\alpha}_{45}\dfrac{\partial^2\phi}{\partial x\partial y}+\bar{\alpha}_{55}\dfrac{\partial^2\phi}{\partial y^2} = 0 \quad \text{in } \Omega \tag{6.61}$$

$$\nabla\phi\cdot\mathbf{m} = ym_x-xm_y \quad \text{on } \Gamma \tag{6.62}$$

ただし,

$$\mathbf{m} = (\bar{\alpha}_{44}n_x-\bar{\alpha}_{45}n_y)\mathbf{i}+(-\bar{\alpha}_{45}n_x+\bar{\alpha}_{55}n_y)\mathbf{j} \tag{6.63}$$

$$\bar{\alpha}_{44} = \dfrac{\alpha_{44}}{\sqrt{|\alpha|}}, \quad \bar{\alpha}_{45} = \dfrac{\alpha_{45}}{\sqrt{|\alpha|}}, \quad \bar{\alpha}_{55} = \dfrac{\alpha_{55}}{\sqrt{|\alpha|}}$$

式 (6.61) で境界条件 (6.62) を考慮すれば, ゆがみ関数 $\phi(x,y)$ が決定できる. 式 (6.61) は式 (3.56) の形であり, 3.6 節で説明したように, BEM を用いて解くことができる.

端の断面におけるねじりモーメントは次式で与えられる.

$$M_t = \int_\Omega (x\tau_{yz}-y\tau_{xz})\,d\Omega = GI_t\theta \tag{6.64}$$

ただし,

$$G = \dfrac{1}{\sqrt{|\alpha|}} \tag{6.65}$$

はせん断弾性係数と同じ次元をもつ定数であり, 次式が成り立つ.

$$I_t = \int_\Omega \left[\bar{\alpha}_{55}x^2+2\bar{\alpha}_{45}xy+\bar{\alpha}_{44}y^2-(\bar{\alpha}_{45}x+\bar{\alpha}_{44}y)\dfrac{\partial\phi}{\partial x}+(\bar{\alpha}_{55}x+\bar{\alpha}_{45}y)\dfrac{\partial\phi}{\partial y}\right]d\Omega \tag{6.66}$$

上式は次の形の境界上の線積分に変換できる.

$$I_t = \int_\Gamma \left\{\left[\bar{\alpha}_{44}\left(xy^2-y\phi\right)+\bar{\alpha}_{45}\left(\dfrac{1}{2}x^2y-x\phi\right)\right]n_x\right.$$
$$\left.+\left[\bar{\alpha}_{55}\left(x^2y+x\phi\right)+\bar{\alpha}_{45}\left(\dfrac{1}{2}xy^2+y\phi\right)\right]n_y\right\}ds \tag{6.67}$$

直交異方性体については $a_{16} = a_{26} = a_{36} = \alpha_{45} = 0$ となり，前述の方程式は以下のようになる．

$$\left.\begin{array}{l} \tau_{xz} = \theta G_{xz}\left(\dfrac{\partial \phi}{\partial x} - y\right) \\[2mm] \tau_{yz} = \theta G_{yz}\left(\dfrac{\partial \phi}{\partial y} + x\right) \end{array}\right\} \tag{6.68}$$

$$\bar{G}_{xz}\frac{\partial^2 \phi}{\partial x^2} + \bar{G}_{yz}\frac{\partial^2 \phi}{\partial y^2} = 0 \tag{6.69}$$

$$\mathbf{m} = \bar{G}_{xz} n_x \mathbf{i} + \bar{G}_{yz} n_y \mathbf{j} \tag{6.70}$$

$$I_t = \int_\Omega \left[\bar{G}_{xz}\left(y^2 - y\frac{\partial \phi}{\partial x}\right) + \bar{G}_{yz}\left(x^2 + x\frac{\partial \phi}{\partial y}\right)\right] d\Omega$$

$$= \int_\Gamma \left[\bar{G}_{xz}\left(xy^2 - y\phi\right)n_x + \bar{G}_{yz}\left(yx^2 + x\phi\right)n_y\right] ds \tag{6.71}$$

ただし，

$$G_{xz} = \frac{1}{\alpha_{55}}, \quad G_{yz} = \frac{1}{\alpha_{44}} \tag{6.72}$$

$$G = \sqrt{G_{xz} G_{yz}} \tag{6.73}$$

$$\bar{G}_{xz} = \bar{a}_{44} = \frac{G_{xz}}{G}, \quad \bar{G}_{yz} = \bar{a}_{55} = \frac{G_{yz}}{G} \tag{6.74}$$

は，それぞれ xz および yz 平面において無次元のせん断弾性係数である．

6.3 弾性膜のたわみ

$K+1$ 個の曲線によって囲まれた xy 平面の 2 次元多重連結領域 Ω を占有している一定の厚さ h の平面弾性膜を考える (図 6.6 参照)．膜はその境界 $\Gamma = \cup_{i=0}^{i=K} \Gamma_i$ で固定あるいは弾性支持されており，分布荷重 $f(x,y)$ によりたわんだときでも感知できるほど変化しないような，十分大きな一定の張力 S が膜に作用している．

膜のたわみの釣り合い方程式は，たわんだ要素 $d\Omega = dxdy$ の釣り合いを考えることで導出できる．しかしながら，ここではエネルギー・アプローチを用いて導出する．その方が，問題の線形化について理解しやすいからである．

横方向に作用する密度 $f(x,y)$ の分布荷重を受けたとき，最初は平面だった膜はたわんである面 $w(x,y)$ になる．横方向のたわみにより，事前に引張応力をかけた膜はさらに引っ張られ，中央面ではひずみが付加される．膜の線形たわみの理論は以下の仮定に基づいている：

(a) 膜の事前に加える引張応力は十分に大きく，変形中は引張力 S は変化しない．
(b) 膜中央面の付加的なひずみはその弾性面内変形 ($u(x,y)$ と $v(x,y)$) が中央面のたわみ $w(x,y)$ によるものと比較して無視できる．

6.3 弾性膜のたわみ

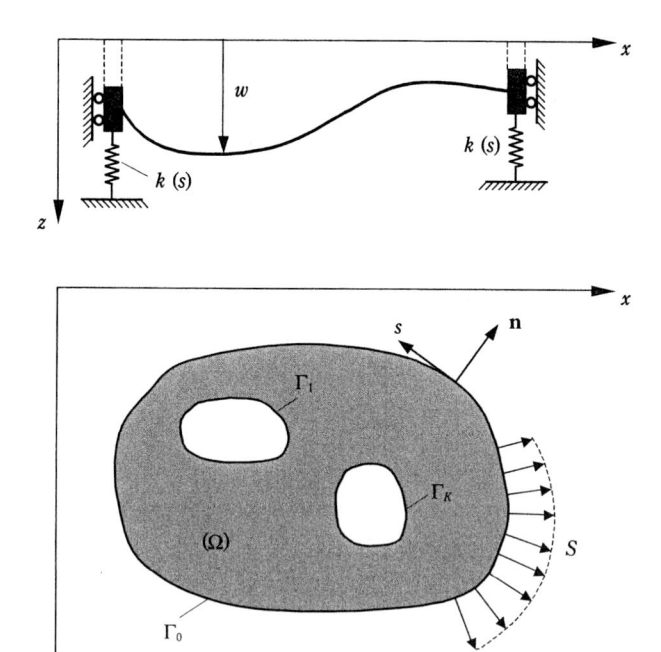

図 6.6 多重連結領域 Ω を占める弾性膜

第 2 の仮定は，ひずみ成分が次のように与えられることを意味している．

$$\varepsilon_x = \frac{\partial u}{\partial x} + \frac{1}{2}\left(\frac{\partial w}{\partial x}\right)^2 \approx \frac{1}{2}\left(\frac{\partial w}{\partial x}\right)^2 \tag{6.75a}$$

$$\varepsilon_y = \frac{\partial v}{\partial y} + \frac{1}{2}\left(\frac{\partial w}{\partial y}\right)^2 \approx \frac{1}{2}\left(\frac{\partial w}{\partial y}\right)^2 \tag{6.75b}$$

$$\gamma_{xy} = \frac{\partial v}{\partial x} + \frac{\partial u}{\partial y} + \frac{\partial w}{\partial x}\frac{\partial w}{\partial y} \approx \frac{\partial w}{\partial x}\frac{\partial w}{\partial y} \tag{6.75c}$$

たわんだ膜のひずみエネルギーは以下のように書かれる．

$$U = \frac{h}{2}\int_\Omega (\sigma_x \varepsilon_x + 2\tau_{xy}\gamma_{xy} + \sigma_y \varepsilon_y)\, d\Omega \tag{6.76}$$

または，$h\sigma_x = h\sigma_y = S$ と $\tau_{xy} = 0$ を考慮し，式 (6.75) を用いることで次式を得る．

$$U = \frac{S}{2}\int_\Omega \left[\left(\frac{\partial w}{\partial x}\right)^2 + \left(\frac{\partial w}{\partial y}\right)^2\right] d\Omega \tag{6.77}$$

このことより，膜のたわみによる全ポテンシャルエネルギーは以下のように表される．

$$V(u) = \int_\Omega \left\{ \frac{S}{2} \left[\left(\frac{\partial w}{\partial x} \right)^2 + \left(\frac{\partial w}{\partial y} \right)^2 \right] - fw \right\} d\Omega$$
$$+ \int_\Gamma \left[\frac{1}{2} k(s) w^2 - R(s) w \right] ds \qquad (6.78)$$

ただし，$k(s)$ は弾性支持の剛性係数であり，$R(s)$ は境界に沿って作用する外部からの横方向の荷重である．釣り合い方程式と境界条件は全ポテンシャルエネルギー原理，すなわち $\delta V(w) = 0$，を適用することで導出される．変分の演算と部分積分を用いることで，式 (6.78) より簡単に以下の境界値問題を導くことができる．

$$\left. \begin{array}{l} S\nabla^2 w = -f \quad \text{in } \Omega \\ \beta_1 w + \beta_2 q = \beta_3 \quad \text{on } \Gamma \end{array} \right\} \qquad (6.79)$$

ただし，$\beta_1 = k(s)$，$\beta_2 = S$，$\beta_3 = R(S)$ であり，$q = \partial w/\partial n$ は境界の法線に沿う方向の w の導関数である．

したがって，弾性膜のたわみ面を決定する問題は Robin 型の境界条件の元で Poisson 方程式を解く問題になる．$k(s) \to \infty$ に対して式 (6.79) の境界条件は $w = 0$，つまり Dirichlet 境界条件になることを注意しておく．

例題 6.3

一辺 $a = 5.0\,[\mathrm{m}]$ の正三角形の弾性膜のたわみ面を決定せよ．膜はその境界で固定されており，一様分布荷重 $f = 10\,\mathrm{kN/m^2}$ と面内引張力 $S = 1\,\mathrm{kN/m}$ を受ける．座標軸は図 6.7 に示すようにとる．

膜のたわみ $w(x,y)$ は以下のように設定される．
$$w = w_0 + w_1$$
ただし，w_0 は同次方程式の解，w_1 は特解である．

(i) 特解 w_1

特解は式 (6.79) を 3.4.2 項で説明したように複素領域に変換し，式 (3.42) を適用す

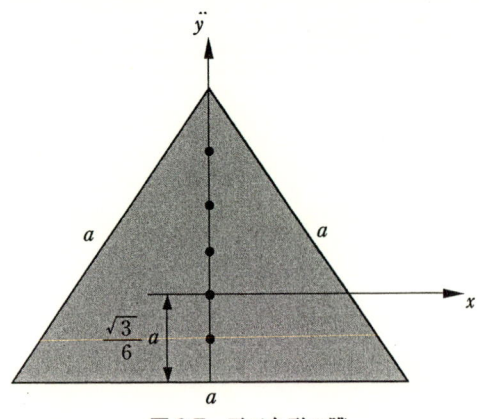

図 6.7　正三角形の膜

表 6.3 様々な N の値に対する $x=0$ 上での正三角形膜のたわみ $w(0,y)$

点 y	境界要素数 N						厳密解
	30	60	90	150	210	300	
-0.7217	5.4550	5.4323	5.4284	5.4264	5.4259	5.4256	5.4253
0.0000	6.9743	6.9514	6.9475	6.9455	6.9450	6.9447	6.9444
0.7217	5.8895	5.8663	5.8624	5.8604	5.8599	5.8596	5.8524
1.4434	3.5043	3.4793	4.4753	3.4733	3.4728	3.4725	3.4722
2.1651	1.1159	1.0933	1.0883	1.0862	1.0856	1.0853	1.0851

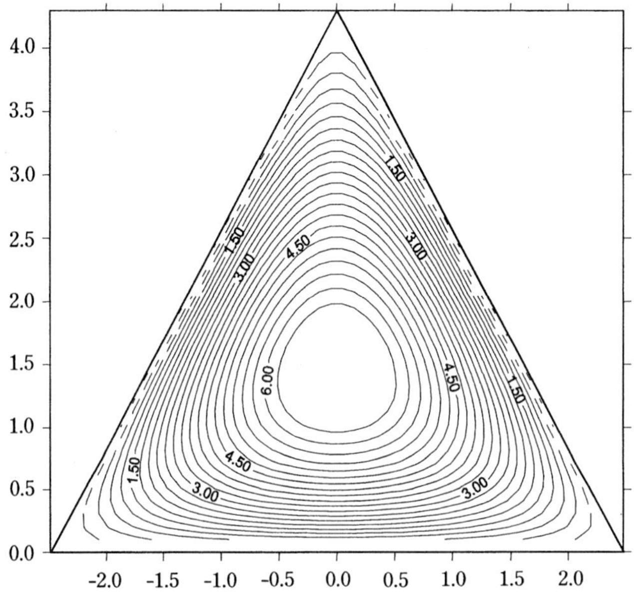

図 6.8 正三角形膜のたわみ面

ることで求められる.

$$w_1 = -\frac{10}{4}\left(x^2+y^2\right)$$

(ii) 同次解 w_0

同次解は次の境界値問題をプログラム LABECON を用いて求められる.

$$\nabla^2 w_0 = 0 \quad \text{in } \Omega$$

$$w_0 = \frac{10}{4}\left(x^2+y^2\right), \quad (x,y) \in \Gamma$$

解析解は次式で与えられる [1].

$$w = -\frac{f}{2S}\left[\frac{1}{2}\left(x^2+y^2\right)-\frac{1}{a\sqrt{3}}\left(y^3-3x^2y\right)-\frac{1}{18}a^2\right]$$

5 個の内点において計算されたたわみとそれに対応する厳密解の値が表 6.3 に示さ

れている．さらに，計算されたたわみ面は図 6.8 に示されている．

6.4 単純支持板の曲げ問題

2 次元領域 Ω の xy 平面を占有している薄い弾性版のたわみ $w(x,y)$ は次式を満足する [9]．

$$\nabla^4 w = \frac{f}{D} \tag{6.80}$$

ただし，

$D = \dfrac{Eh^3}{12(1-\nu^2)}$：板の曲げ剛性

ν：Poisson 比

h：板の厚さ (一定)

$f = f(x,y)$：横分布荷重

$\nabla^4 = \nabla^2\nabla^2 = \left(\dfrac{\partial^2}{\partial x^2} + \dfrac{\partial^2}{\partial y^2}\right)^2 = \dfrac{\partial^4}{\partial x^4} + 2\dfrac{\partial^4}{\partial x^2 \partial y^2} + \dfrac{\partial^4}{\partial y^4}$：重調和演算子

曲げモーメントとねじりモーメントは次式で与えられる．

$$M_x = -D\left(\frac{\partial^2 w}{\partial x^2} + \nu \frac{\partial^2 w}{\partial y^2}\right) \tag{6.81a}$$

$$M_y = -D\left(\frac{\partial^2 w}{\partial y^2} + \nu \frac{\partial^2 w}{\partial x^2}\right) \tag{6.81b}$$

$$M_{xy} = -M_{yx} = D(1-\nu)\frac{\partial^2 w}{\partial x \partial y} \tag{6.81c}$$

単純支持された板に対して，たわみは境界 Γ 上で次の境界条件を満足しなければならない．

$$w = 0 \tag{6.82a}$$

$$M_n = -D\left(\frac{\partial^2 w}{\partial n^2} + \nu \frac{\partial^2 w}{\partial t^2}\right) \tag{6.82b}$$

ただし，M_n は境界に垂直な方向 n の曲げモーメントであり，t は境界の接線方向を示す．

曲線境界においては，次式となることに注意する [10]．

$$\frac{\partial^2 w}{\partial t^2} = \frac{\partial^2 w}{\partial s^2} + \kappa \frac{\partial w}{\partial n} \tag{6.83}$$

ただし，$\kappa = \kappa(s)$ は境界の曲率である．単純支持板の境界が直線で構成されるときは，明らかに次式となる．

$$\kappa = 0, \quad w = 0, \quad \frac{\partial w}{\partial s} = 0, \quad \frac{\partial^2 w}{\partial s^2} = 0$$

6.4 単純支持板の曲げ問題

この場合,式 (6.83) は次式となる.

$$\frac{\partial^2 w}{\partial t^2} = 0$$

一方,式 (6.82b) は次式となる.

$$\frac{\partial^2 w}{\partial n^2} = 0$$

したがって,上述の2つの方程式より,たわみは板の境界上で次の方程式を満足しなければならない.

$$\nabla^2 w = \frac{\partial^2 w}{\partial n^2} + \frac{\partial^2 w}{\partial t^2} = \frac{\partial^2 w}{\partial x^2} + \frac{\partial^2 w}{\partial y^2} = 0 \quad \text{on } \Gamma \tag{6.84}$$

領域 Ω 内の点では,式 (6.81) から次式となる.

$$M_x + M_y = -D(1+\nu)\nabla^2 w$$

そこで,以下のように定義する.

$$M = \frac{M_x + M_y}{1+\nu} = -D\nabla^2 w \tag{6.85}$$

このとき,式 (6.80) は以下のように書くことができる.

$$\nabla^2\left(-D\nabla^2 w\right) = -f$$

上式は,式 (6.85) より次の2つのポテンシャル方程式に分割することができる.

$$\nabla^2 M = -f \tag{6.86}$$

$$\nabla^2 w = -\frac{M}{D} \tag{6.87}$$

式 (6.84) は板の境界上で $M=0$ を表す.したがって,多角形境界の単純支持された板に対する式 (6.80) の解は,以下の2つの Dirichlet 問題より得られる.

$$\left.\begin{array}{ll} \nabla^2 M = -f & \text{in } \Omega \\ M = 0 & \text{on } \Gamma \end{array}\right\} \tag{6.88}$$

および

$$\left.\begin{array}{ll} \nabla^2 w = -\dfrac{M}{D} & \text{in } \Omega \\ w = 0 & \text{on } \Gamma \end{array}\right\} \tag{6.89}$$

2つのポテンシャル方程式に分割する板方程式の解法は Marcus[11] に帰する.この方法は多角形境界の単純支持された板のみを取扱うので,使用は制限されている.任意のタイプの境界条件の曲線境界をもつ板への上記の解法の拡張に関しては,Paris と De Leon[12] や Katsikadelis[13] などを参照されたい.にもかかわらず,一般の板曲げ問題は,重調和演算子に関して展開された手順による BEM により解くことができる [13].

BEM を用いる式 (6.88) と (6.89) の解法では,次の領域積分の評価を必要とする.

$$\int_\Omega v f d\Omega, \quad \int_\Omega v M d\Omega$$

ただし，v は Laplace 方程式の基本解である．関数 f は既知であり，結果として上述の最初の積分は 3.5 節で説明されたどの方法を用いても評価できる．しかしながら，関数 M は解析的表現では与えられず，数値解として与えられる．この数値解は，2 重相反法 (DRM) を適用して領域積分を境界線積分に変換することで与えることができる [14](4.5 節も参照)．

6.5 熱伝導問題

熱伝導方程式はエネルギー保存則より導出することができる．その一般的な形は以下の式で与えられる [15]．

$$-\nabla \cdot \mathbf{q}(\mathbf{x}, t) + f(\mathbf{x}, t) = \frac{\partial (u\rho)}{\partial t} \tag{6.90}$$

ただし，$\mathbf{x}(x, y, z) \in \Omega$ であり，また

 t：時間
 $\mathbf{q}$：熱流束
 f：熱ソースによる時間当たりの内部の熱湧き出し
 ρ：材料密度
 u：質量当たりの内部のエネルギー
 Ω：物体が占有している領域

2 次元問題において熱は xy 平面のどの方向にも流れる．この流れは流束ベクトル $\mathbf{q}$ により表され，その方向は熱流の方向であり，その大きさは熱流の方向に垂直な単位面を通る単位時間当たりの熱を表している．

一般化された Fourier の法則より，熱流束の密度は温度場の勾配に線形的に依存する．すなわち，温度を $T = T(x, y, t)$ とすれば，流束は以下のように表される．

$$\mathbf{q} = \left\{ \begin{array}{c} q_x \\ q_y \end{array} \right\} = - \left[\begin{array}{cc} k_{xx} & k_{xy} \\ k_{yx} & k_{yy} \end{array} \right] \left\{ \begin{array}{c} \dfrac{\partial T}{\partial x} \\ \dfrac{\partial T}{\partial y} \end{array} \right\} = - \left\{ \begin{array}{c} k_{xx} \dfrac{\partial T}{\partial x} + k_{xy} \dfrac{\partial T}{\partial y} \\ k_{yx} \dfrac{\partial T}{\partial x} + k_{yy} \dfrac{\partial T}{\partial x} \end{array} \right\} \tag{6.91}$$

または，

$$\mathbf{q} = -\mathbf{D} \cdot \nabla T \tag{6.92}$$

マトリックス：

$$\mathbf{D} = \left[\begin{array}{cc} k_{xx} & k_{xy} \\ k_{yx} & k_{yy} \end{array} \right] \tag{6.93}$$

は，任意の方向における熱伝導についての情報をもたらし，それは伝導マトリックスと呼ばれる．これは熱伝導問題の伝導率マトリックス (conductivity matrix) である．非均質媒体に対して伝導率マトリックスは点 $\mathbf{x}(x, y)$ の位置に依存し，すなわち $\mathbf{D} = \mathbf{D}(x, y)$ である．マトリックス $\mathbf{D}$ の行列式は 0 にならない．すなわち，

$$\det |D| \neq 0 \tag{6.94}$$

6.5 熱伝導問題

一般に $\mathbf{D}$ は対称マトリックスではない.しかし,表記の簡素化のためここでは対称,すなわち $k_{xy} = k_{yx}$ であると仮定する.

材料が直行異方性の場合,$k_{xy} = k_{yx} = 0$ となりマトリックス $\mathbf{D}$ は以下のような簡単な形となる.

$$\mathbf{D} = \begin{bmatrix} k_{xx} & 0 \\ 0 & k_{yy} \end{bmatrix} \tag{6.95}$$

さらに,等方性体では $k_{xx} = k_{yy} = k$ となり,したがって次のように書ける.

$$\mathbf{D} = k \begin{bmatrix} 1 & 0 \\ 0 & 1 \end{bmatrix} \tag{6.96}$$

式 (6.92) におけるマイナス符号は熱が温度の高い領域から低い領域に流れるという事実による.勾配 ∇T は温度が高い領域に向かっての方向である.

熱力学より,内部エネルギーは温度に対して線形に依存していることが知られている.

$$u = cT(\mathbf{x}, t) \tag{6.97}$$

ただし,c は比熱である.

式 (6.92) と (6.97) を考慮すれば,式 (6.90) は以下のようになる.

$$\nabla \cdot (\mathbf{D} \cdot \nabla T) + f = \frac{\partial (cT\rho)}{\partial t} \tag{6.98}$$

材料の性質,すなわち熱伝導率,比熱および材料密度が温度に依存しなければ,微分方程式 (6.98) は線形になる.

定常熱伝導問題,つまり熱平衡に達したとき物体の温度分布はそれ以上時間に依存せず,式 (6.98) は以下のような簡単な式となる.

$$\nabla \cdot (\mathbf{D} \cdot \nabla T) + f = 0 \tag{6.99}$$

さらに伝導率マトリックスが一定のとき,それは点 $\mathbf{x}$ に依存しないことを意味し,材料は熱的に均質であり式 (6.99) は次の形になる.

$$k_{xx} \frac{\partial^2 T}{\partial x^2} + 2k_{xy} \frac{\partial^2 T}{\partial x \partial y} + k_{yy} \frac{\partial^2 T}{\partial y^2} + f = 0 \tag{6.100}$$

熱伝導問題を解くためには,式 (6.100) に適切な規定された境界条件を与えなければならない.これらの境界条件には次の3種類がある [16,17].

$$\left. \begin{array}{ll} T = \bar{T} & \text{on } \Gamma_1 \\ q_n = \bar{q}_n & \text{on } \Gamma_2 \\ q_n = -h_0 (T - T_\alpha) & \text{on } \Gamma_3 \\ (\Gamma_1 \cup \Gamma_2 \cup \Gamma_3 = \Gamma) & \end{array} \right\} \tag{6.101}$$

ただし,$q_n = \mathbf{q} \cdot \mathbf{n}$ は境界に対する法線方向への熱流束の射影を,h_0 は熱伝達率を,T_α は物体外側の周囲の温度を表す.最初の境界条件は Dirichlet 条件であり,これは基本的 (essential) 境界条件として知られる.第2の条件は Neumann 条件であり自然 (natural) 条件として知られる.第3の条件は Robin 条件として知られており,境界上で温度と

流束の線形関係を表している．これは熱伝導問題の適用においてとりわけ重要なものであり，対流条件を表している．

材料が直交異方性ならば $k_{xy} = 0$ となり，式 (6.100) は以下のようになる．

$$k_{xx}\frac{\partial^2 T}{\partial x^2} + k_{yy}\frac{\partial^2 T}{\partial y^2} + f = 0 \tag{6.102}$$

最終的に，材料が等方性ならば $k_{xx} = k_{yy} = k$ となり，式 (6.100) と境界条件は以下のようになる．

$$k\nabla^2 T + f = 0 \tag{6.103}$$

$$T = \bar{T} \quad \text{on } \Gamma_1 \tag{6.104a}$$

$$-k\frac{\partial T}{\partial n} = \bar{q}_n \quad \text{on } \Gamma_2 \tag{6.104b}$$

$$-k\frac{\partial T}{\partial n} = -h_0(T - T_\alpha) \quad \text{on } \Gamma_3 \tag{6.104c}$$

すでに述べたように，最初の2つの境界条件はそれぞれ典型的な Dirichlet 条件と Neumann 条件であるが，第3の条件は式 (3.6b) の形である．すなわち，

$$\alpha T + \beta \frac{\partial T}{\partial n} = \gamma \tag{6.105}$$

ただし，$\alpha = h_0$, $\beta = -k$, $\gamma = h_0 T_\alpha$ である．

BEM による問題の数値解に対して第3の条件 (6.104c) が以下で取扱われている．式 (6.105) は境界の部分 Γ_3 上のすべての節点に適用され，以下の式を得る．

$$[\alpha]\{T\} + [\beta]\{T_n\} = \{\gamma\} \tag{6.106}$$

ただし，

$$[\alpha] = h_0[I], \quad [\beta] = -k[I], \quad \{\gamma\} = h_0 T_\alpha \begin{Bmatrix} 1 \\ \vdots \\ 1 \\ 1 \end{Bmatrix} \tag{6.107}$$

$[I]$ は次元 $N_3 \times N_3$ の単位マトリックスであり，N_3 は Γ_3 上の節点数である．

すべての境界条件のタイプは，式 (6.106) において係数 α, β, γ を適切に決めることで書き表すことができるのは明白である．例えば，Dirichlet 条件に対しては $\alpha = 1$, $\beta = 0$, $\gamma = \bar{T}$ である．したがって，式 (6.106) は，式 (4.7) で $u = T$ とおいて得られる次式：

$$[H]\{T\} = [G]\{T_n\} \tag{6.108}$$

と結合すれば，$2N$ 個の線形代数方程式系に帰着させることができ，その方程式系より境界未知量を決定することができる．

例題 6.4

図 6.9 のような円形の金属ダクトを考え，内部に温度 300°C の流体が流れていると

6.5 熱伝導問題

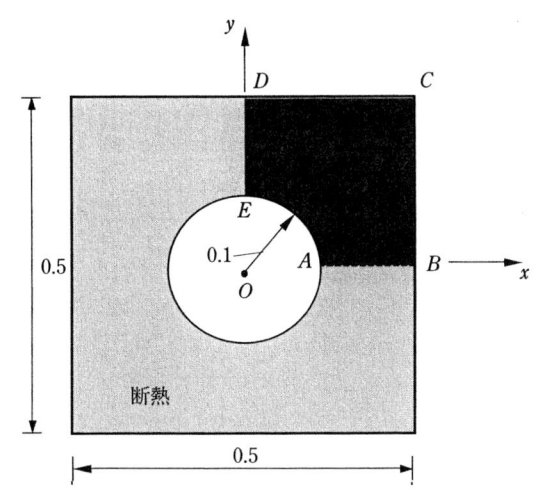

図 6.9 内部温度 $T = 300°\text{C}$,外側温度 $T = -15°\text{C}$ である円形の断熱ダクト

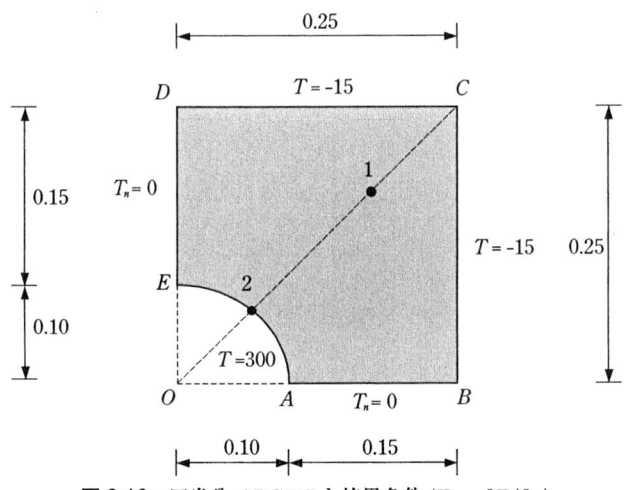

図 6.10 四半分 $ABCDE$ と境界条件 $(T_n = \partial T/\partial n)$

想定する.外部の温度が $-15°\text{C}$ のときの断熱材中の温度分布を求める.熱伝導率 k は一定であるとする.

この問題は複数の境界をもつ領域に対する BEM (4.7 節参照) を用いることで解くことができる.しかしながら,いま考えている問題は x 軸と y 軸の両方に関して対称であるため,解を求める部分を $ABCDE$ の四半分に限って考察すれば足りるという利点がある (図 6.10).対称性より,断面 AB と CD の法線方向の流束が 0 である.この解析領域に関連したすべての境界条件は図 6.10 に示される.

表 6.4 N の様々な値に対する温度 T とその導関数 $\partial T/\partial x$, $\partial T/\partial n$ の計算結果

点	境界要素数 N					
	21	41	71	141	211	421
	T					
1	33.973	34.299	34.278	34.269	34.266	34.263
	$\partial T/\partial x$					
1	−656.78	−660.77	−661.20	−661.10	−661.07	−661.03
	$\partial T/\partial n$					
2	3063.9	3102.6	3116.1	3123.7	3125.4	3126.8

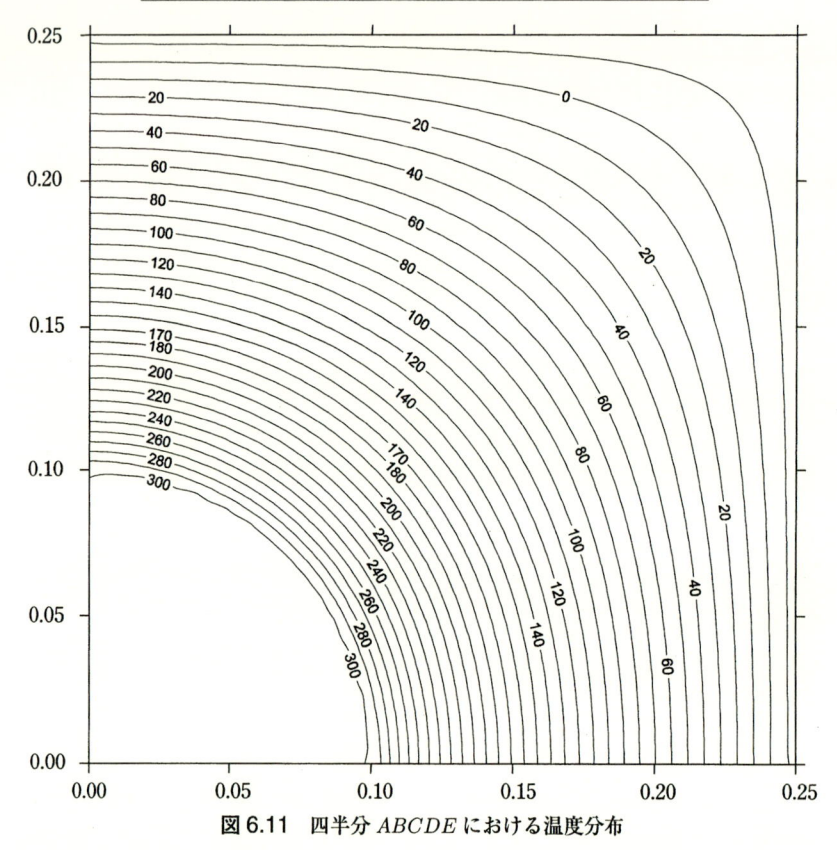

図 6.11 四半分 $ABCDE$ における温度分布

内点 1 (0.175, 0.175) での温度 T とその導関数 $\partial T/\partial x$, および境界の点 2 $(0.1\sqrt{2}/2, 0.1\sqrt{2}/2)$ の法線方向導関数 $\partial T/\partial n$ について, 様々な一定境界要素数 N (節点数) で計算した結果が表 6.4 に示されている. 最終的に, 断熱材中の温度分布の等高線図が図 6.11 で描かれている.

6.6 流体流れの問題

理想あるいは完全流体は粘性がなく,非圧縮性である.無粘性の流体の流れの問題の解へのよい近似は,連続の式のみを満足することで成し遂げられ,2次元の場合は次式のように書ける [18].

$$\nabla \cdot (\rho \mathbf{v}) + \frac{\partial \rho}{\partial t} + f = 0 \tag{6.109}$$

ただし,ρ は流体の密度,$\mathbf{v}(v_x, v_y)$ は点 (x,y) での流体の速度,また $f = f(x,y)$ は内部ソースの分布である.密度が一定 (非圧縮性流体) の場合,式 (6.109) は次式となる.

$$\nabla \cdot \mathbf{v} + f/\rho = 0 \tag{6.110}$$

ここで図 6.12 の 2 次元の流体流れを考える.もし渦なしの流れであるならば,速度は 0 であり,速度は次式を満足する.

$$\nabla \times \mathbf{v} = \left(\frac{\partial v_y}{\partial x} - \frac{\partial v_x}{\partial y} \right) \mathbf{k} = 0 \tag{6.111}$$

あるいは,

$$\frac{\partial v_y}{\partial x} - \frac{\partial v_x}{\partial y} = 0$$

したがって,ポテンシャル関数 ϕ が存在し,これより以下のような速度場が生じる.

$$\mathbf{v} = \nabla \phi = \frac{\partial \phi}{\partial x} \mathbf{i} + \frac{\partial \phi}{\partial y} \mathbf{j} \tag{6.112}$$

速度成分は以下のようである.

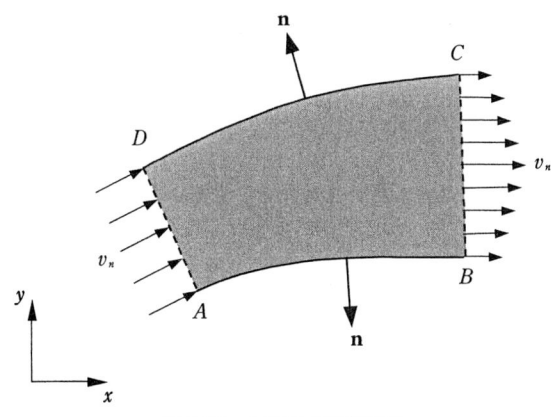

図 6.12 2 次元の流体流れ

$$v_x = \frac{\partial \phi}{\partial x}, \qquad v_y = \frac{\partial \phi}{\partial y} \tag{6.113}$$

明らかに,式 (6.111) は恒等的に満足され,式 (6.110) は以下のように書ける.
$$\nabla \cdot \nabla \phi + f/\rho = 0 \tag{6.114}$$
あるいは,
$$\nabla^2 \phi + f/\rho = 0 \tag{6.115}$$

次で説明される境界条件の下での微分方程式 (6.115) の解からポテンシャル ϕ が決定される.したがって,速度成分は式 (6.113) から得られる.

速度ポテンシャルの境界条件は物理的考察により導出される.このため,図 6.12 に示すように,渦なしで無粘性の流体がパイプの内部を流れていると考える.パイプの剛体壁 AB と DC に浸透することはなく,法線方向の速度成分 v_n は 0 である.すなわち,

$$v_n = \frac{\partial \phi}{\partial n} = 0 \tag{6.116}$$

断面 AD (流入口) にわたる v_n の分布は以下のように与えられる.

$$v_n = \frac{\partial \phi}{\partial n} = \bar{v}_n \tag{6.117}$$

一方,断面 BC (流出口) での条件は次のようになる.

(i) 速度成分 v_n は規定することができるが,その分布は式 (6.116) と (6.117) とともに,与えられた領域で質量保存則が満足されなければならない.すなわち,

$$\int_\Gamma v_n ds = -\int_{AD} v_n ds + \int_{BC} v_n ds = -\int_\Omega f d\Omega \tag{6.118}$$

(ii) 断面 BC が速度場において強く変化する部分から十分離れているならば,流れ (十分に発達した層流) の安定条件を課すことができる.この条件は数学的に以下のように表すことができる.

$$\frac{\partial v_n}{\partial n} = \frac{\partial^2 \phi}{\partial n^2} = 0 \tag{6.119}$$

後者の条件は 3 章の条件には含まれておらず,したがって特別な取扱いを必要とする.

条件 (ii) の層流に対して,断面 BC が速度が強く変化するような領域から十分に離れていて,速度が至る所でその断面に対して法線方向を向いているような形状 (例えば直線) であるならば,速度の接線方向の成分は 0 となる.したがって,次式となる.

$$v_t = \frac{\partial \phi}{\partial s} = 0$$

上式は次を意味する.

$$\phi = C \tag{6.120}$$

ただし,C は任意の定数である.この条件は速度ポテンシャル ϕ を任意定数に近似することを許す.しかしながらこのことは,式 (6.113) で決定される速度場に影響を及ぼさない.

境界条件 (6.119) を別にして，式 (4.15) と (4.16) より内点でのポテンシャルの勾配を評価するサブルーチンを補えば，プログラム LABECON は流体流れの問題に対して使用することができる．変更されたプログラムを FLUIDCON とする．メインプログラム，内点での勾配を計算するサブルーチン DERIV と結果を出力する OUTPUT のプログラムソースは，サンプルプログラムに格納してある．

例題 6.5
図 6.13 に示すような管を流れる非圧縮性で無粘性の定常の層流を考え，管内の速度ポテンシャルと速度場を決定せよ．曲線部分の形状は次式で求める：
　部分 BC : $y = 2x^3 - 3x^2 - 1$
　部分 $B'C'$: $y = -2x^3 + 3x^2 + 1$
仮定された境界条件は次のようである．

　流入口断面 AA' : $\dfrac{\partial \phi}{\partial n} = v_n = -1$

　流出口断面 DD' : $\phi = 0$

　剛体壁 $ABCD$ と $A'B'C'D'$: $\dfrac{\partial \phi}{\partial n} = v_n = 0$

この問題はプログラム FLUIDCON を用いて解かれている．境界は以下のような方法で一定境界要素に分割される．すなわち，OA と AB 部分に N_1 個の要素；BC, CD と DO' 部分にそれぞれ $2 \times N_1$ 個の要素を用いる．同じ離散化が x 軸より上の対応する対称な部分で行われる．このことより要素の総数は $N = 16 \times N_1$ 個となる．

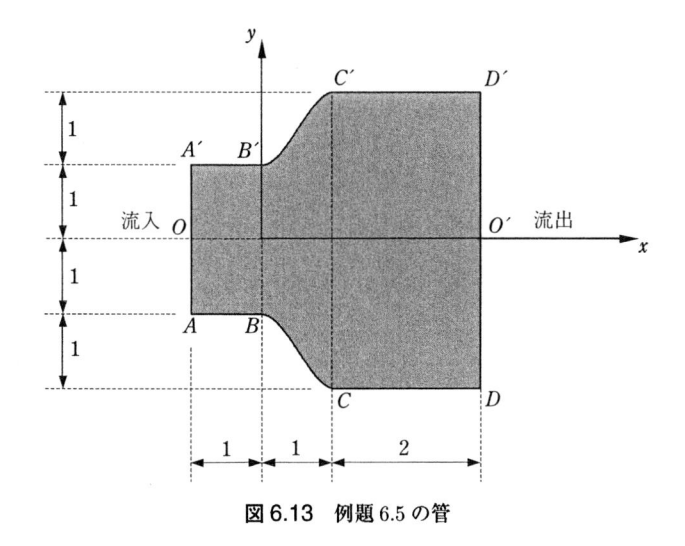

図 6.14 は，様々な N に対する流出断面 DD' での法線速度成分 v_n の分布を描いてい

図 6.13 例題 6.5 の管

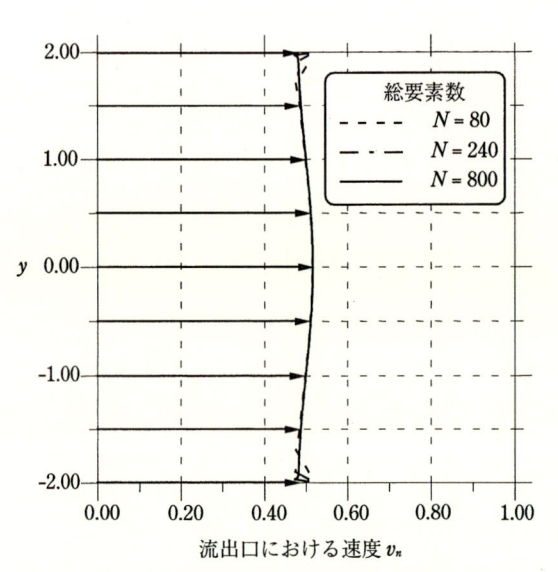

図 6.14 様々な N の値に対する流出断面での法線速度成分 v_n の分布

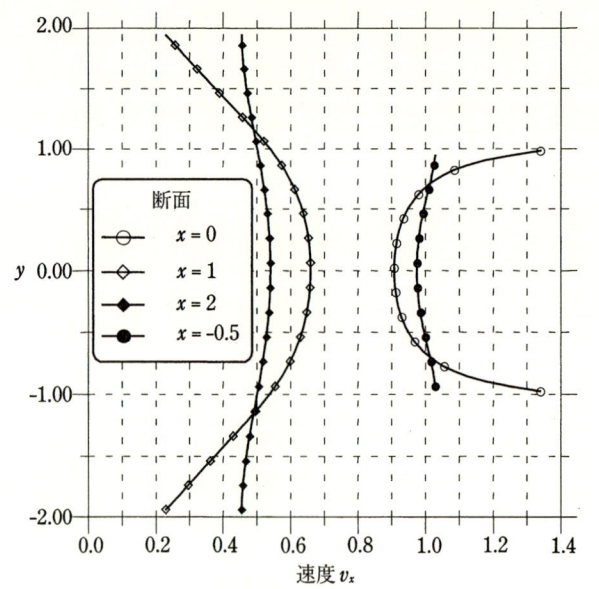

図 6.15 管の特定断面での速度成分 v_x の分布

6.6 流体流れの問題

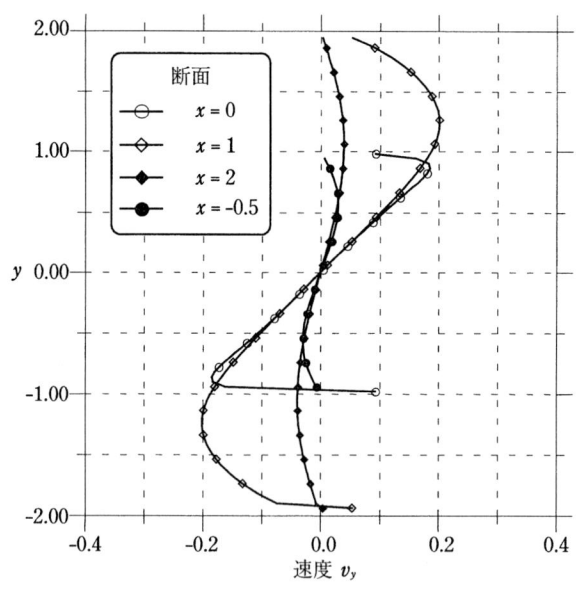

図 6.16 管の特定断面での速度成分 v_y の分布

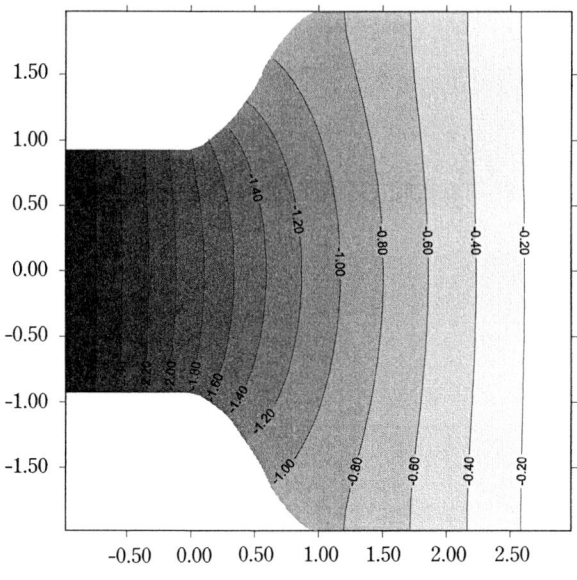

図 6.17 速度ポテンシャル ϕ の等高線図

る．流れは断面で十分に滑らかなものになることがわかり，それは流入断面 AA' での速度の半分である $v_n = 0.5$ という予想される平均値に達しているからである．さらに管の特定の断面での速度 v_x と v_y の分布が，図 6.15 と図 6.16 に示されている．一方，ポテンシャルの等高線図が図 6.17 に示されている．

6.7 結 論

本章では，Laplace 方程式あるいは Poisson 方程式の境界値問題として定式化される重要な工学問題について学習した．他のこれらの方程式によって記述される問題には，例えば，多孔質媒体を通過する流体流れ問題 (Darcy の法則)，イオンの拡散問題 (Fick の法則)，物体中の電磁ポテンシャル問題 (Ohm の法則) などがある．これらの問題に

表 6.5 Laplace 方程式あるいは Poisson 方程式によって記述される物理問題の例

微分方程式	物理問題	物理量	構成関係
$\nabla \cdot (\nabla \phi) = 0$	弾性棒の Saint-Venant ねじり問題	$\phi = \phi(x,y)$：ゆがみ関数	Hooke $\begin{Bmatrix} \tau_{xz} \\ \tau_{yz} \end{Bmatrix} = [D] \begin{Bmatrix} \gamma_{xz} \\ \gamma_{yz} \end{Bmatrix}$ $\mathbf{D} = \mathbf{a}^{-1}$
$\nabla \cdot (S \nabla u) + f = 0$	膜の微小たわみ	$u = u(x,y)$：たわみ面 $f = f(x,y)$：横荷重 S：単位長さ当たりの一定の引張力	$\mathbf{D} = S\mathbf{I}$ $\mathbf{I}$：単位マトリックス
$\nabla \cdot (\mathbf{D} \cdot \nabla T) + f = 0$	熱流	$T = T(x,y)$：温度 $\mathbf{D}$：熱伝導率に対する構成マトリックス $f = f(x,y)$：内部ソース密度	Fourier $\mathbf{q} = -\mathbf{D} \cdot \nabla T$ $\mathbf{q}$：熱流束ベクトル
$\nabla \cdot (\nabla \phi) + f = 0$	渦なし非圧縮性で無粘性の流体流れ	$\phi = \phi(x,y)$：速度場のポテンシャル関数 f：内部のソース密度	$\mathbf{v} = \nabla \phi$ $\mathbf{v}$：速度 構成関係なし
$\nabla \cdot (\mathbf{D} \cdot \nabla \phi) + f = 0$	多孔質媒体の流体流れ	f：内部のソース密度 ϕ：圧力測定ヘッド $\mathbf{D}$：透過率に対する構成マトリックス	Darcy $\mathbf{q} = -\mathbf{D} \cdot \nabla \phi$ $\mathbf{q}$：体積流ベクトル
$\nabla \cdot (\mathbf{D} \cdot \nabla V) + f = 0$	物体中の電気ポテンシャル	V：ポテンシャル $\mathbf{D}$：電導率に対する構成マトリックス f：電荷の内部ソース密度	Ohm $\mathbf{q} = -\mathbf{D} \cdot \nabla V$ $\mathbf{q}$：電荷流束ベクトル

対して，流束 q は Fourier の法則にかなり類似した法則により表される (6.5節参照).
もちろん場の関数 u と構成マトリックス D はそれぞれの問題において異なる物理的意味をもつ．表6.5 は上述の問題に含まれる量の物理的意味を与えて提示してある．

本章において記述された数値解析例からの1つの一般的な結論は，一定要素を用いた BEM は Laplace 方程式あるいは Poisson 方程式によって記述される問題に対してよい数値解を与えることができるということである．得られた精度はきわめてよい (例題 6.1，6.2，6.3 を参照)．さらに，境界のみの離散化に基づいているのでデータの準備が単純である．

6.8 おわりに

本章の題目に関する文献は多数ある．したがって，よく知られて一般に使用されている文献だけを引用しておく．円形でない角棒の Saint-Venant ねじり問題は，Timoshenko-Goodier[1] と Muskhelishvili[2] の本で詳細に取扱われている．しかしながら，これらの題目の文献にはある程度の予備知識が必要であるため，読者には Kollbrunner と Basler[3]，Friemann[4] と Novozhilov[7] の本を学んで知識を付けるとよい．熱伝導問題に興味をもった読者には Carslaw-Jaeger[16]，Uzisik[17] の本を推奨する．最後に，流体流れの問題に対する Hirsch[18] の本をあげておく．

[1] Timoshenko, S. and Goodier, J.N., 1951. *Theory of Elasticity*, 2nd edition, McGraw-Hill, New York.
[2] Muskhelishvili, N.I., 1963. *Some Basic Problems of the Mathematical Theory of Elasticity*, 4th edition, P. Noordhoff Ltd., Groningen-The Netherlands.
[3] Kollbrunner, C. and Basler, K., 1966. *Torsion*, Springer-Verlag, Berlin.
[4] Friemann, H., 1993. *Schub und Torsion in Geraden Staeben*, 2te Auflage, Werner-Verlag, Dusseldorf.
[5] Sauer, E., 1980. *Schub und Torsion bei Elastischen Prismatischen Balken*, Verlag von Wilhelm Erst & Sohn, Berlin.
[6] Lekhnitskii, S.G., 1963. *Theory of Elasticity of an Anisotropic Elastic Body*, Holden-Day, San Francisco.
[7] Novozhilov, V.V., 1961. *Theory of Elasticity*, Pergamon Student Editions, Oxford.
[8] Sokolnikoff, I., 1950. *Mathematical Theory of Elasticity*, 2nd edition, McGraw-Hill, New York.
[9] Timoshenko, S. and Woinowsky-Krieger, S., 1959. *Theory of Plates and Shells*, McGraw-Hill, New York.
[10] Katsikadelis, J.T., 1982. *The Analysis of Plates on Elastic Foundation by the Integral Equation Method*, Ph.D. Dissertation, Polytechnic University of New York, N.Y.

[11] Marcus, H., 1932. *Die Theorie Elastischer Gewebe*, Berlin.
[12] Paris, F. and De Leon, S., 1987. Simply Supported Plates by the Integral Equation Method, *International Journal for Numerical Methods in Engineering*, Vol.25, pp.225–233.
[13] Katsikadelis, J.T., 1991. Special Methods for Plate Analysis, in: Beskos, D. (ed.), *Boundary Element Analysis of Plates and Shells*, Springer-Verlag, Berlin.
[14] Partridge, P.W., Brebbia, C.A. and Wrobel, L.C., 1992. *The Dual Reciprocity Boundary Element Method*, Computational Mechanics Publications, Southampton.
[15] Bialecki, R., 1992. Solving Non-linear Heat Transfer Problems Using the Boundary Element Method, in: Wrobel, L.C. and Brebbia, C.A. (eds.), *Boundary Element Methods in Heat Transfer*, Computational Mechanics Publications, Southampton.
[16] Carslaw, H.S. and Jaeger, J.C., 1959. *Conduction of Heat in Solids*, Oxford University Press, London.
[17] Uzisik, M.N., 1980. *Heat Conduction*, John Wiley & Sons, New York.
[18] Hirsch, C., 1988. *Numerical Computation of Internal and External Flows*, Vol.1 & 2, John Wiley & Sons, Chichester, U.K.
[19] Roark, R.J. and Young, W.C., 1975. *Formulas for $\bar{\tau} = \tau/G\theta r$ Stress and Strain*, 5th edition, McGraw-Hill, International Student Edition, Kogakusha, Tokyo.

演習問題

6.1 無次元のねじり定数 I_t/h^4 と以下に示すような断面をもつ境界上の応力 $\tau_{tz}/G\theta h$ の分布を計算せよ ($\rho = h/4$). また得られた結果を解析的な解あるいは近似解 [19] と比較せよ.

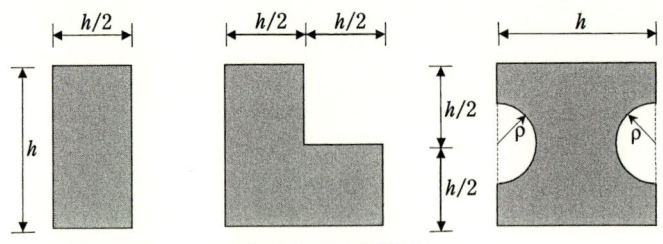

図 6.18 演習問題 6.1

6.2 静水圧 $f = q_0 x/a$ をうける正方形膜 ($0 \leq x \leq a$, $0 \leq y \leq b$) のたわみ面を求めよ. ただし, $a = 3.00$ m, $b = 2.00$ m, $q_0 = 1$ kN/m^2, $S = 10$ kN/m である.

6.3 例題 6.4 に示すような問題を, 図 6.10 の四半分 (1 つの境界) を用いる代わりに, 図 6.9 のすべての領域 (2 つの境界) で解析せよ.

6.4 図 6.19 に示すように断熱された T 字型の断面を有する物体の温度分布を求めよ．

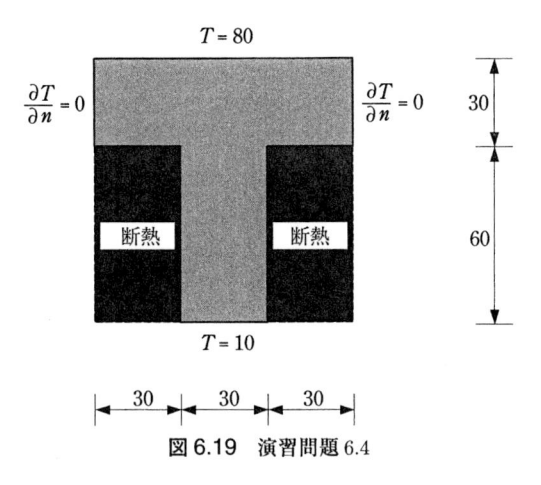

図 6.19 演習問題 6.4

6.5 $G_2 = 2G_1$ のとき，図 6.20 の複合棒のねじり問題を解け．ただし，G_1 と G_2 はそれぞれ部分領域 Ω_1 と Ω_2 のせん弾弾性係数である．また得られた結果を，均質な棒で $G = 1.5G_1$ である場合の結果と比較せよ．

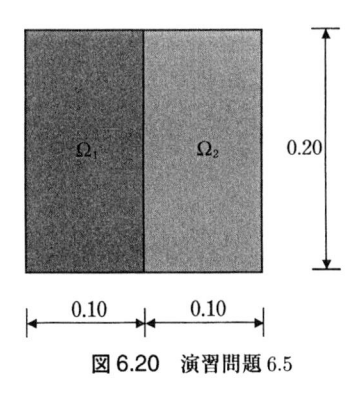

図 6.20 演習問題 6.5

6.6 $G_{yz} = 2G_{xz}$ で一辺が $a = 0.20$ の正方形断面である直交異方性の棒のねじり問題を解け．

6.7 図 6.21 における管で,流入断面で一定の速度 $v_n = -1$ であるとき,流出口での速度分布を求めよ.

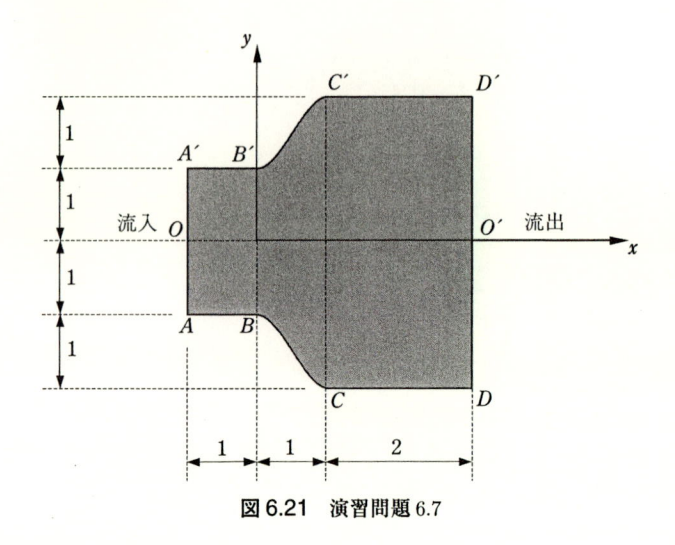

図 6.21 演習問題 6.7

7
2次元静弾性問題に対するBEM

7.1 はじめに

　本章では2次元の線形静弾性問題に対するBEMについて記述する．平面静弾性問題に対するBEMの展開は，前章で議論された2次元ポテンシャル問題に対するものと類似である．しかし，本質的な違いがある．平面静弾性問題は2つの変位成分の基本未知量の項で定式化される．したがって，ポテンシャル問題では1つの積分方程式が解かれればよかったのに対して，平面静弾性問題では得られる境界積分方程式は2つで連立する．このことより，基本解を求めるのが難しく，その形がより複雑なものとなる．平面弾性の2つの問題，つまり平面ひずみと平面応力問題が本章で考察される．これらの問題へ応用することで，工学問題を解くための手法としてのBEMの効率性と有効性を実証する．

7.2 平面弾性の式

7.2.1 平面ひずみ
　線形弾性の平面ひずみを次の場合について考える．
　(a) 3つの変位成分の1つ，z軸に沿ってwが一定である．
　(b) 他の2つの変位，x軸とy軸方向のuとvが2つの変数xとyのみの関数である．変形のこの状態は無限に長い（実際にはとても長い）角柱あるいは円柱物体で実現する．柱の軸はz軸と一致し，荷重はその軸に対して垂直に作用しており変数zとは独立である（図7.1参照）．他の平面ひずみの例は，荷重が非軸対称に作用するが軸方向に変化しないときの円柱の軸を通るある平面において生じる変形である．

(1) 運動学的関係
　前述の条件は数学的に以下のように表せる．
$$w = C, \quad u = u(x,y), \quad v = v(x,y) \tag{7.1}$$
ただし，Cは任意の定数である．
　このことより，ひずみテンソルの成分は以下のようになる [1, 2]．

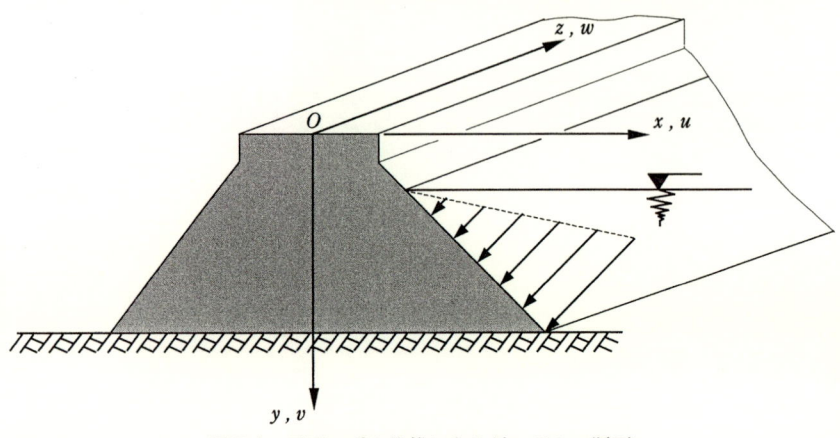

図 7.1 平面ひずみ状態にある長いダムの断面

$$\left.\begin{array}{l}\varepsilon_x = \dfrac{\partial u}{\partial x} \\ \varepsilon_y = \dfrac{\partial v}{\partial y} \\ \gamma_{xy} = \dfrac{\partial u}{\partial y} + \dfrac{\partial v}{\partial x} \\ \varepsilon_z = 0, \quad \gamma_{xz} = 0, \quad \gamma_{yz} = 0 \end{array}\right\} \quad (7.2)$$

(2) 構成関係

線形弾性で等方性の材料を仮定するならば，平面ひずみの構成関係は以下のようになる．

$$\left.\begin{array}{l}\sigma_x = \lambda\left(\varepsilon_x + \varepsilon_y\right) 2\mu\varepsilon_x \\ \sigma_y = \lambda\left(\varepsilon_x + \varepsilon_y\right) 2\mu\varepsilon_y \\ \sigma_z = \lambda\left(\varepsilon_x + \varepsilon_y\right) \\ \tau_{xy} = \mu\gamma_{xy} \\ \tau_{xz} = 0 \\ \tau_{zy} = 0 \end{array}\right\} \quad (7.3)$$

ただし，λ と μ は Lamé の定数であり，それらは以下のように弾性定数 E, G と ν に関係するものである．

$$\mu = G = \frac{E}{2(1+\nu)}, \quad \lambda = \frac{\nu E}{(1+\nu)(1-2\nu)} \quad (7.4)$$

式 (7.2) と (7.3) を結合することで，応力テンソルで 0 とならない成分は x と y のみの関数であることが簡単にわかる．

式 (7.3) をひずみ成分に関して解くと次式を得る．

$$\varepsilon_x = \frac{1}{E}\left[\sigma_x - \nu\left(\sigma_y + \sigma_z\right)\right] \quad (7.5\text{a})$$

$$\varepsilon_y = \frac{1}{E}\left[\sigma_y - \nu(\sigma_x + \sigma_z)\right] \tag{7.5b}$$

$$\sigma_z - \nu(\sigma_x + \sigma_y) = 0 \tag{7.5c}$$

$$\gamma_{xy} = \frac{1}{G}\tau_{xy} \tag{7.5d}$$

$$\gamma_{xz} = 0 \tag{7.5e}$$

$$\gamma_{yz} = 0 \tag{7.5f}$$

式 (7.5c) は以下のようになる.

$$\sigma_z = \nu(\sigma_x + \sigma_y)$$

σ_z に関するこの式を式 (7.5a) と (7.5b) に代入することで，以下の2つの垂直ひずみに関する式を得る.

$$\varepsilon_x = \frac{1-\nu^2}{E}\left(\sigma_x - \frac{\nu}{1-\nu}\sigma_y\right)$$

$$\varepsilon_y = \frac{1-\nu^2}{E}\left(\sigma_y - \frac{\nu}{1-\nu}\sigma_x\right)$$

以下のようにおく.

$$\bar{\nu} = \frac{\nu}{1-\nu}, \qquad \bar{E} = \frac{E}{1-\nu^2} \tag{7.6}$$

すると次式が成り立つ.

$$\mu = G = \frac{E}{2(1+\nu)} = \frac{\bar{E}}{2(1+\bar{\nu})}, \qquad \lambda = \frac{\bar{\nu}\bar{E}}{1-\bar{\nu}^2} \tag{7.7}$$

また，ひずみ成分は以下のように書くことができる.

$$\varepsilon_x = \frac{1}{\bar{E}}(\sigma_x - \bar{\nu}\sigma_y) \tag{7.8a}$$

$$\varepsilon_y = \frac{1}{\bar{E}}(\sigma_y - \bar{\nu}\sigma_x) \tag{7.8b}$$

$$\gamma_{xy} = \frac{2(1+\bar{\nu})}{\bar{E}}\tau_{xy} \tag{7.8c}$$

弾性定数 $\bar{E}$ と $\bar{\nu}$ は相当弾性定数 (effective elastic constant) と呼ばれる. 後に示すように，相当弾性定数を用いれば，平面ひずみと平面応力問題の両方を同じ形の方程式で表すことができる.

式 (7.8) は，次のように1つのマトリックス方程式にまとめることができる.

$$\{\varepsilon\} = [S]\{\sigma\} \tag{7.9}$$

ただし，$\{\varepsilon\}$ と $\{\sigma\}$ はそれぞれ，ひずみベクトルおよび応力ベクトルと呼ばれ，以下のように定義される.

$$\{\varepsilon\} = \left\{\begin{array}{c}\varepsilon_x \\ \varepsilon_y \\ \gamma_{xy}\end{array}\right\} \tag{7.10}$$

$$\{\sigma\} = \left\{ \begin{array}{c} \sigma_x \\ \sigma_y \\ \tau_{xy} \end{array} \right\} \tag{7.11}$$

マトリックス $[S]$ はコンプライアンス (compliance) または柔軟性マトリックス (flexibility matrix) として知られており，以下の形となる．

$$[S] = \frac{1}{\bar{E}} \begin{bmatrix} 1 & -\bar{\nu} & 0 \\ -\bar{\nu} & 1 & 0 \\ 0 & 0 & 2(1+\bar{\nu}) \end{bmatrix} \tag{7.12}$$

式 (7.9) を応力ベクトル $\{\sigma\}$ に関して解くと次式を得る．

$$\{\sigma\} = [C]\{\varepsilon\} \tag{7.13}$$

ただし，

$$[C] = [S]^{-1} = \frac{\bar{E}}{1-\bar{\nu}^2} \begin{bmatrix} 1 & \bar{\nu} & 0 \\ \bar{\nu} & 1 & 0 \\ 0 & 0 & \frac{1}{2}(1-\bar{\nu}) \end{bmatrix} \tag{7.14}$$

マトリックス $[C]$ は剛性マトリックス (stiffness matrix) として知られている．

式 (7.13) を成分で表すと，以下のようである．

$$\left. \begin{array}{l} \sigma_x = \dfrac{\bar{E}}{1-\bar{\nu}^2}(\varepsilon_x + \nu \varepsilon_y) \\ \sigma_y = \dfrac{\bar{E}}{1-\bar{\nu}^2}(\varepsilon_y + \nu \varepsilon_x) \\ \tau_{xy} = \dfrac{\bar{E}}{2(1+\bar{\nu})}\gamma_{xy} \end{array} \right\} \tag{7.15}$$

(3) 釣り合い方程式

3次元物体の釣り合い方程式は以下のようである [2]．

$$\frac{\partial \sigma_x}{\partial x} + \frac{\partial \tau_{xy}}{\partial y} + \frac{\partial \tau_{xz}}{\partial z} + b_x = 0 \tag{7.16a}$$

$$\frac{\partial \tau_{xy}}{\partial x} + \frac{\partial \sigma_y}{\partial y} + \frac{\partial \tau_{yz}}{\partial z} + b_y = 0 \tag{7.16b}$$

$$\frac{\partial \tau_{xz}}{\partial x} + \frac{\partial \tau_{yz}}{\partial y} + \frac{\partial \sigma_z}{\partial z} + b_z = 0 \tag{7.16c}$$

ただし，b_x, b_y と b_z は単位体積当たりの物体力の成分である．平面問題ではそれらは以下のようになる．

$$b_x = b_x(x,y), \quad b_y = b_y(x,y), \quad b_z = 0 \tag{7.17}$$

応力成分が z に独立であることを考慮し，式 (7.3) を用いれば，式 (7.16) の3つ目の式が恒等的に満足されることは簡単にわかる．一方，最初の2つの式は以下のようになる．

7.2 平面弾性の式

$$\left.\begin{aligned}\frac{\partial \sigma_x}{\partial x}+\frac{\partial \tau_{xy}}{\partial y}+b_x=0 \\ \frac{\partial \tau_{xy}}{\partial x}+\frac{\partial \sigma_y}{\partial y}+b_y=0\end{aligned}\right\} \qquad (7.18)$$

式 (7.15) を式 (7.18) に代入し，式 (7.2) を用いれば，釣り合い方程式が変位成分の項で表されて，次式となる．

$$\left.\begin{aligned}\nabla^2 u+\frac{1+\bar{\nu}}{1-\bar{\nu}}\left(\frac{\partial^2 u}{\partial x^2}+\frac{\partial^2 v}{\partial x \partial y}\right)+\frac{1}{G}b_x=0 \\ \nabla^2 v+\frac{1+\bar{\nu}}{1-\bar{\nu}}\left(\frac{\partial^2 u}{\partial x \partial y}+\frac{\partial^2 v}{\partial y^2}\right)+\frac{1}{G}b_y=0\end{aligned}\right\} \text{ in } \Omega \qquad (7.19)$$

あるいは，式 (7.6) の $\bar{\nu}$ を代入すれば，次の形の平面ひずみ問題の支配方程式を得る．

$$\left.\begin{aligned}\nabla^2 u+\frac{1}{1-2\nu}\left(\frac{\partial^2 u}{\partial x^2}+\frac{\partial^2 v}{\partial x \partial y}\right)+\frac{1}{G}b_x=0 \\ \nabla^2 v+\frac{1}{1-2\bar{\nu}}\left(\frac{\partial^2 u}{\partial x \partial y}+\frac{\partial^2 v}{\partial y^2}\right)+\frac{1}{G}b_y=0\end{aligned}\right\} \text{ in } \Omega \qquad (7.20)$$

式 (7.20) は，2 次元領域 Ω を占める物体の平面静弾性問題に対する Navier の釣り合い方程式として知られている．

(4) 境界条件

式 (7.19) の解は，物体の境界 Γ 上で規定される境界条件を満足しなければならず，それらは変位 u と v または境界の表面力 t_x と t_y に基づいたものである．境界条件は以下の 4 つのタイプに分類される：

$$\left.\begin{aligned}&\text{(i)} \quad u=\bar{u}, \quad v=\bar{v} \quad \text{on } \Gamma_1 \\ &\text{(ii)} \quad u=\bar{u}, \quad t_y=\bar{t}_y \quad \text{on } \Gamma_2 \\ &\text{(iii)} \quad t_x=\bar{t}_x, \quad v=\bar{v} \quad \text{on } \Gamma_3 \\ &\text{(iv)} \quad t_x=\bar{t}_x, \quad t_y=\bar{t}_y \quad \text{on } \Gamma_4\end{aligned}\right\} \qquad (7.21)$$

ただし，$\Gamma=\Gamma_1\cup\Gamma_2\cup\Gamma_3\cup\Gamma_4$ である．規定された値は上付バーで示してある．もちろん，任意の境界部分 Γ_1, Γ_2, Γ_3, Γ_4 は全境界 Γ に等しいとすることもでき，それはすなわち境界条件が 1 つのタイプのみで規定されることを意味する．異なる境界条件が 2 つあるいはそれ以上の部分境界にわたって規定されるなら，それは混合境界条件である．ここで注意しなければならないのは，$\Gamma_4=\Gamma$ のときである．この場合は，境界表面力 $\bar{t}_x$ と $\bar{t}_y$ は任意に規定することはできないが，それらは物体全体の釣り合いを保証しなければならない．すなわち，

$$\int_\Omega b_x d\Omega+\int_\Gamma t_x ds=0$$

$$\int_\Omega b_y d\Omega+\int_\Gamma t_y ds=0$$

$$\int_\Omega (xb_y-yb_x)\, d\Omega+\int_\Gamma (xt_y-yt_x)\, ds=0$$

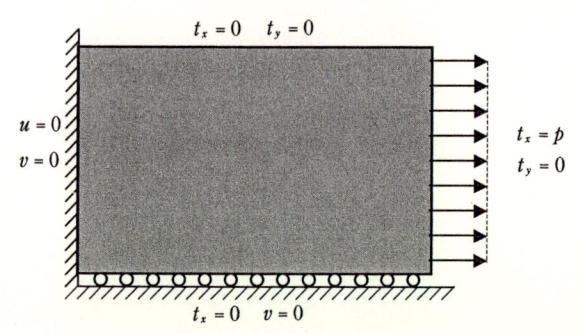

図 7.2 長方形領域の境界上での支持および負荷条件

このタイプの境界条件に対しては，任意の剛体変位を含むため，Navier の方程式の解は唯一に決定されない．長方形断面を有する無限に長い物体に対して境界条件の例を図 7.2 に示す．

境界表面力 t_x, t_y と応力成分 σ_x, σ_y, τ_{xy} との間の関係は，境界上の微小な物体要素 (Cauchy の四面体) の釣り合いから導出される．2 次元ではこれらの関係は次式となる．

$$\left.\begin{array}{l} t_x = \sigma_x n_x + \tau_{xy} n_y \\ t_y = \tau_{xy} n_x + \sigma_y n_y \end{array}\right\} \quad (7.22)$$

ただし，n_x と n_y は境界の単位法線ベクトルの余弦方向である．式 (7.22) における応力成分が式 (7.3) のもので置き換えられ，運動学的関係の式 (7.2) が用いられるなら，境界表面力に対する変位に基づいた次の関係式を得る．

$$\left.\begin{array}{l} t_x = \lambda \left(\dfrac{\partial u}{\partial x} + \dfrac{\partial v}{\partial y}\right) n_x + \mu \left(\dfrac{\partial u}{\partial x} n_x + \dfrac{\partial v}{\partial x} n_y\right) + \mu \dfrac{\partial u}{\partial n} \\ t_y = \lambda \left(\dfrac{\partial u}{\partial x} + \dfrac{\partial v}{\partial y}\right) n_y + \mu \left(\dfrac{\partial u}{\partial y} n_x + \dfrac{\partial v}{\partial y} n_y\right) + \mu \dfrac{\partial v}{\partial n} \end{array}\right\} \quad (7.23)$$

(5) 初期応力と初期ひずみ

多くの問題では，温度の変化やその他の原因による初期応力または初期ひずみの状態が存在することがある．例えば，その成分が以下のように表される初期ひずみ状態を考える．

$$\{\varepsilon_0\} = \left\{\begin{array}{c} \varepsilon_x^0 \\ \varepsilon_y^0 \\ \gamma_{xy}^0 \end{array}\right\} \quad (7.24)$$

全ひずみを $\{\varepsilon_t\}$ で表すと，弾性ひずみ $\{\varepsilon_e\}$ は全ひずみから初期ひずみを引くことにより得られる．すなわち，

$$\{\varepsilon_e\} = \{\varepsilon_t\} - \{\varepsilon_0\} \quad (7.25)$$

式 (7.13) より次式を得る．

$$\{\sigma_e\} = [C]\{\varepsilon_e\} = [C](\{\varepsilon_t\} - \{\varepsilon_0\})$$

または

$$\{\sigma_e\} = [C]\{\varepsilon_t\} - [C]\{\varepsilon_0\} = \{\sigma_t\} - \{\sigma_0\} \tag{7.26}$$

ただし，応力 $\{\sigma_0\} = [C]\{\varepsilon_0\}$ は初期応力である．

初期ひずみが温度変化によるものだとすると，それは次のように表される．

$$\{\varepsilon_0\} = \alpha \Delta T \begin{Bmatrix} 1 \\ 1 \\ 0 \end{Bmatrix} \tag{7.27}$$

ただし，α は熱膨張係数であり，ΔT は温度変化である．初期応力は以下のようになる．

$$\{\sigma_0\} = [C]\{\varepsilon_0\} = \frac{\bar{E}\alpha \Delta T}{1-\bar{\nu}} \begin{Bmatrix} 1 \\ 1 \\ 0 \end{Bmatrix} \tag{7.28}$$

7.2.2 平面応力

平面弾性論は実用上きわめて重要な問題，つまり平面内で負荷を受ける薄板の解析の問題である．そのような応力の状態はせん断壁 (shear wall) で起こる．薄い弾性体を考える．ただし，その厚さ h は他の2つの次元に比べてきわめて小さいとする (図7.3 参照)．

負荷は物体力 b_x, b_y と境界の表面力 t_x, t_y による．表面力は常に物体の中央面に関して対称に分布していると仮定されるが，しばしば厚さ h にわたっての変化は一定と考えられる．この場合，応力の状態は z 軸に関して独立ではないが，厚さ h がきわめて小さいならば，以下のように仮定してもきわめて正確なものとなる [2]．

$$\sigma_z = 0, \quad \tau_{xz} = 0, \quad \tau_{yz} = 0$$

一方，残りの応力成分は変数 z に依存しない．すなわち，

$$\sigma_x = \sigma_x(x,y), \quad \sigma_y = \sigma_y(x,y), \quad \tau_{xy} = \tau_{xy}(x,y)$$

したがって，構成式は次式となる．

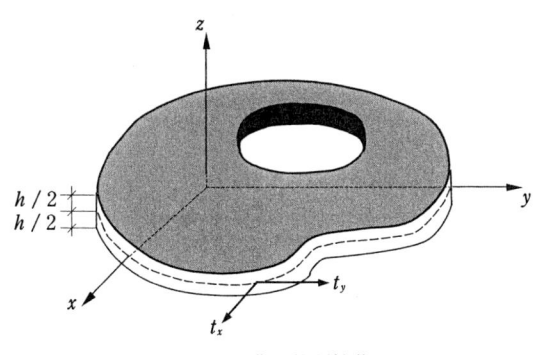

図 7.3 薄い静弾性体

$$\left.\begin{array}{l}\varepsilon_x = \dfrac{1}{E}(\sigma_x - \nu\sigma_y) \\[4pt] \varepsilon_y = \dfrac{1}{E}(\sigma_y - \nu\sigma_x) \\[4pt] \gamma_{xy} = \dfrac{2(1+\nu)}{E}\tau_{xy}\end{array}\right\} \qquad (7.29)$$

また,釣り合い方程式は平面応力の場合には次の2式になる.

$$\left.\begin{array}{l}\dfrac{\partial \sigma_x}{\partial x} + \dfrac{\partial \tau_{xy}}{\partial y} + b_x = 0 \\[6pt] \dfrac{\partial \tau_{xy}}{\partial x} + \dfrac{\partial \sigma_y}{\partial y} + b_y = 0\end{array}\right\} \qquad (7.30)$$

式 (7.29) と (7.30) は,式 (7.8) と (7.18) と同じ形であることがわかる.したがって,平面応力に関するすべての式は,相当弾性定数 $\bar{\nu}$ と $\bar{E}$ を ν と E で置き換えられるなら,平面ひずみに関するそれぞれの式より導出することができる.これより,以下の関係を得る.

弾性定数:

$$\mu = G = \dfrac{E}{2(1+\nu)} \qquad (7.31\text{a})$$

$$\lambda^* = \dfrac{\nu E}{1-\nu^2} \qquad (7.31\text{b})$$

ただし,λ^* は Lamé の定数の役割を果たす.

構成式:

$$\{\varepsilon\} = [S]\{\sigma\} \qquad (7.32)$$
$$\{\sigma\} = [C]\{\varepsilon\} \qquad (7.33)$$

$$[S] = \dfrac{1}{E}\begin{bmatrix} 1 & -\nu & 0 \\ -\nu & 1 & 0 \\ 0 & 0 & 2(1+\nu) \end{bmatrix} \qquad (7.34)$$

$$[C] = \dfrac{E}{1-\nu^2}\begin{bmatrix} 1 & \nu & 0 \\ \nu & 1 & 0 \\ 0 & 0 & \dfrac{1}{2}(1-\nu) \end{bmatrix} \qquad (7.35)$$

Navier 釣り合い方程式:

$$\left.\begin{array}{l}\nabla^2 u + \dfrac{1+\nu}{1-\nu}\left(\dfrac{\partial^2 u}{\partial x^2} + \dfrac{\partial^2 v}{\partial x \partial y}\right) + \dfrac{1}{G}b_x = 0 \\[8pt] \nabla^2 v + \dfrac{1+\nu}{1-\nu}\left(\dfrac{\partial^2 u}{\partial x \partial y} + \dfrac{\partial^2 v}{\partial y^2}\right) + \dfrac{1}{G}b_y = 0\end{array}\right\} \qquad (7.36)$$

境界表面力：

$$\left.\begin{aligned} t_x &= \lambda^*\left(\frac{\partial u}{\partial x}+\frac{\partial v}{\partial y}\right)n_x+\mu\left(\frac{\partial u}{\partial x}n_x+\frac{\partial v}{\partial x}n_y\right)+\mu\frac{\partial u}{\partial n} \\ t_y &= \lambda^*\left(\frac{\partial u}{\partial x}+\frac{\partial v}{\partial y}\right)n_y+\mu\left(\frac{\partial u}{\partial y}n_x+\frac{\partial v}{\partial y}n_y\right)+\mu\frac{\partial v}{\partial n} \end{aligned}\right\} \tag{7.37}$$

温度変化による初期応力：

$$\{\sigma_0\} = \frac{E\alpha\Delta T}{1-\nu}\left\{\begin{array}{c}1\\1\\0\end{array}\right\} \tag{7.38}$$

7.3 Betti の相反恒等式

2 次元弾性問題に対する解の積分表示式の導出には，式 (7.19) の Navier の演算子に対する相反恒等式を確立する必要がある．それは式 (2.16) の Laplace 演算子に対する Green の恒等式と似ている．Betti の相反恒等式はこの役割を果たす．線形弾性論に対して成り立つ，仕事の相反関係に対する周知の Betti の理論より簡単に導出することが可能である．このために，表面 S に囲まれ 3 次元空間の体積 V を占める弾性体を考える．さらに，物体力と境界量 (変位と表面力) の 2 つの異なる分布による 2 つの応力状態を考える．2 つの応力状態に対する変位，物体力，表面力を次のように区別して表す．

状態 I：

$$\mathbf{u} = \left\{\begin{array}{c}u\\v\\w\end{array}\right\}, \quad \mathbf{b} = \left\{\begin{array}{c}b_x\\b_y\\b_z\end{array}\right\}, \quad \mathbf{t} = \left\{\begin{array}{c}t_x\\t_y\\t_z\end{array}\right\} \tag{7.39}$$

状態 II：

$$\mathbf{u}^* = \left\{\begin{array}{c}u^*\\v^*\\w^*\end{array}\right\}, \quad \mathbf{b}^* = \left\{\begin{array}{c}b_x^*\\b_y^*\\b_z^*\end{array}\right\}, \quad \mathbf{t}^* = \left\{\begin{array}{c}t_x^*\\t_y^*\\t_z^*\end{array}\right\} \tag{7.40}$$

Betti の理論より，状態 I の変位による仕事と状態 II の力による仕事は，状態 II の変位による仕事と状態 I の力による仕事に等しい．このことは以下のように書くことができる．

$$\int_V \mathbf{u}\cdot\mathbf{b}^*dV + \int_S \mathbf{u}\cdot\mathbf{t}^*dS = \int_V \mathbf{u}^*\cdot\mathbf{b}dV + \int_S \mathbf{u}^*\cdot\mathbf{t}dS \tag{7.41}$$

あるいは，式 (7.39) と (7.40) を用いて以下のように書くこともできる．

$$\int_V (ub_x^* + vb_y^* + wb_z^*) \, dV + \int_S (ut_x^* + vt_y^* + wt_z^*) \, dS$$
$$= \int_V (u^* b_x + v^* b_y + w^* b_z) \, dV + \int_S (u^* t_x + v^* t_y + w^* t_z) \, dS \quad (7.42)$$

平面問題に対して以下の2つの場合を区別する:

(a) 平面ひずみ．柱状の物体が2つの面 z と $z+1$ で切り取られた部分，すなわち単位厚さのスライスを考える．この場合，物体内部で $b_z = 0$, $b_z^* = 0$ であり，柱表面では $t_z = 0$, $t_z^* = 0$ であり，式 (7.22) または (7.23) より切り取られた部分の面上で $t_x = t_y = 0$, $t_x^* = t_y^* = 0$ である．さらに，切り取られた部分の面上で $w = c$, $w^* = c^*$ であることを考慮すれば，それらの面上の仕事は大きさは等しいが符号が逆になり，式 (7.42) は次のようになる．

$$\int_\Omega (ub_x^* + vb_y^*) \, d\Omega + \int_\Gamma (ut_x^* + vt_y^*) \, ds$$
$$= \int_\Omega (u^* b_x + v^* b_y) \, d\Omega + \int_\Gamma (u^* t_x + v^* t_y) \, ds \quad (7.43)$$

(b) 平面応力．厚さ h が一定の薄板を考える．この場合，物体内部で $b_z = 0$, $b_z^* = 0$, 表面 S 上で $t_z = 0$, $t_z^* = 0$, そして式 (7.37) より切り取られた部分の面上で $t_x = t_y = 0$, $t_x^* = t_y^* = 0$ である．したがって，この物体については式 (7.42) はまた式 (7.43) の形をとる．

さらに，式 (7.43) の物体力を式 (7.19) による表現に置き換えると，Navier 演算子に対する以下の相反恒等式を得る．

$$\int_\Omega \{[uN_x(u^*, v^*) + vN_y(u^*, v^*)] - [u^* N_x(u, v) + v^* N_y(u, v)]\} \, d\Omega$$
$$= -\int_\Gamma [(ut_x^* + vt_y^*) - (u^* t_x + v^* t_y)] \, ds \quad (7.44)$$

ただし，演算子 $N_x(.,.)$ と $N_y(.,.)$ は式 (7.19) に基づいて以下のように定義される．

$$\left. \begin{array}{l} N_x(u, v) = -G \left[\nabla^2 u + \dfrac{1+\bar{\nu}}{1-\bar{\nu}} \left(\dfrac{\partial^2 u}{\partial x^2} + \dfrac{\partial^2 v}{\partial x \partial y} \right) \right] \\ N_y(u, v) = -G \left[\nabla^2 v + \dfrac{1+\bar{\nu}}{1-\bar{\nu}} \left(\dfrac{\partial^2 u}{\partial x \partial y} + \dfrac{\partial^2 v}{\partial y^2} \right) \right] \end{array} \right\} \quad (7.45)$$

式 (7.45) は平面ひずみに対して成立する．平面応力については，$\bar{\nu}$ を ν で置き換えるということを覚えておこう．

7.4 基本解

平面静弾性問題に関する境界積分方程式を導出するには，まず Navier の式 (7.19) の基本解を求めることが必要である．物理学的観点から，基本解は集中された単位物体力による無限の平面物体に生じる変位を表す．この解は Kelvin に帰するものであり，

7.4 基本解

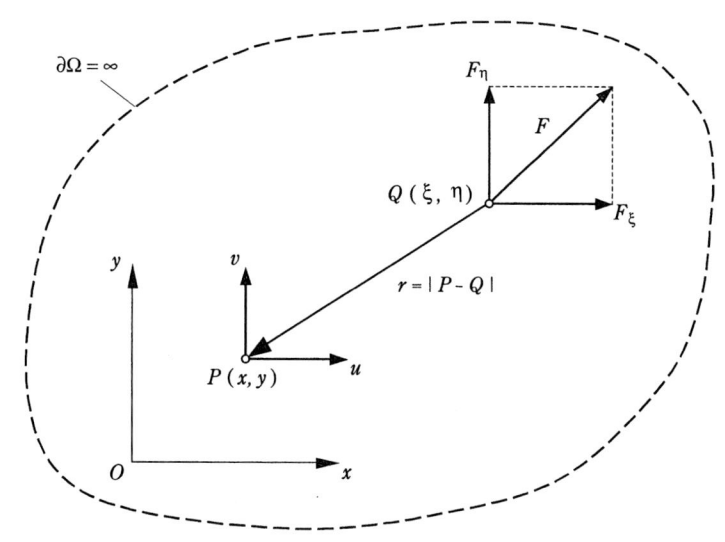

図 7.4 平面の点 $Q(\xi, \eta)$ に作用する単位集中力 $\mathbf{F}(F_\xi, F_\eta)$

これは Kelvin の解として文献で知られている理由である. この解は以下に示す手順を用いることで求めることができる.

集中力 $\mathbf{F}(F_\xi, F_\eta)$, $|\mathbf{F}| = 1$ が平面の点 $Q(\xi, \eta)$ に作用していると考える (図 7.4 参照). 集中力 $\mathbf{F}$ の成分 F_ξ と F_η はこの集中力を表している単位ベクトルの余弦方向である. 点 $P(x, y)$ における集中力 $\mathbf{F}$ による物体力の密度はデルタ関数を用いて表すことができる. このことより次の式を得る.

$$\mathbf{b} = \delta(P-Q)\mathbf{F} \tag{7.46}$$

または

$$\left. \begin{array}{l} b_x = \delta(P-Q)F_\xi \\ b_y = \delta(P-Q)F_\eta \end{array} \right\} \tag{7.47}$$

この場合, 式 (7.19) は以下のように書かれる.

$$\left. \begin{array}{l} \nabla^2 u + \dfrac{1+\bar{\nu}}{1-\bar{\nu}} \left(\dfrac{\partial^2 u}{\partial x^2} + \dfrac{\partial^2 v}{\partial x \partial y} \right) + \dfrac{1}{G}\delta(P-Q)F_\xi = 0 \\ \nabla^2 v + \dfrac{1+\bar{\nu}}{1-\bar{\nu}} \left(\dfrac{\partial^2 u}{\partial x \partial y} + \dfrac{\partial^2 v}{\partial y^2} \right) + \dfrac{1}{G}\delta(P-Q)F_\eta = 0 \end{array} \right\} \tag{7.48}$$

Navier 演算子に対する基本解は式 (7.48) の特異解であり, それは変位成分を Galerkin 関数で表すことにより確立することができる. いま以下のようにおく.

$$\left. \begin{array}{l} 2Gu = \dfrac{2}{1+\bar{\nu}}\nabla^2 \phi - \dfrac{\partial}{\partial x}\left(\dfrac{\partial \phi}{\partial x} + \dfrac{\partial \psi}{\partial y} \right) \\ 2Gv = \dfrac{2}{1+\bar{\nu}}\nabla^2 \psi - \dfrac{\partial}{\partial y}\left(\dfrac{\partial \phi}{\partial x} + \dfrac{\partial \psi}{\partial y} \right) \end{array} \right\} \tag{7.49}$$

ただし，$\phi = \phi(x,y)$ と $\psi = \psi(x,y)$ は Galerkin 関数である．それらは Galerkin ベクトルと呼ばれるベクトル成分である [3]．

式 (7.49) を釣り合い方程式 (7.48) に代入すると次式となる．

$$\left.\begin{array}{l}\nabla^4 \phi = -(1+\bar{\nu})\delta(P-Q)F_\xi \\ \nabla^4 \psi = -(1+\bar{\nu})\delta(P-Q)F_\eta\end{array}\right\} \quad (7.50)$$

ただし，

$$\nabla^4 = \nabla^2 \nabla^2 = \frac{\partial^4}{\partial x^4} + 2\frac{\partial^2}{\partial x^2}\frac{\partial^2}{\partial y^2} + \frac{\partial^4}{\partial y^4}$$

は重調和演算子である．

したがって，関数 ϕ と ψ が式 (7.50) の特異な特解を表すならば，式 (7.49) は式 (7.48) の解となる．これらの解は以下のような作業により求められる．

式 (7.50) の最初の式を以下のように表す．

$$\nabla^2 \Phi = -(1+\bar{\nu})\delta(P-Q)F_\xi \quad (7.51)$$

ただし，以下のようにおいた．

$$\nabla^2 \phi = \Phi \quad (7.52)$$

式 (7.51) は式 (3.8) の形をとることより，この方程式に対する特異な特解は以下のようになる．

$$\Phi = -\frac{(1+\bar{\nu})}{2\pi}(\ln r + B)F_\xi$$

ただし，$r = |P-Q|$ であり，B は任意の定数である．したがって，式 (7.52) は次のようになる．

$$\nabla^2 \phi = -\frac{(1+\bar{\nu})}{2\pi}(\ln r + B)F_\xi \quad (7.53)$$

解がソース点 Q の偏角に独立ならば，$r \neq 0$ に対して以下の式を得る．

$$\frac{1}{r}\frac{d}{dr}\left(r\frac{d\phi}{dr}\right) = -\frac{(1+\bar{\nu})}{2\pi}(\ln r + B)F_\xi$$

2 回連続して積分を行えば次式となる．

$$\phi = -\frac{(1+\bar{\nu})}{2\pi}F_\xi\left[\frac{r^2}{4}\ln r + \frac{1}{4}(B-1)r^2 + C\ln r + D\right] \quad (7.54)$$

ただし，C と D は任意の定数である．特解に興味があるので，解が最も簡単な形となるように $B=1$，$C=D=0$ とおいてよい．したがって次式を得る．

$$\phi = -\frac{(1+\bar{\nu})}{8\pi}F_\xi r^2 \ln r \quad (7.55)$$

同様に次式を得る．

$$\psi = -\frac{(1+\bar{\nu})}{8\pi}F_\eta r^2 \ln r \quad (7.56)$$

式 (7.55) と (7.56) を (7.49) に代入することで Navier 方程式に対する基本解を導出でき

る．次節でわかるように，(i) $F_\xi=1$, $F_\eta=0$ と，(ii) $F_\xi=0$ と $F_\eta=1$ に対する基本解が境界積分方程式を導出する際に必要とされる．そこで，基本解に対する式の導出はこの 2 つの場合に限定する．

(i) $F_\xi=1$, $F_\eta=0$

次式がすぐに求められる．

$$\left.\begin{aligned}\phi&=-\frac{1+\bar{\nu}}{8\pi}r^2\ln r\\ \psi&=0\\ \nabla^2\phi&=-\frac{1+\bar{\nu}}{2\pi}(\ln r+1)\\ \frac{\partial^2\phi}{\partial x^2}&=-\frac{1+\bar{\nu}}{8\pi}\left(2\ln r+2r_{,x}^2+1\right)\\ \frac{\partial^2\phi}{\partial x\partial y}&=-\frac{1+\bar{\nu}}{8\pi}2r_{,x}r_{,y}\end{aligned}\right\} \quad (7.57)$$

前述の式および以下では，$r_{,x}$ と $r_{,y}$ はそれぞれ x と y に関する距離 r の導関数を表しており，それらは次式のように与えられる (付録 A 参照)．

$$r_{,x}=-\frac{\xi-x}{r}, \quad r_{,y}=-\frac{\eta-y}{r}$$

上式は明らかに関係式 $r_{,x}^2+r_{,y}^2=1$ を満足する．

式 (7.57) を (7.49) に代入すれば，次式を得る．

$$\left.\begin{aligned}U_{x\xi}&=-\frac{1}{8\pi G}\left[(3-\bar{\nu})\ln r-(1+\bar{\nu})r_{,x}^2+\frac{7-\bar{\nu}}{2}\right]\\ U_{y\xi}&=\frac{1}{8\pi G}(1+\bar{\nu})r_{,x}r_{,y}\end{aligned}\right\} \quad (7.58)$$

ただし，$U_{x\xi}$ と $U_{y\xi}$ はそれぞれ変位 u と v を表している．最初の添字は変位の方向を表し，2 番目の添字は単位力の方向を表している (図 7.5 参照)．

$$U_{x\xi}(P,Q)$$

単位力の方向 / 単位力が作用する点
変位の方向 / 変位が考えられる点

図 7.5　2 次元弾性問題の基本解の成分

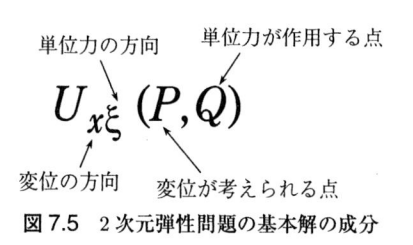

(ii) $F_\xi=0$, $F_\eta=1$

(i) の場合と同様の手順を踏むことで以下の式が得られる．

$$\left.\begin{array}{l}\phi = 0 \\ \psi = -\dfrac{1+\bar{\nu}}{8\pi}r^2 \ln r \\ \nabla^2 \psi = -\dfrac{1+\bar{\nu}}{2\pi}(\ln r + 1) \\ \dfrac{\partial^2 \psi}{\partial x \partial y} = -\dfrac{1+\bar{\nu}}{8\pi} 2 r_{,x} r_{,y} \\ \dfrac{\partial^2 \psi}{\partial y^2} = -\dfrac{1+\bar{\nu}}{8\pi}\left(2\ln r + 2r_{,y}^2 + 1\right)\end{array}\right\} \quad (7.59)$$

また，式 (7.59) を (7.49) に代入すれば次式を得る．

$$\left.\begin{array}{l}U_{x\eta} = \dfrac{1}{8\pi G}(1+\bar{\nu}) r_{,x} r_{,y} \\ U_{y\eta} = -\dfrac{1}{8\pi G}\left[(3-\bar{\nu})\ln r - (1+\bar{\nu}) r_{,y}^2 + \dfrac{7-\bar{\nu}}{2}\right]\end{array}\right\} \quad (7.60)$$

点 P と Q にそれぞれ添字表記を用いる，すなわち x_1, x_2 と ξ_1, ξ_2 とすることで，式 (7.58) と (7.60) は以下のように書くことができる．

$$U_{ij} = -\dfrac{1}{8\pi G}\left[C_1 \delta_{ij} \ln r - C_2 r_{,i} r_{,j} + \delta_{ij} C_3\right] \quad (7.61)$$

ただし，

$$C_1 = 3-\bar{\nu}, \quad C_2 = 1+\bar{\nu}, \quad C_3 = \dfrac{7-\bar{\nu}}{2} \quad (7.62)$$

定数 C_3 は省略することができる．なぜなら，7.12 節で説明するように，それは応力とひずみに影響を与えない剛体変位のみを生じさせるからである．

式 (7.61) はまた以下のようなマトリックス形式で表すことができる．

$$\mathbf{U}(P,Q) = \begin{bmatrix} U_{x\xi} & U_{x\eta} \\ U_{y\xi} & U_{y\eta} \end{bmatrix} = \begin{bmatrix} U_{11} & U_{12} \\ U_{21} & U_{22} \end{bmatrix} \quad (7.63)$$

基本解の成分は，Green のテンソル [5] として知られている 2 点 2 階のテンソル [3, 4] の成分を表す．r は次式で与えられるので (付録 A 参照)，

$$r = \sqrt{(x-\xi)^2 + (y-\eta)^2}, \quad r_{,x} = -r_{,\xi}, \quad r_{,y} = -r_{,\eta}$$

このことより，上で定義されたテンソルは点 P と Q に関して対称となることが容易にわかる．このことは 2 点の役割を交換してもその成分は変化しないことを意味する．すなわち，P は力が作用している点 (ソース点) となり，点 Q は変位が評価される点 (場の点) となる．よって以下の式が成り立つ．

$$\mathbf{U}(P,Q) = \mathbf{U}(Q,P)$$

または

$$\begin{bmatrix} U_{x\xi} & U_{x\eta} \\ U_{y\xi} & U_{y\eta} \end{bmatrix} = \begin{bmatrix} U_{\xi x} & U_{\xi y} \\ U_{\eta x} & U_{\eta y} \end{bmatrix} \quad (7.64)$$

この対称性は変位の相反作用に対する Betti-Maxwell の法則を表している．

7.5 単位集中力による応力

単位集中力による応力成分は式 (7.3) を用いて評価できる．ここでも 2 つの場合に区別する．
(i) $F_\xi = 1,\ F_\eta = 0$

$$\left.\begin{array}{l}\sigma_{x\xi} = \lambda\left(U_{x\xi,x}+U_{y\xi,y}\right)+2\mu U_{x\xi,x} \\ \sigma_{y\xi} = \lambda\left(U_{x\xi,x}+U_{y\xi,y}\right)+2\mu U_{y\xi,y} \\ \tau_{xy\xi} = \mu\left(U_{x\xi,y}+U_{y\xi,x}\right)\end{array}\right\} \tag{7.65}$$

式 (7.58) を上式に代入すれば次式を得る．

$$\left.\begin{array}{l}\sigma_{x\xi} = \dfrac{A_1}{r}\left(A_2 r_{,x}+2r_{,x}^3\right) \\[4pt] \sigma_{y\xi} = \dfrac{A_1}{r}\left(-A_2 r_{,x}+2r_{,x} r_{,y}^2\right) \\[4pt] \tau_{xy\xi} = \dfrac{A_1}{r}\left(A_2 r_{,y}+2r_{,x}^2 r_{,y}\right)\end{array}\right\} \tag{7.66}$$

ただし，

$$A_1 = -\frac{1+\bar\nu}{4\pi},\quad A_2 = \frac{1-\bar\nu}{1+\bar\nu} \tag{7.67}$$

(ii) $F_\xi = 0,\ F_\eta = 1$

$$\left.\begin{array}{l}\sigma_{x\eta} = \lambda\left(U_{x\eta,x}+U_{y\eta,y}\right)+2\mu U_{x\eta,x} \\ \sigma_{y\eta} = \lambda\left(U_{x\eta,x}+U_{y\eta,y}\right)+2\mu U_{y\eta,y} \\ \tau_{xy\eta} = \mu\left(U_{x\eta,y}+U_{y\eta,x}\right)\end{array}\right\} \tag{7.68}$$

式 (7.60) を上式に代入することで次式となる．

$$\left.\begin{array}{l}\sigma_{x\eta} = \dfrac{A_1}{r}\left(-A_2 r_{,y}+2r_{,x}^2 r_{,y}\right) \\[4pt] \sigma_{y\eta} = \dfrac{A_1}{r}\left(A_2 r_{,y}+2r_{,y}^3\right) \\[4pt] \tau_{xy\eta} = \dfrac{A_1}{r}\left(A_2 r_{,x}+2r_{,x} r_{,y}^2\right)\end{array}\right\} \tag{7.69}$$

添字記号を座標 x_1 と x_2 に適用すると，式 (7.66) と (7.69) は次式となる [6]．

$$\sigma_{ijk} = \frac{A_1}{r}\left[A_2\left(\delta_{ik}r_{,j}+\delta_{jk}r_{,i}-\delta_{ij}r_{,k}\right)+2r_{,i}r_{,j}r_{,k}\right]\qquad (i,j,k=1,2) \tag{7.70}$$

下付添字 $k=1,2$ はそれぞれ単位力の方向 ξ と η に対応している．ここで，$\sigma_{11}=\sigma_x$，$\sigma_{22}=\sigma_y$，$\sigma_{12}=\tau_{xy}$ であることを注意しておく．

7.6 単位集中力による境界の表面力

単位集中力による境界上の表面力に対する表示式は，式 (7.22) を用いることで導出

できる．ここで次の2つの場合に分ける．
(i) $F_\xi = 1,\ F_\eta = 0$

$$T_{x\xi} = \sigma_{x\xi}n_x + \tau_{xy\xi}n_y$$
$$T_{y\xi} = \tau_{xy\xi}n_x + \sigma_{y\xi}n_y$$

あるいは，式 (7.66) を用いれば次式となる．

$$\left.\begin{array}{l} T_{x\xi} = \dfrac{A_1}{r}\left(A_2 + 2r_{,x}^2\right)r_{,n} \\[6pt] T_{y\xi} = \dfrac{A_1}{r}\left(2r_{,x}r_{,y}r_{,n} + A_2 r_{,t}\right) \end{array}\right\} \quad (7.71)$$

(ii) $F_\xi = 0,\ F_\eta = 1$

$$T_{x\eta} = \sigma_{x\eta}n_x + \tau_{xy\eta}n_y$$
$$T_{y\eta} = \tau_{xy\eta}n_x + \sigma_{y\eta}n_y$$

あるいは，式 (7.69) を用いれば次式となる．

$$\left.\begin{array}{l} T_{x\eta} = \dfrac{A_1}{r}\left(2r_{,x}r_{,y}r_{,n} - A_2 r_{,t}\right) \\[6pt] T_{y\eta} = \dfrac{A_1}{r}\left(A_2 + 2r_{,y}^2\right)r_{,n} \end{array}\right\} \quad (7.72)$$

ただし，$r_{,n} = r_{,x}n_x + r_{,y}n_y$ は点 (x,y) を通る境界の外向き法線方向の r の導関数を表し，$r_{,t} = -r_{,x}n_y + r_{,y}n_x$ は境界の接線方向の導関数である．ベクトル **n** と **t** は右手系の座標軸を定義している．

添字記号を用いることで式 (7.71) と (7.72) は以下のようになる [6]．

$$T_{ik} = \dfrac{A_1}{r}\left[\left(A_2\delta_{ik} + 2r_{,i}r_{,k}\right)r_{,n} + A_2\left(r_{,i}n_k - r_{,k}n_i\right)\right] \quad (i,k=1,2) \quad (7.73)$$

7.7 解の積分表示

2次元性弾性問題に対する解の積分表示式は，点 Q での単位物体力により生じる応力状態を状態 (II) を考えることにより，相反恒等式 (7.43) より導出される．単位力は最初に ξ 方向に作用し，次に η 方向に作用する．

(i) $F_\xi = 1,\ F_\eta = 0$

この場合，領域 Ω 内での状態 (II) は次のように定義される．

$$b_x^* = \delta(P-Q), \quad b_y^* = 0$$
$$u^* = U_{x\xi}(P,Q), \quad v^* = U_{y\xi}(P,Q)$$

一方，境界 Γ 上では以下のようになる．

$$t_x^* = T_{x\xi}(p,Q), \quad t_y^* = T_{y\xi}(p,Q)$$

ただし，$P \in \Omega$ で $p \in \Gamma$ である．

上式を式 (7.43) に代入し，次式が成立することを考慮する．

$$\int_\Omega u b_x^* d\Omega = \int_\Omega u(P)\delta(P-Q)d\Omega_p = u(Q)$$

7.7 解の積分表示

このことより,領域 Ω 内の点 Q での x 方向の変位に対する解の積分表示式を得る.

$$u(Q) = \int_\Omega [U_{x\xi}(P,Q) b_x(P) + U_{y\xi}(P,Q) b_y(P)] d\Omega_p$$

$$+ \int_\Gamma [U_{x\xi}(p,Q) t_x(p) + U_{y\xi}(p,Q) t_y(p)] ds_p$$

$$- \int_\Gamma [T_{x\xi}(p,Q) u(p) + T_{y\xi}(p,Q) v(p)] ds_p \tag{7.74}$$

(ii) $F_\xi = 0, \ F_\eta = 1$

この場合,領域 Ω 内では次式が成り立つ.

$$b_x^* = 0, \quad b_y^* = \delta(P-Q)$$
$$u^* = U_{x\eta}(P,Q), \quad v^* = U_{y\eta}(P,Q)$$

また,境界 Γ 上では次式が成り立つ.

$$t_x^* = T_{x\eta}(p,Q), \quad t_y^* = T_{y\eta}(p,Q)$$

上式を式 (7.43) に代入し,次式が成立することを考慮する.

$$\int_\Omega v b_y^* d\Omega = \int_\Omega v(P) \delta(P-Q) d\Omega_p = v(Q)$$

このことより,次式を得る.

$$v(Q) = \int_\Omega [U_{x\eta}(P,Q) b_x(P) + U_{y\eta}(P,Q) b_y(P)] d\Omega_p$$

$$+ \int_\Gamma [U_{x\eta}(p,Q) t_x(p) + U_{y\eta}(p,Q) t_y(p)] ds_p$$

$$- \int_\Gamma [T_{x\eta}(p,Q) u(p) + T_{y\eta}(p,Q) v(p)] ds_p \tag{7.75}$$

式 (7.74) と (7.75) は平面弾性 Navier 方程式の解の積分表示式である.これらの式において点 $P(x,y)$ と $Q(\xi,\eta)$ の役割は相反関係より交換されていることがわかる.このことより,点 $Q(\xi,\eta)$ は場の点となり,点 $P(x,y)$ はソース点となる.$T_{x\xi}$, $T_{y\xi}$, $T_{x\eta}$ と $T_{y\eta}$ の式 (7.71) と (7.72) におけるベクトル $\mathbf{n}$ は,荷重が作用している境界の点 $p \in \Gamma$ の法線である.一貫性を保つために,最初の表記は保たれている.したがって,$P \in \Omega$ あるいは $p \in \Gamma$ は場の点を示し,$Q \in \Omega$ または $q \in \Gamma$ はソース点,つまり単位力が作用している点を示す.このことより,式 (7.74) と (7.75) はこの表記の下で書き改められ,2つを結合して次のようなマトリックス方程式となる.

$$\left\{ \begin{array}{c} u(P) \\ v(P) \end{array} \right\} = \int_\Omega \begin{bmatrix} U_{\xi x}(Q,P) & U_{\eta x}(Q,P) \\ U_{\xi y}(Q,P) & U_{\eta y}(Q,P) \end{bmatrix} \left\{ \begin{array}{c} b_\xi(Q) \\ b_\eta(Q) \end{array} \right\} d\Omega_Q$$

$$+ \int_\Gamma \begin{bmatrix} U_{\xi x}(q,P) & U_{\eta x}(q,P) \\ U_{\xi y}(q,P) & U_{\eta y}(q,P) \end{bmatrix} \left\{ \begin{array}{c} t_\xi(q) \\ t_\eta(q) \end{array} \right\} ds_q$$

$$- \int_\Gamma \begin{bmatrix} T_{\xi x}(q,P) & T_{\eta x}(q,P) \\ T_{\xi y}(q,P) & T_{\eta y}(q,P) \end{bmatrix} \left\{ \begin{array}{c} u(q) \\ v(q) \end{array} \right\} ds_q \tag{7.76}$$

この表記の変更により式 (7.58), (7.60), (7.71) と (7.72) における導関数 $r_{,x}$ と $r_{,y}$ をそれぞれ $r_{,\xi}$ と $r_{,\eta}$ に置き換える必要があり，その際には符号は変化しない．このことより，次式を得る．

$$\left.\begin{aligned}
U_{\xi x} &= -\frac{1}{8\pi G}\left[(3-\bar{\nu})\ln r - (1+\bar{\nu})\,r_{,\xi}^2 + \frac{7-\bar{\nu}}{2}\right] \\
U_{\eta x} &= U_{\xi y} = \frac{1}{8\pi G}(1+\bar{\nu})\,r_{,\xi}r_{,\eta} \\
U_{\eta y} &= -\frac{1}{8\pi G}\left[(3-\bar{\nu})\ln r - (1+\bar{\nu})\,r_{,\eta}^2 + \frac{7-\bar{\nu}}{2}\right] \\
T_{\xi x} &= \frac{A_1}{r}\left(A_2 + 2r_{,\xi}^2\right)r_{,n} \\
T_{\eta x} &= \frac{A_1}{r}\left(2r_{,\xi}r_{,\eta}r_{,n} + A_2 r_{,t}\right) \\
T_{\xi y} &= \frac{A_1}{r}\left(2r_{,\xi}r_{,\eta}r_{,n} - A_2 r_{,t}\right) \\
T_{\eta y} &= \frac{A_1}{r}\left(A_2 + 2r_{,\eta}^2\right)r_{,n}
\end{aligned}\right\} \quad (7.77)$$

ただし，$r_{,n} = r_{,\xi}n_x + r_{,\eta}n_y$ および $r_{,t} = -r_{,\xi}n_y + r_{,\eta}n_x$ である．

2つの方向 x_1 と x_2 に対して添字記号を用いれば，式 (7.76) は次式となる [6]．

$$u_i(P) = \int_\Omega U_{ji} b_j d\Omega + \int_\Gamma (U_{ji} t_j - T_{ji} u_j)\,ds \qquad (i,j=1,2) \tag{7.78}$$

7.8 境界積分方程式

3章で解説されたLaplace方程式の場合と同様に，いまの問題に対する境界積分方程式は，式 (7.76) において点 $P \in \Omega$ を点 $p \in \Gamma$ に移行することで導出される．式 (7.58), (7.60), (7.71) と (7.72) より，式 (7.76) の境界積分の核関数が特異である ($P \in \Omega \to p \in \Gamma$ の時に特異な挙動を示す) ことに気がつく．これは $p \to q$ のときに $r \to 0$ となるからである．したがって，点 $P \in \Omega$ が点 $p \in \Gamma$ と一致したときに式 (7.76) における境界積分の挙動を調べなければならない．

滑らかでない境界の一般的な場合について考察し，$P \equiv p$ がかど点にあると仮定する (図7.6参照)．次に，領域 Ω から中心 P，半径 ε で PA と PB に囲まれた小さな扇形範囲を差し引いた部分領域 Ω^* を考える．円弧 AB を Γ_ε で表し，AP と PB の和を l とする．Γ_ε に対する外向き法線方向は半径方向に一致する．さらに，α は境界の点 P での2つの接線方向が成す角度である．明らかに，次式が成り立つ．

$$\lim_{\varepsilon \to 0} \Gamma_\varepsilon = 0$$
$$\lim_{\varepsilon \to 0} (\Gamma - l) = \Gamma$$

また，弦 PA と PB は $\varepsilon \to 0$ のとき，点 P での境界の接線となる．

前述の記号を用いて，(a) $b_x^* = \delta(Q-P)$, $b_y^* = 0$, および (b) $b_x^* = 0$, $b_y^* = \delta(Q-P)$ と

7.8 境界積分方程式

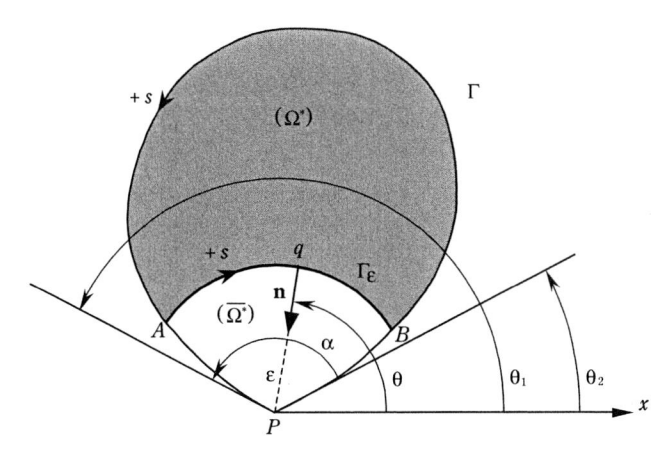

図 7.6 滑らかでない境界のかど点 P に関する幾何学的な定義

なる領域 Ω^* に対して相互関係式 (7.43) 適用する．ただし，$Q \in \Omega^*$, $P \in \bar{\Omega}^* \equiv \Omega - \Omega^*$ である．両方の場合において単位荷重は点 $P(x,y)$ に作用している．点 P が領域の外側に位置しているので，式 (7.43) の左辺の領域積分は 0 となる．添字表記を用いて以下のように書くことができる．

$$\int_{\Gamma-l} T_{ji}(P,q) u_j(q) ds_q + \int_{\Gamma_\varepsilon} T_{ji}(P,q) u_j(q) ds_q$$
$$= \int_{\Omega^*} U_{ji}(P,Q) b_j d\Omega_Q + \int_{\Gamma-l} U_{ji}(P,q) t_j(q) ds_q + \int_{\Gamma_\varepsilon} U_{ji}(P,q) t_j(q) ds_q \quad (7.79)$$

$\varepsilon \to 0$ に対する式 (7.79) における被積分関数の挙動について考察する．極限において $\Gamma-l$ 上の線積分は Γ 上の積分になり，領域 Ω^* にわたる領域積分は Ω にわたっての積分となるのは明らかである．したがって，Γ_ε 上の被積分関数の挙動を調べることが残っている．すなわち，

$$\lim_{\varepsilon \to 0} \int_{\Gamma_\varepsilon} U_{ji} t_j ds \quad (7.80)$$

$$\lim_{\varepsilon \to 0} \int_{\Gamma_\varepsilon} T_{ji} u_j ds \quad (7.81)$$

まず核関数が基本解 U_{ji} である式 (7.80) について考察する．

積分学の平均値の定理を用いれば，積分 (7.80) は以下のような展開した形で書くことができる．

$$\left. \begin{aligned} t_\xi(q^*) \lim_{\varepsilon \to 0} \int_{\Gamma_\varepsilon} U_{\xi x} ds + t_\eta(q^*) \lim_{\varepsilon \to 0} \int_{\Gamma_\varepsilon} U_{\eta x} ds \\ t_\xi(q^*) \lim_{\varepsilon \to 0} \int_{\Gamma_\varepsilon} U_{\xi y} ds + t_\eta(q^*) \lim_{\varepsilon \to 0} \int_{\Gamma_\varepsilon} U_{\eta y} ds \end{aligned} \right\} \quad (7.82)$$

ただし，q^* は Γ_ε 上の点であり，それは 4 つの項のそれぞれに対し一般に異なる．明らかに，$\varepsilon \to 0$ のとき，$q^* \to p \equiv P$ となる．

式 (7.58) と (7.60) に基づき，式 (7.82) における積分は次の形を含むものであることがわかる．

$$I_1 = \int_{\Gamma_\varepsilon} \ln r\, ds, \quad I_2 = \int_{\Gamma_\varepsilon} r_{,\xi}^2\, ds, \quad I_3 = \int_{\Gamma_\varepsilon} r_{,\xi} r_{,\eta}\, ds, \quad I_4 = \int_{\Gamma_\varepsilon} r_{,\eta}^2\, ds$$

3.3 節で示されたように，

$$I_1 = \int_{\Gamma_\varepsilon} \ln r\, ds = \int_{\theta_1}^{\theta_2} \varepsilon \ln \varepsilon\, d(-\theta) = \varepsilon \ln \varepsilon\, (\theta_1 - \theta_2)$$

となり，極限操作を行うことで次式を得る．

$$\lim_{\varepsilon \to 0} \int_{\Gamma_\varepsilon} \ln r\, ds = (\theta_1 - \theta_2) \lim_{\varepsilon \to 0} (\varepsilon \ln \varepsilon) = 0$$

したがって，

$$I_1 = 0$$

残りの 3 つの極限について考えると，以下のように書くことができる (付録 A 参照)．

$$r_{,\xi} = \cos\theta, \qquad r_{,\eta} = \sin\theta$$

そのため，

$$I_2 = \int_{\Gamma_\varepsilon} r_{,\xi}^2\, ds = \int_{\theta_1}^{\theta_2} \cos^2\theta\, \varepsilon\, d(-\theta) = -\varepsilon \left[\frac{\theta}{2} + \frac{\sin 2\theta}{4}\right]_{\theta_1}^{\theta_2}$$

$$I_3 = \int_{\Gamma_\varepsilon} r_{,\xi} r_{,\eta}\, ds = \int_{\theta_1}^{\theta_2} \cos\theta \sin\theta\, \varepsilon\, d(-\theta) = \varepsilon \left[\frac{\cos 2\theta}{4}\right]_{\theta_1}^{\theta_2}$$

$$I_4 = \int_{\Gamma_\varepsilon} r_{,\eta}^2\, ds = \int_{\theta_1}^{\theta_2} \sin^2\theta\, \varepsilon\, d(-\theta) = -\varepsilon \left[\frac{\theta}{2} - \frac{\sin 2\theta}{4}\right]_{\theta_1}^{\theta_2}$$

したがって，

$$\lim_{\varepsilon \to 0} I_2 = 0, \quad \lim_{\varepsilon \to 0} I_3 = 0, \quad \lim_{\varepsilon \to 0} I_4 = 0$$

このことより，式 (7.80) の最後の積分は $\varepsilon \to 0$ に対して 0 となり，式 (7.79) の右辺の残りの 3 つの積分は点 $P \in \Omega$ が点 $p \in \Gamma$ に達するにつれて連続的に変化する．

ここで再び平均値の定理を用いることで，式 (7.81) の核関数 T_{ji} は，展開された形で次のように書くことができる．

$$\left.\begin{array}{l} u(q^*) \lim\limits_{\varepsilon \to 0} \displaystyle\int_{\Gamma_\varepsilon} T_{\xi x}\, ds + v(q^*) \lim\limits_{\varepsilon \to 0} \displaystyle\int_{\Gamma_\varepsilon} T_{\eta x}\, ds \\[2mm] u(q^*) \lim\limits_{\varepsilon \to 0} \displaystyle\int_{\Gamma_\varepsilon} T_{\xi y}\, ds + v(q^*) \lim\limits_{\varepsilon \to 0} \displaystyle\int_{\Gamma_\varepsilon} T_{\eta y}\, ds \end{array}\right\} \qquad (7.83)$$

ただし，q^* は Γ_ε 上の点であり，それは 4 つの項のそれぞれに対して一般に異なる．

図 7.6 を見れば，$r \equiv \varepsilon$ で $\phi = \mathrm{angle}(\mathbf{r}, \mathbf{n}) = \pi$ であることがわかる．したがって，

$$r_{,n} = \cos\phi = -1 \qquad r_{,t} = \sin\phi = 0$$

7.8 境界積分方程式

このことから,式 (7.71), (7.72) と (7.67) を用い, $ds = rd(-\theta) = -\varepsilon d\theta$ (図 7.6 と 3.3 節を参照) を考慮することで次式を得る.

$$\varepsilon_{\xi x} = \lim_{\varepsilon \to 0} \int_{\Gamma_\varepsilon} T_{\xi x} ds = \lim_{\varepsilon \to 0} \int_{\Gamma_\varepsilon} \frac{A_1}{r} \left(A_2 + 2r_{,\xi}^2 \right) r_{,n} ds$$

$$= \frac{1+\bar{\nu}}{8\pi} \left(\frac{4}{1+\bar{\nu}} [\theta]_{\theta_2}^{\theta_1} + [\sin 2\theta]_{\theta_2}^{\theta_1} \right) \tag{7.84}$$

$$\varepsilon_{\eta x} = \lim_{\varepsilon \to 0} \int_{\Gamma_\varepsilon} T_{\eta x} ds = \lim_{\varepsilon \to 0} \int_{\Gamma_\varepsilon} \frac{A_1}{r} \left(2r_{,\xi} r_{,\eta} r_{,n} + A_2 r_{,t} \right) ds$$

$$= -\frac{1+\bar{\nu}}{8\pi} [\cos 2\theta]_{\theta_2}^{\theta_1} \tag{7.85}$$

$$\varepsilon_{\xi y} = \lim_{\varepsilon \to 0} \int_{\Gamma_\varepsilon} T_{\xi y} ds = \lim_{\varepsilon \to 0} \int_{\Gamma_\varepsilon} \frac{A_1}{r} \left(2r_{,\xi} r_{,\eta} r_{,n} - A_2 r_{,t} \right) ds$$

$$= -\frac{1+\bar{\nu}}{8\pi} [\cos 2\theta]_{\theta_2}^{\theta_1} \tag{7.86}$$

$$\varepsilon_{\eta y} = \lim_{\varepsilon \to 0} \int_{\Gamma_\varepsilon} T_{\eta y} ds = \lim_{\varepsilon \to 0} \int_{\Gamma_\varepsilon} \frac{A_1}{r} \left(A_2 + 2r_{,\eta}^2 \right) r_{,n} ds$$

$$= \frac{1+\bar{\nu}}{8\pi} \left(\frac{4}{1+\bar{\nu}} [\theta]_{\theta_2}^{\theta_1} - [\sin 2\theta]_{\theta_2}^{\theta_1} \right) \tag{7.87}$$

明らかに,境界が滑らかなら点 p では以下のようになる.

$$[\theta]_{\theta_2}^{\theta_1} = \theta_1 - \theta_2 = \pi$$

$$[\cos 2\theta]_{\theta_2}^{\theta_1} = \cos 2\theta_1 - \cos 2\theta_2 = \cos 2(\theta_2+\pi) - \cos 2\theta_2 = 0$$

$$[\sin 2\theta]_{\theta_2}^{\theta_1} = \sin 2\theta_1 - \sin 2\theta_2 = \sin 2(\theta_2+\pi) - \sin 2\theta_2 = 0$$

また,式 (7.84) から (7.87) は次式になる.

$$\left. \begin{array}{ll} \varepsilon_{\xi x} = \dfrac{1}{2}, & \varepsilon_{\eta x} = 0 \\[2mm] \varepsilon_{\xi y} = 0, & \varepsilon_{\eta y} = \dfrac{1}{2} \end{array} \right\} \tag{7.88}$$

前述の議論に基づき,境界積分方程式 (7.79) はマトリックス形式で次のように書くことができる.

$$\begin{bmatrix} \varepsilon_{\xi x} & \varepsilon_{\eta x} \\ \varepsilon_{\xi y} & \varepsilon_{\eta y} \end{bmatrix} \begin{Bmatrix} u \\ v \end{Bmatrix} = \int_\Omega \begin{bmatrix} U_{\xi x} & U_{\eta x} \\ U_{\xi y} & U_{\eta y} \end{bmatrix} \begin{Bmatrix} b_\xi \\ b_\eta \end{Bmatrix} d\Omega$$

$$+ \int_\Gamma \begin{bmatrix} U_{\xi x} & U_{\eta x} \\ U_{\xi y} & U_{\eta y} \end{bmatrix} \begin{Bmatrix} t_\xi \\ t_\eta \end{Bmatrix} ds - \int_\Gamma \begin{bmatrix} T_{\xi x} & T_{\eta x} \\ T_{\xi y} & T_{\eta y} \end{bmatrix} \begin{Bmatrix} u \\ v \end{Bmatrix} ds \tag{7.89}$$

あるいは,添字記号を用いると以下のように書ける.

$$\varepsilon_{ji} u_j = \int_\Omega U_{ji} b_j d\Omega + \int_\Gamma (U_{ji} t_j - T_{ji} u_j) ds \tag{7.90}$$

明らかに,境界が滑らかな場合は点 p で $\varepsilon_{ij} = \frac{1}{2}\delta_{ij}$ となる.

7.9 応力の積分表示式

領域 Ω 内の点 $P(x,y)$ での応力成分 σ_x, σ_y と τ_{xy} は式 (7.3) から導出される．このことより，式 (7.76) の変位成分 u と v を代入することで次式を得る．

$$\begin{aligned}
\sigma_x = & \int_\Omega \{[\lambda(U_{\xi x,x}+U_{\xi y,y})+2\mu U_{\xi x,x}]b_\xi + [\lambda(U_{\eta x,x}+U_{\eta y,y})+2\mu U_{\eta x,x}]b_\eta\}\,d\Omega \\
& + \int_\Gamma \{[\lambda(U_{\xi x,x}+U_{\xi y,y})+2\mu U_{\xi x,x}]t_\xi + [\lambda(U_{\eta x,x}+U_{\eta y,y})+2\mu U_{\eta x,x}]t_\eta\}\,ds \\
& - \int_\Gamma \{[\lambda(T_{\xi x,x}+T_{\xi y,y})+2\mu T_{\xi x,x}]u + [\lambda(T_{\eta x,x}+T_{\eta y,y})+2\mu T_{\eta x,x}]v\}\,ds
\end{aligned} \tag{7.91}$$

あるいは，以下のようにおく．

$$\left.\begin{aligned}
\sigma_{x\xi} &= \lambda(U_{\xi x,x}+U_{\xi y,y})+2\mu U_{\xi x,x} \\
\sigma_{x\eta} &= \lambda(U_{\eta x,x}+U_{\eta y,y})+2\mu U_{\eta x,x}
\end{aligned}\right\} \tag{7.92}$$

$$\left.\begin{aligned}
\bar\sigma_{x\xi} &= \lambda(T_{\xi x,x}+T_{\xi y,y})+2\mu T_{\xi x,x} \\
\bar\sigma_{x\eta} &= \lambda(T_{\eta x,x}+T_{\eta y,y})+2\mu T_{\eta x,x}
\end{aligned}\right\} \tag{7.93}$$

このとき，式 (7.91) は次のようになる．

$$\begin{aligned}
\sigma_x = & \int_\Omega (\sigma_{x\xi}b_\xi + \sigma_{x\eta}b_\eta)\,d\Omega + \int_\Gamma (\sigma_{x\xi}t_\xi + \sigma_{x\eta}t_\eta)\,ds \\
& - \int_\Gamma (\bar\sigma_{x\xi}u + \bar\sigma_{x\eta}v)\,ds
\end{aligned} \tag{7.94}$$

$\sigma_{x\xi}$ と $\sigma_{x\eta}$ は，点 (ξ,η) で作用している単位荷重に対するそれぞれ x および y 方向における点 $(x,y)\in\Omega$ での応力 σ_x を表す (式 (7.65) と (7.68) を参照)．同様に，量 $\bar\sigma_{x\xi}$ と $\bar\sigma_{x\eta}$ はそれぞれ，点 (ξ,η) で作用する x および y 方向での単位変位による，点 $(x,y)\in\Omega$ での応力 σ_x を表す．

同様にして，次式を得る．

$$\begin{aligned}
\sigma_y = & \int_\Omega (\sigma_{y\xi}b_\xi + \sigma_{y\eta}b_\eta)\,d\Omega + \int_\Gamma (\sigma_{y\xi}t_\xi + \sigma_{y\eta}t_\eta)\,ds \\
& - \int_\Gamma (\bar\sigma_{y\xi}u + \bar\sigma_{y\eta}v)\,ds
\end{aligned} \tag{7.95}$$

$$\begin{aligned}
\tau_{xy} = & \int_\Omega (\tau_{xy\xi}b_\xi + \tau_{xy\eta}b_\eta)\,d\Omega + \int_\Gamma (\tau_{xy\xi}t_\xi + \tau_{xy\eta}t_\eta)\,ds \\
& - \int_\Gamma (\bar\tau_{xy\xi}u + \bar\tau_{xy\eta}v)\,ds
\end{aligned} \tag{7.96}$$

ただし，

$$\left.\begin{aligned}
\sigma_{y\xi} &= \lambda(U_{\xi x,x}+U_{\xi y,y})+2\mu U_{\xi y,y} \\
\sigma_{y\eta} &= \lambda(U_{\eta x,x}+U_{\eta y,y})+2\mu U_{\eta y,y}
\end{aligned}\right\} \tag{7.97}$$

$$\left.\begin{aligned}\bar{\sigma}_{y\xi} &= \lambda\left(T_{\xi x,x}+T_{\xi y,y}\right)+2\mu T_{\xi y,y} \\ \bar{\sigma}_{y\eta} &= \lambda\left(T_{\eta x,x}+T_{\eta y,y}\right)+2\mu T_{\eta y,y}\end{aligned}\right\} \quad (7.98)$$

$$\left.\begin{aligned}\tau_{xy\xi} &= \mu\left(U_{\xi x,y}+U_{\xi y,x}\right) \\ \tau_{xy\eta} &= \mu\left(U_{\eta x,y}+U_{\eta y,x}\right)\end{aligned}\right\} \quad (7.99)$$

$$\left.\begin{aligned}\bar{\tau}_{xy\xi} &= \mu\left(T_{\xi x,y}+T_{\xi y,x}\right) \\ \bar{\tau}_{xy\eta} &= \mu\left(T_{\eta x,y}+T_{\eta y,x}\right)\end{aligned}\right\} \quad (7.100)$$

応力 $\sigma_{x\xi}$, $\sigma_{x\eta}$, $\sigma_{y\xi}$, $\sigma_{y\eta}$, $\tau_{xy\xi}$ と $\tau_{xy\eta}$ は，式 (7.66) と (7.69) で与えられる．一方，$\bar{\sigma}_{x\xi}$, $\bar{\sigma}_{x\eta}$, $\bar{\sigma}_{y\xi}$, $\bar{\sigma}_{y\eta}$, $\bar{\tau}_{xy\xi}$ と $\bar{\tau}_{xy\eta}$ は，式 (7.71) と (7.72) を式 (7.93), (7.98), (7.100) に代入し，それに含まれる微分を行うことで導出される．このことより次式を得る．

$$\left.\begin{aligned}\bar{\sigma}_{x\xi} &= \frac{A_3}{r^2}\left[2r_{,x}r_{,n}\left(1-4r_{,x}^2\right)+\left(2r_{,x}^2+1\right)n_x\right] \\ \bar{\sigma}_{x\eta} &= \frac{A_3}{r^2}\left(-8r_{,x}^2 r_{,y}r_{,n}+2r_{,x}r_{,y}n_x+n_y\right) \\ \bar{\sigma}_{y\xi} &= \frac{A_3}{r^2}\left(-8r_{,y}^2 r_{,x}r_{,n}+2r_{,x}r_{,y}n_y+n_x\right) \\ \bar{\sigma}_{y\eta} &= \frac{A_3}{r^2}\left[2r_{,y}r_{,n}\left(1-4r_{,y}^2\right)+\left(2r_{,y}^2+1\right)n_y\right] \\ \bar{\tau}_{xy\xi} &= \bar{\sigma}_{x\eta} \\ \bar{\tau}_{xy\eta} &= \bar{\sigma}_{y\xi}\end{aligned}\right\} \quad (7.101)$$

ただし，$A_3 = -2\mu A_1$ である．

7.10 境界積分方程式の数値解

7.10.1 未知境界量の評価

境界積分方程式は一定境界要素を用いた BEM により解かれる．境界は N 個の一定要素に分割される．このため，変位と表面力の分布はそれぞれの要素上で一定であり，要素の中心に位置する節点での値と等しくなる．

i 番目の節点での変位と表面力をそれぞれ $\{u\}^i = \{u^i v^i\}^T$ と $\{t\}^i = \{t_x^i t_y^i\}^T$ とし，境界は一定要素の節点で滑らかであることを考慮すると，式 (7.89) は以下のように書くことができる．

$$\frac{1}{2}\{u\}^i + \sum_{j=1}^{N}[\hat{H}]^{ij}\{u\}^j = \sum_{j=1}^{N}[G]^{ij}\{t\}^j + \{F\}^i \quad (7.102)$$

ただし，

$$[G]^{ij} = \begin{bmatrix}\int_{\Gamma_j} U_{\xi x}(q,p_i)\,ds_q & \int_{\Gamma_j} U_{\eta x}(q,p_i)\,ds_q \\ \int_{\Gamma_j} U_{\xi y}(q,p_i)\,ds_q & \int_{\Gamma_j} U_{\eta y}(q,p_i)\,ds_q\end{bmatrix} \quad (7.103)$$

$$[\hat{H}]^{ij} = \begin{bmatrix} \int_{\Gamma_j} T_{\xi x}(q,p_i)\,ds_q & \int_{\Gamma_j} T_{\eta x}(q,p_i)\,ds_q \\ \int_{\Gamma_j} T_{\xi y}(q,p_i)\,ds_q & \int_{\Gamma_j} T_{\eta y}(q,p_i)\,ds_q \end{bmatrix} \tag{7.104}$$

また，$p_i, q \in \Gamma$ および $Q \in \Omega$ として，

$$\{F\}^i = \left\{ \begin{array}{l} \int_\Omega [U_{\xi x}(Q,p_i)\,b_\xi(Q) + U_{\eta x}(Q,p_i)\,b_\eta(Q)]\,d\Omega_Q \\ \int_\Omega [U_{\xi y}(Q,p_i)\,b_\xi(Q) + U_{\eta y}(Q,p_i)\,b_\eta(Q)]\,d\Omega_Q \end{array} \right\} \tag{7.105}$$

式 (7.102) は，i 番目の節点の変位と i 番目の節点を含むすべての節点の変位と表面力を関係付ける．

すべての境界節点に式 (7.102) を適用すれば $2N$ 個の方程式が得られ，それは以下のようにマトリックス形式で表すことができる．

$$[H]\{u\} = [G]\{t\} + \{F\} \tag{7.106}$$

ただし，

$$[H] = [\hat{H}] + \frac{1}{2}[I] \tag{7.107}$$

マトリックス $[\hat{H}]$ と $[G]$ の次元は $2N \times 2N$ であり，ベクトル $\{u\}$，$\{t\}$ と $\{F\}$ の次元も $2N$ である．それらは以下のように定義される．

$$[G] = \begin{bmatrix} [G]^{11} & [G]^{12} & \cdots & [G]^{1N} \\ [G]^{21} & [G]^{22} & \cdots & [G]^{2N} \\ \vdots & \vdots & \ddots & \vdots \\ [G]^{N1} & [G]^{N2} & \cdots & [G]^{NN} \end{bmatrix} \tag{7.108}$$

$$[\hat{H}] = \begin{bmatrix} [\hat{H}]^{11} & [\hat{H}]^{12} & \cdots & [\hat{H}]^{1N} \\ [\hat{H}]^{21} & [\hat{H}]^{22} & \cdots & [\hat{H}]^{2N} \\ \vdots & \vdots & \ddots & \vdots \\ [\hat{H}]^{N1} & [\hat{H}]^{N2} & \cdots & [\hat{H}]^{NN} \end{bmatrix} \tag{7.109}$$

および

$$\{u\} = \left\{ \begin{array}{c} \{u\}^1 \\ \{u\}^2 \\ \vdots \\ \{u\}^N \end{array} \right\}, \quad \{t\} = \left\{ \begin{array}{c} \{t\}^1 \\ \{t\}^2 \\ \vdots \\ \{t\}^N \end{array} \right\}, \quad \{F\} = \left\{ \begin{array}{c} \{F\}^1 \\ \{F\}^2 \\ \vdots \\ \{F\}^N \end{array} \right\} \tag{7.110}$$

$2N$ 個のマトリックス式 (7.106) は $4N$ 個の境界値，すなわち変位の値が $2N$ と表面力 $2N$ を含む．しかしながら，境界条件より $2N$ 個の値が既知である．そのため，式 (7.106) から $2N$ 個の未知境界値を決定することができる．混合境界条件に対し未知量の再配列が必要となることを注意しておく．以上の手順を踏むことで以下に示す $2N$ 個の線形代数方程式系が得られる．

$$[A]\{X\} = \{R\}+\{F\} \tag{7.111}$$

ただし，$[A]$ は次元 $2N \times 2N$ の正方係数マトリックス，$\{X\}$ は $2N$ の未知境界値を含むベクトル，$\{R\}$ はマトリックス $[G]$ と $[H]$ に対応する既知境界値をかけて得られる列の和として生じるベクトルである．マトリックス $[G]$ と $[H]$ の列は，それらが式の反対側に移行される際に符号が反対になる．ここで境界の表面力のみが規定されている場合，つまり式 (7.106) におけるベクトル $\{t\}$ が既知の場合に特別な注意を払わなければならない．この種の境界条件 (式 (7.21) の (iv) の場合) に対しては，物体の剛体変位も含まれるので，変位は唯一にはならない．このことはマトリックス $[H]$ のランクが $2N-3$ となることに反映されており，そのため逆行列が求められなくなる．この問題を克服するために，物体の剛体変位を制限する．このために，物体はベクトル $\{u\}$ の3つの成分が0となるように支持されているとする．このとき，マトリックス $[A]$ を不適切にする物体の運動学的不定を除くように，要素の選択に注意を払わなくてはならない．

7.10.2 物体内部の変位の評価

式 (7.111) の方程式系は変位と表面力の未知境界値について解かれる．そうすれば境界値がすべて既知となり，領域 Ω 内の任意の点 $P_i(x_i, y_i)$ の変位は式 (7.76) を用いて評価できる．その離散化された形は以下のようになる．

$$\{u\}^i = \sum_{j=1}^N [G]^{ij}\{t\}^j - \sum_{j=1}^N [\hat{H}]^{ij}\{u\}^j + \{F\}^i \tag{7.112}$$

マトリックス $[G]^{ij}$，$[\hat{H}]^{ij}$ とベクトル $\{F\}^i$ は，それぞれ式 (7.103)，(7.104) と (7.105) により評価され，それらの式は $p_i \in \Gamma$ の代わりに $P \in \Omega$ としたものである．上付添字 i は領域 Ω 内の点 $P_i(x_i, y_i)$ に対応したものであり，境界節点ではない．

7.10.3 物体内部の応力の評価

領域 Ω 内の任意点 $P_i(x_i, y_i)$ での応力は式 (7.94)，(7.95) と (7.96) を用いて評価される．その離散化された形は以下のように書ける．

$$\begin{Bmatrix} \sigma_x \\ \sigma_y \\ \tau_{xy} \end{Bmatrix}^i = \sum_{j=1}^N [\sigma]^{ij}\{t\}^j - \sum_{j=1}^N [\bar{\sigma}]^{ij}\{u\}^j + \{S\}^i \tag{7.113}$$

マトリックス $[\sigma]^{ij}$，$[\bar{\sigma}]^{ij}$ とベクトル $\{S\}^i$ は，以下の関係式より計算される．

$$[\sigma]^{ij} = \begin{bmatrix} \int_{\Gamma_j} \sigma_{x\xi}(q, P_i)\,ds_q & \int_{\Gamma_j} \sigma_{x\eta}(q, P_i)\,ds_q \\ \int_{\Gamma_j} \sigma_{y\xi}(q, P_i)\,ds_q & \int_{\Gamma_j} \sigma_{y\eta}(q, P_i)\,ds_q \\ \int_{\Gamma_j} \tau_{xy\xi}(q, P_i)\,ds_q & \int_{\Gamma_j} \tau_{xy\eta}(q, P_i)\,ds_q \end{bmatrix} \tag{7.114}$$

$$[\bar{\sigma}]^{ij} = \begin{bmatrix} \int_{\Gamma_j} \bar{\sigma}_{x\xi}(q,P_i)\,ds_q & \int_{\Gamma_j} \bar{\sigma}_{x\eta}(q,P_i)\,ds_q \\ \int_{\Gamma_j} \bar{\sigma}_{y\xi}(q,P_i)\,ds_q & \int_{\Gamma_j} \bar{\sigma}_{y\eta}(q,P_i)\,ds_q \\ \int_{\Gamma_j} \bar{\tau}_{xy\xi}(q,P_i)\,ds_q & \int_{\Gamma_j} \bar{\tau}_{xy\eta}(q,P_i)\,ds_q \end{bmatrix} \quad (7.115)$$

$$\{S\}^i = \left\{ \begin{array}{l} \int_\Omega [\sigma_\xi(Q,P_i)\,b_\xi(Q) + \sigma_\eta(Q,P_i)\,b_\eta(Q)]\,d\Omega_Q \\ \int_\Omega [\sigma_\xi(Q,P_i)\,b_\xi(Q) + \sigma_\eta(Q,P_i)\,b_\eta(Q)]\,d\Omega_Q \\ \int_\Omega [\tau_{xy\xi}(Q,P_i)\,b_\xi(Q) + \tau_{xy\eta}(Q,P_i)\,b_\eta(Q)]\,d\Omega_Q \end{array} \right\} \quad (7.116)$$

7.10.4 境界上の応力の評価

境界上の応力 σ_x, σ_y と τ_{xy} は，式 (7.94)，(7.95) と (7.96) で点 $P \in \Omega$ を点 $p \in \Gamma$ に近づけ，7.8 節で説明したのと同様の極限操作を行うことにより評価できる．しかしながらこのことは，点 $P \in \Omega$ が $p \in \Gamma$ に移行する際の線積分の挙動より生じる困難と，特異線積分と超特異線積分を扱う必要性があることより推奨できない．この理由から，以下に示す方法が，簡単で直接的な手法として好んで使われている．

境界の接線方向にわたる変位 u と v の導関数は以下のように与えられる．

$$\left. \begin{array}{l} \dfrac{\partial u}{\partial t} = -\dfrac{\partial u}{\partial x}n_y + \dfrac{\partial u}{\partial y}n_x \\ \dfrac{\partial v}{\partial t} = -\dfrac{\partial v}{\partial x}n_y + \dfrac{\partial v}{\partial y}n_x \end{array} \right\} \quad (7.117)$$

これらの導関数は数値微分より u と v の境界値より計算される (6.2.2 項を参照)．

式 (7.23) と式 (7.117) をまとめれば，以下の式を得る．

$$\begin{bmatrix} (\lambda+2\mu)n_x & \mu n_y & \mu n_y & \lambda n_x \\ \lambda n_y & \mu n_x & \mu n_x & (\lambda+2\mu)n_y \\ -n_y & n_x & 0 & 0 \\ 0 & 0 & -n_y & n_x \end{bmatrix} \begin{Bmatrix} u_{,x} \\ u_{,y} \\ v_{,x} \\ v_{,y} \end{Bmatrix} = \begin{Bmatrix} t_x \\ t_y \\ u_{,t} \\ v_{,t} \end{Bmatrix} \quad (7.118)$$

$n_x^2 + n_y^2 = 1$ を考慮すれば，式 (7.118) におけるマトリックスの行列式は以下のようになることが簡単に証明できる．

$$\det|D| = -\mu(\lambda+2\mu) \neq 0 \quad (7.119)$$

したがって，x と y に関する u と v の導関数は常に評価でき，応力は以下の式より計算される．

$$\left. \begin{array}{l} \sigma_x = \lambda(u_{,x}+v_{,y}) + 2\mu u_{,x} \\ \sigma_y = \lambda(u_{,x}+v_{,y}) + 2\mu v_{,y} \\ \tau_{xy} = \mu(u_{,y}+v_{,x}) \end{array} \right\} \quad (7.120)$$

7.11 物体力

式 (7.105) と (7.116) より,物体力が含まれていると領域積分の評価を必要とすることがわかる.これらの積分は以下の方法のいずれかで評価できる.

7.11.1 直接の数値的評価

領域 Ω はセルに分割され,積分は 4.4 節において Poisson 方程式に対して展開した手順を用いて実行される.しかしながら,この手法は 2 つの欠点をもつ.領域の離散化という困難な問題を含むことにより,BEM の優雅さと計算効率を減じてしまう.もちろん,連続体を離散化されたものにより近似するという FEM におけるような複雑な問題ではない.BEM においては,積分を和によって近似するためにのみ離散化が行われる.各セル上 (不連続な有限要素) の被積分関数の値が一定と仮定すれば,積分にはよい近似となる.この事実は積分学の平均値の定理の結果である.

この領域積分の 2 つ目の欠点は,式 (7.58), (7.60), (7.66), (7.69) と (7.101) の被積分関数の挙動が $\ln r$, $1/r$, $1/r^2$ または $1/r^3 (r = |P-Q|)$ であることに原因がある.これらの積分は,点 P が積分が実行されるセル上にある場合に特異あるいは超特異積分になる.なぜなら,点 Q は同じセル上に位置しており,このことより r は $r = 0$ となるからである.これらの積分の評価にはいくつかの手法が提案されている [7].比較的簡単であるが効果的で精度のよい手法が Katsikadelis[8] により展開されており,それは特異あるいは超特異積分をセルの境界上の正則な線積分に変換する手法である.この手法は付録 B で説明されている.

7.11.2 特解を用いた評価

この場合,Navier の方程式 (7.19) の解は次の 2 つの解の和として求められる.

$$u = u_0 + u_1, \quad v = v_0 + v_1 \tag{7.121}$$

ただし,u_0, v_0 は同次方程式の解であり,u_1 と v_1 は非同次方程式の特解である.微分演算子に対して式 (7.45) の表記を用いれば,Navier 方程式は次のように書かれる.

$$\left.\begin{array}{l} N_x(u,v) = b_x \\ N_y(u,v) = b_y \end{array}\right\} \quad \text{in } \Omega \tag{7.122}$$

あるいは,式 (7.121) を用い,演算子 N_x と N_y は線形であることを考慮すれば,次の境界値問題より解 u_0 と v_0 を得ることができる.

$$\left.\begin{array}{l} N_x(u_0, v_0) = 0 \\ N_y(u_0, v_0) = 0 \end{array}\right\} \quad \text{in } \Omega \tag{7.123}$$

および

(i) $\quad u_0 = \bar{u} - u_1, \qquad v_0 = \bar{v} - v_1 \qquad \text{on } \Gamma_1 \qquad$ (7.124a)

(ii) $\quad u_0 = \bar{u} - u_1, \qquad (t_y)_0 = \bar{t}_y - t_y^1 \qquad \text{on } \Gamma_2 \qquad$ (7.124b) (iii)　　$(t_x)_0 = \bar{t}_x - t_x^1,$　　$v_0 = \bar{v} - v_1$　　on Γ_3　　(7.124c)

(iv)　　$(t_x)_0 = \bar{t}_x - t_x^1,$　　$(t_y)_0 = \bar{t}_y - t_y^1$　　on Γ_4　　(7.124d)

上述の境界条件は，式 (7.21) を u_0 と v_0 の項で表したものである．表面力成分 t_x^1 と t_y^1 は，式 (7.23) で u と v を u_1 と v_1 で置き換えると求められる．

特解は以下の式より得ることができる．

$$\left. \begin{array}{l} N_x(u_1, v_1) = b_x \\ N_y(u_1, v_1) = b_y \end{array} \right\}$$

同次方程式の解法よりも特解の決定を先に記述しなければならないことは明らかである．特解は，式 (7.49) より得ることができて次式となる．

$$\left. \begin{array}{l} 2Gu_1 = \dfrac{2}{1+\bar{\nu}}\nabla^2\phi_1 - \dfrac{\partial}{\partial x}\left(\dfrac{\partial\phi_1}{\partial x} + \dfrac{\partial\psi_1}{\partial y}\right) \\[2mm] 2Gv_1 = \dfrac{2}{1+\bar{\nu}}\nabla^2\psi_1 - \dfrac{\partial}{\partial y}\left(\dfrac{\partial\phi_1}{\partial x} + \dfrac{\partial\psi_1}{\partial y}\right) \end{array} \right\} \quad (7.125)$$

関数 ϕ_1, ψ_1 は Galerkin ベクトルの成分であり，以下の方程式の特解として決定される．

$$\nabla^4 \phi_1 = -(1+\bar{\nu})b_x \quad (7.126a)$$
$$\nabla^4 \psi_1 = -(1+\bar{\nu})b_y \quad (7.126b)$$

式 (7.126a) と (7.126b) は，横荷重 $-(1+\bar{\nu})b_x$ と $-(1+\bar{\nu})b_y$ がそれぞれ作用している薄板の曲げ方程式を表している．これらの方程式の特解は，文献 [9] に提示されている方法を用いて求められる．この方法は，調和方程式について 3.4.2 項で示した方法を，重調和方程式の場合に拡張したものである．

以下の変数を導入する．

$$z = x + iy, \qquad \bar{z} = x - iy \quad (7.127)$$

式 (7.126a) は以下のように変形される．

$$16\dfrac{\partial^4 \bar{\phi}_1}{\partial z^2 \partial \bar{z}^2} = b_x(z, \bar{z}) \quad (7.128)$$

ただし，以下のようにおいてある．

$$\bar{\phi}_1 = -\dfrac{\phi_1}{(1+\bar{\nu})} \quad (7.129)$$

特解 $\bar{\phi}_1(z,\bar{z})$ は，式 (7.128) を連続的に 4 回積分することで簡単に求められる．特解を求めているので，任意の積分関数は無視できる．したがって，式 (7.127) より z と $\bar{z}$ を代入すれば $\bar{\phi}_1(x,y)$ を導出できる．同様に，式 (7.126b) の特解 $\bar{\psi}_1(x,y)$ も得ることができる．

例題 7.1

物体力 $b_x = \rho g \cos\theta,\ b_y = \rho g \sin\theta$ が物体の重さであり，それがベクトル $(\cos\theta,\ \sin\theta)$ の方向に働いている場合の特解を決定せよ．ただし，ρ は物体の単位面積当たりの密度で，g は重力加速度である．

最初に Galerkin ベクトルの成分を決定する．式 (7.128) は以下のように書ける．

$$16\frac{\partial^4 \bar{\phi}_1}{\partial z^2 \partial \bar{z}^2} = \rho g \cos\theta$$

繰り返し積分することで次式を得る．

$$\bar{\phi}_1 = \frac{\rho g \cos\theta}{64} z^2 \bar{z}^2 = \frac{\rho g}{64} r^4 \cos\theta$$

あるいは，

$$\phi_1 = kr^4 \cos\theta$$

ただし，以下のようにおいた．

$$k = -\frac{\rho g (1+\bar{\nu})}{64}, \qquad r^2 = x^2 + y^2$$

同様に，次式を得る．

$$\psi_1 = kr^4 \sin\theta$$

ϕ_1 と ψ_1 に対する上式を，式 (7.125) に代入すれば次式を得る．

$$u_1 = -\frac{\rho g}{4G}\left\{r^2 \cos\theta - \frac{1+\bar{\nu}}{8}\left[(3x^2+y^2)\cos\theta + 2xy\sin\theta\right]\right\}$$

および

$$v_1 = -\frac{\rho g}{4G}\left\{r^2 \sin\theta - \frac{1+\bar{\nu}}{8}\left[2xy\cos\theta + (x^2+3y^2)\sin\theta\right]\right\}$$

y 軸が垂直方向にとられるならば，$\theta = -\pi/2$, $\cos\theta = 0$, $\sin\theta = -1$ となり，特解は以下のような簡単な形になる．

$$u_1 = -\frac{\rho g (1+\bar{\nu})}{16G} xy$$

$$v_1 = -\frac{\rho g}{16G}\left[-4(x^2+y^2) + \frac{1}{2}(1+\bar{\nu})(x^2+3y^2)\right]$$

7.11.3 領域積分の境界積分への変換

この方法は BEM の理論に近いものであり，領域積分が避けられ，本手法の純粋に境界だけという特徴が損なわれない．領域積分の境界線積分への変換は異なる方法で行うことができる．2 つの方法を順に説明する．1 つは一般的であり任意の分布をもつ物体力に適用できる．一方，他の方法はポテンシャル方程式から導出される物体力に用いる方法である．

(a) 任意分布の物体力

この方法は，3.5 節で Poisson 方程式に対して記述したものと類似している [10]．

最初に，前節で説明した手順を用いて Navier の方程式に対する特解 u_1, v_1 を決定する．

$$N_x(u_1, v_1) = b_x$$
$$N_y(u_1, v_1) = b_y$$

次に，相反関係式 (7.43) が以下の場合に対して順に用いられる．

(i) $\quad u = u_1, \quad v = v_1, \quad u^* = U_{\xi x}, \quad v^* = U_{\eta x}$

(ii) $\quad u = u_1, \quad v = v_1, \quad u^* = U_{\xi y}, \quad v^* = U_{\eta y}$

そして，基本解 $U_{\xi x}$, $U_{\eta x}$, $U_{\xi y}$, $U_{\eta y}$ が以下の式を満足することを考慮する．

$$\left. \begin{array}{l} N_x(U_{\xi x}, U_{\eta x}) = \delta(Q-P) \\ N_y(U_{\xi x}, U_{\eta x}) = 0 \end{array} \right\} \quad (7.130\text{a})$$

$$\left. \begin{array}{l} N_x(U_{\xi y}, U_{\eta y}) = 0 \\ N_y(U_{\xi y}, U_{\eta y}) = \delta(Q-P) \end{array} \right\} \quad (7.130\text{b})$$

すると，ベクトル (7.105) の成分 F_x と F_y を が次のように求められる．

$$F_x(P) = \varepsilon_{11} u_1(P) + \varepsilon_{21} v_1(P)$$
$$- \int_\Gamma \left[U_{\xi x}(q, P) t_\xi^1(q) + U_{\eta x}(q, P) t_\eta^1(q) \right] ds_q$$
$$+ \int_\Gamma \left[T_{\xi x}(q, P) u_1(q) + T_{\eta x}(q, P) v_1(q) \right] ds_q \quad (7.131)$$

$$F_y(P) = \varepsilon_{12} u_1(P) + \varepsilon_{22} v_1(P)$$
$$- \int_\Gamma \left[U_{\xi y}(q, P) t_\xi^1(q) + U_{\eta y}(q, P) t_\eta^1(q) \right] ds_q$$
$$+ \int_\Gamma \left[T_{\xi y}(q, P) u_1(q) + T_{\eta y}(q, P) v_1(q) \right] ds_q \quad (7.132)$$

ただし，係数 ε_{ij} は $P \in \Omega$ に対して $\varepsilon_{ij} = \delta_{ij}$ の値をとるが，$P \in \Gamma$ に対してそれらは式 (7.84) から (7.87) より評価される．点 $P \in \Gamma$ で境界が滑らかならば，$\varepsilon_{ij} = \frac{1}{2}\delta_{ij}$ である．

式 (7.131) と (7.132) は，全領域 Ω にわたって分布している物体力 b_ξ と b_η に対して成り立つことを注意しておく．b_ξ と b_η が部分領域 $\Omega^* \in \Omega$ にのみ作用しているなら，領域 Ω^* の外側の点 P では $\varepsilon_{ij} = 0$ となり，そのため積分の外側の項が 0 になる．したがって，式 (7.131) と (7.132) は点 $P \in (\Omega^* \cup \Gamma^*)$ に対してのみ適用可能である．

(b) ポテンシャル関数より導出される物体力

b_ξ と b_η が任意の関数である前述の場合は，むしろ理論的である．一方，ポテンシャル関数より物体力が導出される場合は重要であり，特別な現実的な興味がある．例えば引力がそれである．領域積分の境界積分への変換は以下の手順で達成される．

$V = V(\xi, \eta)$ がポテンシャルを表す関数なら，物体力の成分は以下のように得られる．

$$b_\xi = \frac{\partial V}{\partial \xi}, \quad b_\eta = \frac{\partial V}{\partial \eta} \quad (7.133)$$

さらに，ポテンシャル関数が以下の方程式を満足する．

$$\nabla^2 V = 0 \quad (7.134)$$

式 (7.105) によって定義された積分 F_x は次のように書かれる．

7.12 一定要素による平面性弾性問題を解くプログラム ELBECON   181

$$F_x = \int_\Omega (U_{\xi x}V_{,\xi}+U_{\eta x}V_{,\eta})\,d\Omega$$

$$= -\int_\Omega (U_{\xi x,\xi}+U_{\eta x,\eta})\,V d\Omega + \int_\Gamma (U_{\xi x}n_x+U_{\eta x}n_y)\,V ds \qquad (7.135)$$

ただし，n_x と n_y は境界の点 (ξ, η) で境界に垂直な単位ベクトル **n** の余弦方向である．上記の領域積分の変換は，式 (2.7) と (2.8) を適用することで達成される．

式 (7.58) を代入すれば，式 (7.135) の右辺の領域積分は以下のようになる．

$$\int_\Omega (U_{\xi x,\xi}+U_{\eta x,\eta})\,V d\Omega = -\frac{2(1-\bar{\nu})}{8\pi G}\int_\Omega (\ln r)_{,\xi}\,V d\Omega \qquad (7.136)$$

さらに，次式とおく．

$$\phi = \frac{1}{4}r^2 \ln r \qquad (7.137)$$

これより，次式が成り立つことがわかる．

$$\nabla^2 \phi_{,\xi} = (\ln r)_{,\xi}$$

また，$v = V$ と $u = \phi_{,\xi}$ に対して Green の恒等式 (2.16) を適用すれば次式を得る．

$$\int_\Omega V\nabla^2 \phi_{,\xi}d\Omega = \int_\Gamma \left(V\frac{\partial \phi_{,\xi}}{\partial n}-\phi_{,\xi}\frac{\partial V}{\partial n}\right)ds \qquad (7.138)$$

したがって，式 (7.135) は最終的に以下のようになる．

$$F_x = \frac{(1-\bar{\nu})}{4\pi G}\int_\Gamma \left(V\frac{\partial \phi_{,\xi}}{\partial n}-\phi_{,\xi}\frac{\partial V}{\partial n}\right)ds + \int_\Gamma (U_{\xi x}n_x+U_{\eta x}n_y)\,ds \qquad (7.139)$$

同様に，y 方向の物体力の寄与は，以下のような境界だけの積分項のみで得られる．

$$F_y = \frac{(1-\bar{\nu})}{4\pi G}\int_\Gamma \left(V\frac{\partial \phi_{,\eta}}{\partial n}-\phi_{,\eta}\frac{\partial V}{\partial n}\right)ds + \int_\Gamma (U_{\xi y}n_y+U_{\eta y}n_y)\,ds \qquad (7.140)$$

7.12 一定要素による平面性弾性問題を解くプログラム ELBECON

前節において説明された解析方法に基づき，コンピュータプログラムは FORTRAN 言語で書かれている [6]．これは 2 種類の平面性弾性問題を解く．すなわち，空洞をもつ平面弾性体の平面ひずみまたは平面応力問題である．プログラムを簡単にするために物体力は考慮しない．境界積分方程式の離散化には一定要素を用いている．プログラム ELBECON の構成が図 7.7 の概略フローチャートに示されている．

○メインプログラム

メインプログラムは境界要素数，境界の数，解が計算される内点の数をそれぞれパラメータ N，NB，IN として定義する．メインプログラムはデータを含むファイル INPUTFILE と計算結果を伝える OUTPUTFILE の 2 つのファイルを開く．したがって，メインプログラムは以下に示す 10 個のサブルーチンを呼び出す：

  INPUTEL INPUTFILE からデータを読み取る．
  GMATREL 式 (7.108) によって定義されるマトリックス $[G]$ を形成する．

7. 2次元静弾性問題に対する BEM

```
┌─────────────────────┐
│   メインプログラム      │
│   N, NB と IN を定義   │
│  各サブルーチンを呼び出す │
└──────────┬──────────┘
           ▼
┌─────────────────────┐
│      INPUTEL        │
│   データの読み込み     │
│ OUTPUTFILE への書き込み │
└──────────┬──────────┘
           ▼
┌─────────────────────┐
│     GMATREL         │
│  マトリックス [G] を形成 │
└──────────┬──────────┘
           ▼
┌─────────────────────┐
│     HMATREL         │
│  マトリックス [H] を形成 │
└──────────┬──────────┘
           ▼
┌─────────────────────┐
│     ABMATREL        │
│ マトリックス [A] とベクトル {B} を形成 │
└──────────┬──────────┘
           ▼
┌─────────────────────┐
│      SOLVEQ         │
│ 方程式 [A]{X} = {B} を解く │
└──────────┬──────────┘
           ▼
┌─────────────────────┐
│     REORDEREL       │
│    境界値の再配列      │
│  ベクトル UB, VB, TXB  │
│    と TYB を形成       │
└──────────┬──────────┘
           ▼
┌─────────────────────┐
│      UVINTER        │
│   内点の変位を計算     │
└──────────┬──────────┘
           ▼
┌─────────────────────┐
│      STRESSB        │
│  境界上の応力を計算    │
└──────────┬──────────┘
           ▼
┌─────────────────────┐
│      STRESSIN       │
│   内点の応力を計算     │
└──────────┬──────────┘
           ▼
┌─────────────────────┐
│      OUTPUTEL       │
│ OUTPUTFILE に計算結果を出力 │
└──────────┬──────────┘
           ▼
   ( プログラム終了 )
```

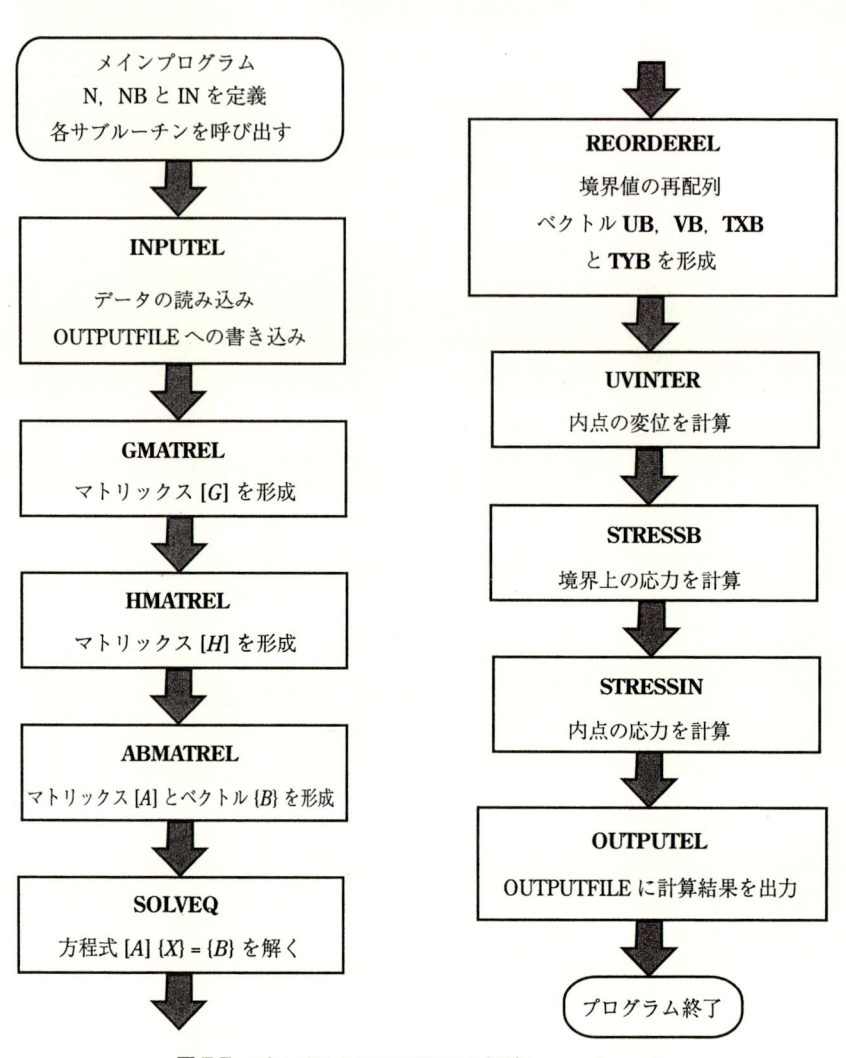

図 7.7 プログラム ELBECON の概略フローチャート

HMATREL　　式 (7.107) と式 (7.109) によって定義されるマトリックス [H] を形成する．

ABMATREL　与えられた境界条件に基づきマトリックス [H] と [G] を並べ替えて式 (7.111) のマトリックス [A] とベクトル {B} = {R} を形成する．

SOLVEQ　　Gauss の消去法を用いて線形代数方程式系 [A]{X} = {B} を解く．

REORDEREL　境界値を再構成しベクトル $\{u\}$, $\{v\}$, $\{t_x\}$, $\{t_y\}$ を形成する．

7.12 一定要素による平面性弾性問題を解くプログラム ELBECON

UVINTER	式 (7.112) を用いて内点での u と v の値を計算する.
STRESSB	式 (7.120) より境界節点での応力 σ_x, σ_y, τ_{xy} を計算する.
STRESSIN	式 (7.113) より内点での応力 σ_x, σ_y, τ_{xy} を計算する.
OUTPUT	OUTPUTFILE に結果を出力する.

このプログラムで用いられている変数とその配列の意味を以下に記述する：

N	境界要素の総数 (一定要素なので境界節点の総数).
IN	変位と応力が計算される内点の数.
NB	境界の数.
NL	それぞれの境界の最後の要素のシリアル番号を含む次元 NB の 1 次元配列.
IPLANE	弾性問題の種類を規定する定数. 平面ひずみに対して IPLANE=0; 平面応力に対して IPLANE=1.
EL	弾性論の Young 率 E.
GL	せん断弾性率 G.
PN	Poisson 比 ν.
KCODE	節点 I (I = 1, 2, $\cdots$, N) での境界条件のタイプを規定する 1 次元配列でそれらは以下の値をとる：
	KCODE(I)=1 u と v が規定されるとき
	KCODE(I)=2 t_x と t_y が規定されるとき
	KCODE(I)=3 u と t_y が規定されるとき
	KCODE(I)=4 t_x と v が規定されるとき
XL,YL	要素端点の x, y 座標を含む 1 次元配列.
XM,YM	境界節点の x, y 座標を含む 1 次元配列.
XIN,YIN	変位と応力の値を計算したい内点の x, y 座標を含む 1 次元配列.
R	式 (7.111) で定義される 1 次元配列.
UB,VB	1 次元配列. データの読み込みの際, 規定された境界値 (変位および／または表面力を含む). 出力の際, 境界節点値 u と v を含む.
TXB,TYB	出力の際に境界表面力 t_x と t_y の値を格納する 1 次元配列.
UIN,VIN	内点で計算された変位 u と v の値を格納する 1 次元配列.
SXIN,SYIN	内点で計算された応力成分 σ_x, σ_y の値を含む 1 次元配列.
SXYIN	内点で計算された応力成分 τ_{xy} の値を含む 1 次元配列.
SXB,SYB	境界節点で計算された応力成分 σ_x, σ_y の値を含む 1 次元配列.
SXYB	境界節点で計算された応力成分 τ_{xy} の値を含む 1 次元配列.

○サブルーチン INPUTEL

サブルーチン INPUTEL はすべての解析に必要なデータを自由な書式で読み込むものである. あらかじめデータが INPUTFILE に書かれていなければならず, メインプログラムで必要とされるので, そのファイルの名前をあらかじめ規定しておく. このファイルは以下に示すデータを含む:

1. ユーザー名．ユーザーの名前を1行で定義する．
2. タイトル．プログラムの名前を1行で定義する．
3. 問題の種類のコード番号．平面ひずみに対して IPLANE=0；平面応力に対して IPLANE=1．
4. 弾性定数．弾性論の Young 率 EL と Poisson 比 PN．
5. それぞれの境界の最後の要素の番号．NB 個の整数で配列 NL を形成する．
6. 境界要素の端点．境界要素の端点の座標 XL, YL から構成される N 組の値．それらは正の方向に読み込まれる．すなわち，外側の境界では反時計回り，内側では時計回りである．
7. 境界条件．一組が KCODE の値，u または t_x，および v または t_y より構成される N 組の数値．さらに具体的には：
KCODE(I)=1: u, v
KCODE(I)=2: t_x, t_y
KCODE(I)=3: u, t_y
KCODE(I)=4: t_x, v
8. 内点の座標．変位 u と v，応力 σ_x, σ_y と τ_{xy} が計算される内点の座標 XL, YL から構成される IN 組の値．

最終的に，サブルーチン INPUTEL は，ユーザーが名前を付けた OUTPUTFILE にデータを書き込む．

○サブルーチン GMATREL

このサブルーチンは式 (7.108) により定義されるマトリックス $[G]$ を形成する．最初に，式 (7.103) により与えられるサブマトリックス $[G]^{ij}$ が評価され，続いてマトリックス $[G]$ に置かれる．マトリックス $[G]$ の成分は一定境界要素にわたる基本解の線積分である．マトリックスの対角成分に関して要素の位置に対して2つの場合に区別する：

(i) 非対角成分，$i \neq j$

この場合，基準点 $P_i(x_i, y_i)$ は積分が実行される j 番目の要素の外側に位置するため，距離 $r = |q - P_i|$ は 0 とならない．したがって，式 (7.103) における線積分は正則であり，それらはサブルーチン RLINTG（プログラム LABECON を参照）を呼び出し，4点の Gauss の数値積分を用いて評価される．

(ii) 対角成分，$i = j$

この場合，基準点 $P_i(x_i, y_i)$ は積分が実行される j 番目の要素上に位置する．距離 $r = |q - P_i|$ は $P_i \equiv q$ に対して 0 となり，そのため式 (7.103) の線積分は特異となる．この理由から，それらの評価は区間 $[\varepsilon, l_i/2]$ で解析的に行われ，その後極限 $\varepsilon \to 0$ をとる．区間 $[\varepsilon, l_i/2]$ における積分は区間 $[-l_i/2, -\varepsilon]$ の積分と等しいことを述べておく．

ここで，次式が成り立つことに注意する．

$$r_{,x} = \cos\alpha = \frac{x_{i+1} - x_i}{l_i}, \quad r_{,y} = \sin\alpha = \frac{y_{i+1} - y_i}{l_i} \tag{7.141}$$

それぞれの要素で $\alpha = \text{angle}(\mathbf{x}, \mathbf{r})$ であり（図 7.8 参照），式 (7.58)，(7.60) と (7.103) よ

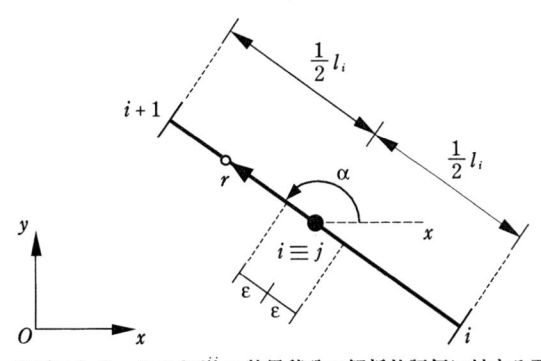

7.12 一定要素による平面性弾性問題を解くプログラム ELBECON

図 7.8 サブマトリックス $[G]^{ij}$ の特異積分の解析的評価に対する要素分割

り以下の式を得る．

$$G_{11}^{ii} = \int_{\Gamma_i} U_{\xi x} ds = \int_{\Gamma_i} U_{x\xi} ds$$

$$= -\frac{1}{8\pi G} \lim_{\varepsilon \to 0} \left\{ 2(3-\bar{\nu}) \int_{\varepsilon}^{l_i/2} \ln r\, dr - 2(1+\bar{\nu}) \cos^2 \alpha \int_{\varepsilon}^{l_i/2} dr \right\}$$

$$= -\frac{1}{8\pi G} \lim_{\varepsilon \to 0} \left\{ 2(3-\bar{\nu}) [r \ln r - r]_{\varepsilon}^{l_i/2} - 2(1+\bar{\nu}) \cos^2 \alpha\, [r]_{\varepsilon}^{l_i/2} \right\}$$

$$= -\frac{l_i}{8\pi G} \left[(3-\bar{\nu}) \left(\ln \frac{l_i}{2} - 1 \right) - (1+\bar{\nu}) \cos^2 \alpha \right] \tag{7.142a}$$

$$G_{12}^{ii} = G_{21}^{ii} = \int_{\Gamma_i} U_{\xi y} ds = \int_{\Gamma_i} U_{y\xi} ds$$

$$= \frac{1}{8\pi G} \lim_{\varepsilon \to 0} \left\{ (1+\bar{\nu}) 2 \int_{\varepsilon}^{l_i/2} \cos \alpha \sin \alpha\, dr \right\}$$

$$= \frac{1}{8\pi G} (1+\bar{\nu}) 2 \cos \alpha \sin \alpha \int_0^{l_i/2} dr$$

$$= \frac{l_i}{8\pi G} (1+\bar{\nu}) \cos \alpha \sin \alpha \tag{7.142b}$$

$$G_{22}^{ii} = \int_{\Gamma_i} U_{\eta y} ds = \int_{\Gamma_i} U_{y\eta} ds$$

$$= -\frac{1}{8\pi G} \lim_{\varepsilon \to 0} \left\{ 2(3-\bar{\nu}) \int_{\varepsilon}^{l_i/2} \ln r\, dr - 2(1+\bar{\nu}) \sin^2 \alpha \int_{\varepsilon}^{l_i/2} dr \right\}$$

$$= -\frac{1}{8\pi G} \lim_{\varepsilon \to 0} \left\{ 2(3-\bar{\nu}) [r \ln r - r]_{\varepsilon}^{l_i/2} - 2(1+\bar{\nu}) \sin^2 \alpha\, [r]_{\varepsilon}^{l_i/2} \right\}$$

$$= -\frac{l_i}{8\pi G} \left[(3-\bar{\nu}) \left(\ln \frac{l_i}{2} - 1 \right) - (1+\bar{\nu}) \sin^2 \alpha \right] \tag{7.142c}$$

G_{11}^{ii} と G_{22}^{ii} を評価するとき，積分方程式に影響を及ぼさないので，$U_{\xi x}$ と $U_{\eta y}$ の表示で定数項は無視される．実際，式 (7.76) に対する定数 C の寄与を求めれば，x, y 軸のそれぞれについて物体に作用している外力の釣り合い方程式より次式となる．

$$\left. \begin{array}{ll} C\left(\int_\Omega b_\xi d\Omega + \int_\Gamma t_\xi ds\right) = 0 & \text{in } u(p) \\ C\left(\int_\Omega b_\eta d\Omega + \int_\Gamma t_\eta ds\right) = 0 & \text{in } v(p) \end{array} \right\} \tag{7.143}$$

○サブルーチン HMATREL

このサブルーチンは式 (7.107) で定義されるマトリックス $[H]$ を形成する．最初に式 (7.104) を用いてサブマトリックス $[\hat{H}]^{ij}$ ($i,j = 1,2,\cdots,N$) を評価し，それを $[\hat{H}]$ に置く．マトリックスの対角成分に関して要素の位置に対して2つの場合に区別する：

(i) 非対角成分，$i \neq j$

この場合，マトリックス $[G]^{ij}$ の場合にも説明したが，距離 $r = |q - P_i|$ は 0 にならない．そのため，線積分は常に正則であり，それらはサブルーチン RLINTG (プログラム LABECON を参照) を呼び出し，4点の Gauss の数値積分を用いて評価される．

(ii) 対角成分，$i = j$

この場合，基準点 $P_i(x_i, y_i)$ は積分が実行される j 番目の要素上に位置する．距離 $r = |q - P_i|$ は $P_i \equiv q$ で 0 となり，そのため式 (7.104) の線積分は特異となる．

式 (7.71) と (7.72) により与えられる核関数の積分では，次の形の特異積分の評価が必要である．

$$\int_{\Gamma_i} \frac{r_{,n}}{r} ds, \qquad \int_{\Gamma_i} \frac{r_{,t}}{r} ds$$

上式は以下のようにも書くことができる (4.3 節参照)．

$$\int_{\Gamma_i} \frac{\cos\phi}{r} ds, \qquad \int_{\Gamma_i} \frac{\sin\phi}{r} ds$$

ただし，$\phi = \text{angle}(\mathbf{r}, \mathbf{n})$ は図 4.4 に示されている．

式 (4.28b) で証明されたように，最初の積分は 0 となる．さらに，式 (4.21) と (4.27) を用いれば，2番目の積分は次式となる．

$$\int_{\Gamma_i} \frac{\sin\phi}{r} ds = \int_{-1}^{1} \frac{\sin\phi}{|\xi|} d\xi$$

$$= -\int_0^1 \frac{d|\xi|}{|\xi|} + \int_0^{-1} \frac{d|\xi|}{|\xi|} = 0$$

ただし，$0 \leq \xi \leq 1$ のとき $\phi = 3\pi/2$ となり，$-1 \leq \xi \leq 0$ のとき $\phi = \pi/2$ となる．したがって，

$$[\hat{H}]^{ii} = [0]$$

また，

7.12 一定要素による平面性弾性問題を解くプログラム ELBECON

$$[H]^{ii} = [\hat{H}]^{ii} + \frac{1}{2}[I] = \begin{bmatrix} 1/2 & 0 \\ 0 & 1/2 \end{bmatrix} \tag{7.144}$$

○サブルーチン ABMATREL

このサブルーチンはマトリックス $[G]$ と $[H]$ の列の再配列を行い，式 (7.111) のマトリックス $[A]$ とベクトル $\{R\}$ を作成する．マトリックス $[A]$ の列は，未知境界量 u，v，t_x と t_y に対応するマトリックス $[G]$ と $[H]$ のすべての列から構成される．ベクトル $\{R\}$ は，境界の既知量 u，v，t_x と t_y に対応する $[G]$ と $[H]$ のこれらの列にそれぞれの値をかけたものの和として生じるベクトルである．ここで $[G]$ と $[H]$ の列が式 (7.106) の反対側に移行されたとき，符号が反対になることに注意しなければならない．

○サブルーチン SOLVEQ

このサブルーチンはサブルーチン LEQS を呼び出し，方程式系 $[A]\{X\} = \{B\}$ を解く．解は Gauss の消去法を用いて求められ，ベクトル $\{R\} = \{B\}$ に格納される．アウトプットのパラメータ LSING はマトリックス $[A]$ が正則な場合は LSING=0 となり，マトリックス $[A]$ が特異な場合は LSING=1 となる (プログラム LABECON 参照)．

○サブルーチン REORDEREL

このサブルーチンは与えられた境界条件に基づきベクトル $\{R\}$ の再配列を行い，境界上の変位と表面力のベクトル $\{u\}$, $\{v\}$, $\{t_x\}$ と $\{t_y\}$ を形成する．

○サブルーチン UVINTER

このサブルーチンは式 (7.112) を用いて内点での変位 u と v を計算する．マトリックス $[G]^{ij}$ と $[\hat{H}]^{ij}$ はサブルーチン RLINTG と RLINTH により評価される．これは，すべての点 $P \in \Omega$ に対して $r = |P-q| \neq 0$ だからである．したがって，含まれるすべての線積分が常に正則である．

○サブルーチン STRESSB

このサブルーチンは境界節点での応力 σ_x, σ_y と τ_{xy} を計算する．最初に，境界の接線方向の導関数 $u_{,t}$, $v_{,t}$ を評価し，その後式 (7.118) と (7.120) を用いて応力が計算される．

○サブルーチン STRESSIN

このサブルーチンは式 (7.113) に基づき，内点での応力 σ_x, σ_y と τ_{xy} を計算する．

○サブルーチン OUTPUTEL

このサブルーチンは結果のすべてを OUTPUTFILE に出力する．

プログラム ELBECON のソースコードがサンプルプログラムに格納されている．

例題 7.2

この例題の目的は簡単な平面応力問題を解くことにより，プログラム ELBECON の使用法を示すことである．考察する物体は，両端で固定されている深い梁 (すなわち，梁の長さがその深さに比べて大きくない) である．厚さは $h = 0.1$m，材料定数は $E = 2 \times 10^5$ kN/m^2, $\nu = 0.20$ である．その他のデータは図 7.9 に示されている．

結果は，境界総要素数 N=44 を用いて得られる．水平の境界 (上端と下端) はそれぞれ

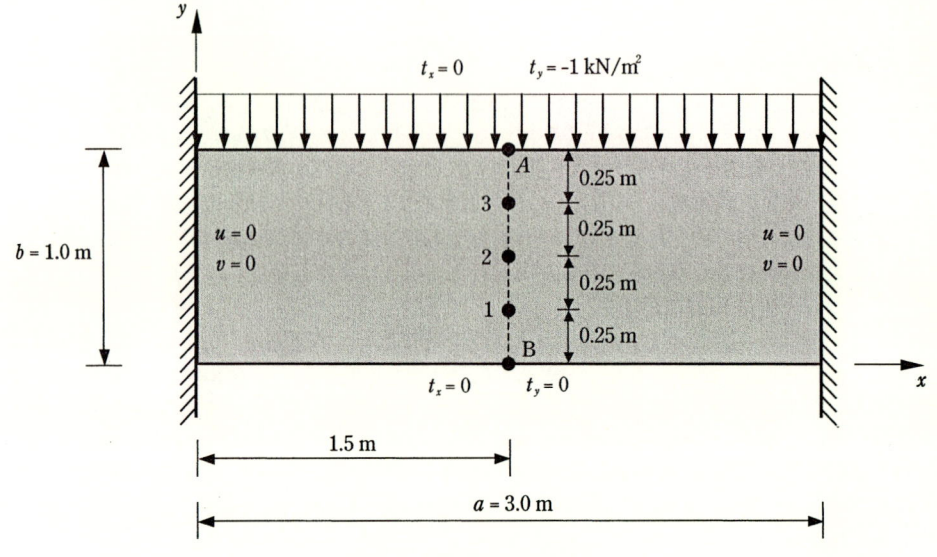

図 7.9 両端固定の深い梁

NX=15 の境界要素で分割され，垂直面 (左端と右端) はそれぞれ NY=7 の要素で分割されている．長方形領域の弾性問題に対するデータファイルはプログラム RECT-4.FOR で自動的に作成でき，このプログラムはこの目的のために書かれたものである．このプログラムのソースコードは，例題 7.2 の N=44, NX=15, NY=7, IN=3, NB=1, IPLANE=1, IX=1, JY=3 の値に対してサンプルプログラムに格納されている．

例題 7.2 〈データ〉

```
J.T.KATSIKADELIS
EXAMPLE 7.2

    1
    200000.   .200

   44
      .00000000       .00000000
      .20000000       .00000000
      .40000000       .00000000
      .60000000       .00000000
      .80000000       .00000000
     1.00000000       .00000000
     1.20000000       .00000000
     1.40000000       .00000000
     1.60000000       .00000000
     1.80000000       .00000000
     2.00000000       .00000000
     2.20000000       .00000000
```

7.12 一定要素による平面性弾性問題を解くプログラム ELBECON

2.40000000	.00000000		
2.60000000	.00000000		
2.80000000	.00000000		
3.00000000	.00000000		
3.00000000	.14285714		
3.00000000	.28571429		
3.00000000	.42857143		
3.00000000	.57142857		
3.00000000	.71428571		
3.00000000	.85714286		
3.00000000	1.00000000		
2.80000000	1.00000000		
2.60000000	1.00000000		
2.40000000	1.00000000		
2.20000000	1.00000000		
2.00000000	1.00000000		
1.80000000	1.00000000		
1.60000000	1.00000000		
1.40000000	1.00000000		
1.20000000	1.00000000		
1.00000000	1.00000000		
.80000000	1.00000000		
.60000000	1.00000000		
.40000000	1.00000000		
.20000000	1.00000000		
.00000000	1.00000000		
.00000000	.85714286		
.00000000	.71428571		
.00000000	.57142857		
.00000000	.42857143		
.00000000	.28571429		
.00000000	.14285714		
2	.00000000	.00000000	
2	.00000000	.00000000	
2	.00000000	.00000000	
2	.00000000	.00000000	
2	.00000000	.00000000	
2	.00000000	.00000000	
2	.00000000	.00000000	
2	.00000000	.00000000	
2	.00000000	.00000000	
2	.00000000	.00000000	
2	.00000000	.00000000	
2	.00000000	.00000000	
2	.00000000	.00000000	
2	.00000000	.00000000	
1	.00000000	.00000000	
1	.00000000	.00000000	
1	.00000000	.00000000	
1	.00000000	.00000000	
1	.00000000	.00000000	
1	.00000000	.00000000	
1	.00000000	.00000000	
2	.00000000	-1.00000000	

```
         2            .00000000       -1.00000000
         2            .00000000       -1.00000000
         2            .00000000       -1.00000000
         2            .00000000       -1.00000000
         2            .00000000       -1.00000000
         2            .00000000       -1.00000000
         2            .00000000       -1.00000000
         2            .00000000       -1.00000000
         2            .00000000       -1.00000000
         2            .00000000       -1.00000000
         2            .00000000       -1.00000000
         2            .00000000       -1.00000000
         2            .00000000       -1.00000000
         2            .00000000       -1.00000000
         1            .00000000        .00000000
         1            .00000000        .00000000
         1            .00000000        .00000000
         1            .00000000        .00000000
         1            .00000000        .00000000
         1            .00000000        .00000000
         1            .00000000        .00000000


      1.50000000       .25000000
      1.50000000       .50000000
      1.50000000       .75000000
```

例題 7.2 〈結果〉

```
****************************************************************
J.T.KATSIKADELIS
EXAMPLE 7.2

DATA

   NUMBER OF BOUNDARY ELEMENTS = 44
   NUMBER OF INTERNAL POINTS   =  3
   NUMBER OF BOUNDARIES        =  1

   PLANE STRESS PROBLEM

   ELASTIC CONSTANTS:    ELASTIC MODULUS = .2000E+06   POISSON RATIO =   .20



   COORDINATES OF THE EXTREME POINTS OF THE BOUNDARY ELEMENTS

   NODE         XL               YL

     1        .00000E+00       .00000E+00
     2        .20000E+00       .00000E+00
     3        .40000E+00       .00000E+00
     4        .60000E+00       .00000E+00
     5        .80000E+00       .00000E+00
     6        .10000E+01       .00000E+00
     7        .12000E+01       .00000E+00
```

7.12 一定要素による平面性弾性問題を解くプログラム ELBECON

8	.14000E+01	.00000E+00
9	.16000E+01	.00000E+00
10	.18000E+01	.00000E+00
11	.20000E+01	.00000E+00
12	.22000E+01	.00000E+00
13	.24000E+01	.00000E+00
14	.26000E+01	.00000E+00
15	.28000E+01	.00000E+00
16	.30000E+01	.00000E+00
17	.30000E+01	.14286E+00
18	.30000E+01	.28571E+00
19	.30000E+01	.42857E+00
20	.30000E+01	.57143E+00
21	.30000E+01	.71429E+00
22	.30000E+01	.85714E+00
23	.30000E+01	.10000E+01
24	.28000E+01	.10000E+01
25	.26000E+01	.10000E+01
26	.24000E+01	.10000E+01
27	.22000E+01	.10000E+01
28	.20000E+01	.10000E+01
29	.18000E+01	.10000E+01
30	.16000E+01	.10000E+01
31	.14000E+01	.10000E+01
32	.12000E+01	.10000E+01
33	.10000E+01	.10000E+01
34	.80000E+00	.10000E+01
35	.60000E+00	.10000E+01
36	.40000E+00	.10000E+01
37	.20000E+00	.10000E+01
38	.00000E+00	.10000E+01
39	.00000E+00	.85714E+00
40	.00000E+00	.71429E+00
41	.00000E+00	.57143E+00
42	.00000E+00	.42857E+00
43	.00000E+00	.28571E+00
44	.00000E+00	.14286E+00

BOUNDARY CONDITIONS

NODE	KCODE	PRESCRIBED VALUES	
1	2	.00000E+00	.00000E+00
2	2	.00000E+00	.00000E+00
3	2	.00000E+00	.00000E+00
4	2	.00000E+00	.00000E+00
5	2	.00000E+00	.00000E+00
6	2	.00000E+00	.00000E+00
7	2	.00000E+00	.00000E+00
8	2	.00000E+00	.00000E+00
9	2	.00000E+00	.00000E+00
10	2	.00000E+00	.00000E+00
11	2	.00000E+00	.00000E+00
12	2	.00000E+00	.00000E+00
13	2	.00000E+00	.00000E+00

```
14    2    .00000E+00    .00000E+00
15    2    .00000E+00    .00000E+00
16    1    .00000E+00    .00000E+00
17    1    .00000E+00    .00000E+00
18    1    .00000E+00    .00000E+00
19    1    .00000E+00    .00000E+00
20    1    .00000E+00    .00000E+00
21    1    .00000E+00    .00000E+00
22    1    .00000E+00    .00000E+00
23    2    .00000E+00   -.10000E+01
24    2    .00000E+00   -.10000E+01
25    2    .00000E+00   -.10000E+01
26    2    .00000E+00   -.10000E+01
27    2    .00000E+00   -.10000E+01
28    2    .00000E+00   -.10000E+01
29    2    .00000E+00   -.10000E+01
30    2    .00000E+00   -.10000E+01
31    2    .00000E+00   -.10000E+01
32    2    .00000E+00   -.10000E+01
33    2    .00000E+00   -.10000E+01
34    2    .00000E+00   -.10000E+01
35    2    .00000E+00   -.10000E+01
36    2    .00000E+00   -.10000E+01
37    2    .00000E+00   -.10000E+01
38    1    .00000E+00    .00000E+00
39    1    .00000E+00    .00000E+00
40    1    .00000E+00    .00000E+00
41    1    .00000E+00    .00000E+00
42    1    .00000E+00    .00000E+00
43    1    .00000E+00    .00000E+00
44    1    .00000E+00    .00000E+00

***************************************************************************

The system has been solved regularly

***************************************************************************


RESULTS


BOUNDARY NODES

NODE    X            Y            U             V            TXB           TYB

  1  .10000E+00  .00000E+00  -.11073E-05  -.47147E-06  .00000E+00  .00000E+00
  2  .30000E+00  .00000E+00  -.24208E-05  -.22679E-05  .00000E+00  .00000E+00
  3  .50000E+00  .00000E+00  -.30557E-05  -.44605E-05  .00000E+00  .00000E+00
  4  .70000E+00  .00000E+00  -.31222E-05  -.66588E-05  .00000E+00  .00000E+00
  5  .90000E+00  .00000E+00  -.27353E-05  -.86054E-05  .00000E+00  .00000E+00
  6  .11000E+01  .00000E+00  -.20100E-05  -.10118E-04  .00000E+00  .00000E+00
  7  .13000E+01  .00000E+00  -.10607E-05  -.11073E-04  .00000E+00  .00000E+00
  8  .15000E+01  .00000E+00  -.74751E-21  -.11399E-04  .00000E+00  .00000E+00
  9  .17000E+01  .00000E+00   .10607E-05  -.11073E-04  .00000E+00  .00000E+00
 10  .19000E+01  .00000E+00   .20100E-05  -.10118E-04  .00000E+00  .00000E+00
```

7.12　一定要素による平面性弾性問題を解くプログラム ELBECON

```
11   .21000E+01  .00000E+00   .27353E-05 -.86054E-05  .00000E+00  .00000E+00
12   .23000E+01  .00000E+00   .31222E-05 -.66588E-05  .00000E+00  .00000E+00
13   .25000E+01  .00000E+00   .30557E-05 -.44605E-05  .00000E+00  .00000E+00
14   .27000E+01  .00000E+00   .24208E-05 -.22679E-05  .00000E+00  .00000E+00
15   .29000E+01  .00000E+00   .11073E-05 -.47147E-06  .00000E+00  .00000E+00
16   .30000E+01  .71429E-01   .00000E+00  .00000E+00 -.20636E+01 -.54870E+00
17   .30000E+01  .21429E+00   .00000E+00  .00000E+00 -.91311E+00  .30483E-01
18   .30000E+01  .35714E+00   .00000E+00  .00000E+00 -.51615E+00  .19079E+00
19   .30000E+01  .50000E+00   .00000E+00  .00000E+00 -.19883E+00  .29576E+00
20   .30000E+01  .64286E+00   .00000E+00  .00000E+00  .13260E+00  .34608E+00
21   .30000E+01  .78571E+00   .00000E+00  .00000E+00  .57485E+00  .34953E+00
22   .30000E+01  .92857E+00   .00000E+00  .00000E+00  .22960E+01  .39736E+00
23   .29000E+01  .10000E+01  -.15265E-05 -.16042E-05  .00000E+00 -.10000E+01
24   .27000E+01  .10000E+01  -.27364E-05 -.42788E-05  .00000E+00 -.10000E+01
25   .25000E+01  .10000E+01  -.31999E-05 -.67858E-05  .00000E+00 -.10000E+01
26   .23000E+01  .10000E+01  -.31621E-05 -.90767E-05  .00000E+00 -.10000E+01
27   .21000E+01  .10000E+01  -.27298E-05 -.11037E-04  .00000E+00 -.10000E+01
28   .19000E+01  .10000E+01  -.19935E-05 -.12543E-04  .00000E+00 -.10000E+01
29   .17000E+01  .10000E+01  -.10495E-05 -.13491E-04  .00000E+00 -.10000E+01
30   .15000E+01  .10000E+01   .47646E-21 -.13814E-04  .00000E+00 -.10000E+01
31   .13000E+01  .10000E+01   .10495E-05 -.13491E-04  .00000E+00 -.10000E+01
32   .11000E+01  .10000E+01   .19935E-05 -.12543E-04  .00000E+00 -.10000E+01
33   .90000E+00  .10000E+01   .27298E-05 -.11037E-04  .00000E+00 -.10000E+01
34   .70000E+00  .10000E+01   .31621E-05 -.90767E-05  .00000E+00 -.10000E+01
35   .50000E+00  .10000E+01   .31999E-05 -.67858E-05  .00000E+00 -.10000E+01
36   .30000E+00  .10000E+01   .27364E-05 -.42788E-05  .00000E+00 -.10000E+01
37   .10000E+00  .10000E+01   .15265E-05 -.16042E-05  .00000E+00 -.10000E+01
38   .00000E+00  .92857E+00   .00000E+00  .00000E+00 -.22960E+01  .39736E+00
39   .00000E+00  .78571E+00   .00000E+00  .00000E+00 -.57485E+00  .34953E+00
40   .00000E+00  .64286E+00   .00000E+00  .00000E+00 -.13260E+00  .34608E+00
41   .00000E+00  .50000E+00   .00000E+00  .00000E+00  .19883E+00  .29576E+00
42   .00000E+00  .35714E+00   .00000E+00  .00000E+00  .51615E+00  .19079E+00
43   .00000E+00  .21429E+00   .00000E+00  .00000E+00  .91311E+00  .30483E-01
44   .00000E+00  .71429E-01   .00000E+00  .00000E+00  .20636E+01 -.54870E+00


DISPLACEMENTS AT INTERNAL POINTS

POINT       X            Y             U             V

  1     .15000E+01   .25000E+00   -.27049E-21   -.11965E-04
  2     .15000E+01   .50000E+00   -.30440E-21   -.12522E-04
  3     .15000E+01   .75000E+00   -.48638E-21   -.13175E-04


STRESSES AT THE BOUNDARY NODAL POINTS

NODE       X            Y            SXB           SYB           SXYB

  1     .10000E+00   .00000E+00   -.13018E+01   .00000E+00    .00000E+00
  2     .30000E+00   .00000E+00   -.97418E+00   .00000E+00    .00000E+00
  3     .50000E+00   .00000E+00   -.35074E+00   .00000E+00    .00000E+00
  4     .70000E+00   .00000E+00    .16019E+00   .00000E+00    .00000E+00
  5     .90000E+00   .00000E+00    .55613E+00   .00000E+00    .00000E+00
  6     .11000E+01   .00000E+00    .83728E+00   .00000E+00    .00000E+00
  7     .13000E+01   .00000E+00    .10050E+01   .00000E+00    .00000E+00
```

8	.15000E+01	.00000E+00	.10607E+01	.00000E+00	.00000E+00
9	.17000E+01	.00000E+00	.10050E+01	.00000E+00	.00000E+00
10	.19000E+01	.00000E+00	.83728E+00	.00000E+00	.00000E+00
11	.21000E+01	.00000E+00	.55613E+00	.00000E+00	.00000E+00
12	.23000E+01	.00000E+00	.16019E+00	.00000E+00	.00000E+00
13	.25000E+01	.00000E+00	-.35074E+00	.00000E+00	.00000E+00
14	.27000E+01	.00000E+00	-.97418E+00	.00000E+00	.00000E+00
15	.29000E+01	.00000E+00	-.13018E+01	.00000E+00	.00000E+00
16	.30000E+01	.71429E-01	-.20636E+01	-.16270E+00	-.54870E+00
17	.30000E+01	.21429E+00	-.91311E+00	-.18262E+00	.30483E-01
18	.30000E+01	.35714E+00	-.51615E+00	-.10323E+00	.19079E+00
19	.30000E+01	.50000E+00	-.19883E+00	-.39766E-01	.29576E+00
20	.30000E+01	.64286E+00	.13260E+00	.26520E-01	.34608E+00
21	.30000E+01	.78571E+00	.57485E+00	.11497E+00	.34953E+00
22	.30000E+01	.92857E+00	.22960E+01	-.39150E+00	.39736E+00
23	.29000E+01	.10000E+01	.13174E+01	-.10000E+01	.00000E+00
24	.27000E+01	.10000E+01	.63672E+00	-.10000E+01	.00000E+00
25	.25000E+01	.10000E+01	.12837E-01	-.10000E+01	.00000E+00
26	.23000E+01	.10000E+01	-.43507E+00	-.10000E+01	.00000E+00
27	.21000E+01	.10000E+01	-.78429E+00	-.10000E+01	.00000E+00
28	.19000E+01	.10000E+01	-.10401E+01	-.10000E+01	.00000E+00
29	.17000E+01	.10000E+01	-.11968E+01	-.10000E+01	.00000E+00
30	.15000E+01	.10000E+01	-.12495E+01	-.10000E+01	.00000E+00
31	.13000E+01	.10000E+01	-.11968E+01	-.10000E+01	.00000E+00
32	.11000E+01	.10000E+01	-.10401E+01	-.10000E+01	.00000E+00
33	.90000E+00	.10000E+01	-.78429E+00	-.10000E+01	.00000E+00
34	.70000E+00	.10000E+01	-.43507E+00	-.10000E+01	.00000E+00
35	.50000E+00	.10000E+01	.12837E-01	-.10000E+01	.00000E+00
36	.30000E+00	.10000E+01	.63672E+00	-.10000E+01	.00000E+00
37	.10000E+00	.10000E+01	.13174E+01	-.10000E+01	.00000E+00
38	.00000E+00	.92857E+00	.22960E+01	-.39150E+00	-.39736E+00
39	.00000E+00	.78571E+00	.57485E+00	.11497E+00	-.34953E+00
40	.00000E+00	.64286E+00	.13260E+00	.26520E-01	-.34608E+00
41	.00000E+00	.50000E+00	-.19883E+00	-.39766E-01	-.29576E+00
42	.00000E+00	.35714E+00	-.51615E+00	-.10323E+00	-.19079E+00
43	.00000E+00	.21429E+00	-.91311E+00	-.18262E+00	-.30483E-01
44	.00000E+00	.71429E-01	-.20636E+01	-.16270E+00	.54870E+00

STRESSES AT THE INTERNAL POINTS

NODE	X	Y	SXIN	SYIN	SXYIN
1	.15000E+01	.25000E+00	.39351E+00	-.33746E+00	-.26455E-16
2	.15000E+01	.50000E+00	-.92069E-01	-.50317E+00	-.22378E-15
3	.15000E+01	.75000E+00	-.58061E+00	-.66592E+00	-.54123E-15

****

表7.1 は，様々な N の値に対する $x=1.5$ の断面における変位 v と応力 σ_x の計算された値を示している．それらは FEM を用いて得られた結果，Timoshenko の梁の理論 (すなわち，せん断変形を含む) の解と比較されている．点2におけるたわみは次式によって与えられる．

7.12 一定要素による平面性弾性問題を解くプログラム ELBECON

表 7.1 様々な N に対する例題 7.2 の境界と内点で計算された値

点	BEM 境界要素の数 N						FEM	梁理論による解
	44	244	404	532	804	1604		
変位 $v \times 10^4$								
A	-0.1381	-0.2633	-0.2766	-0.2815	-0.2864	-0.2911	-0.2924	
2	-0.1252	-0.2495	-0.2627	-0.2675	-0.2724	-0.2771	-0.2783	-0.2885
B	-0.1140	-0.2392	-0.2525	-0.2574	-0.2623	-0.2670	-0.2682	
応力 σ_x								
A	-1.250	-2.491	-2.614	-2.660	-2.706	-2.750	-2.630	-2.250
3	-0.581	-1.055	-1.106	-1.124	-1.143	-1.161	-1.170	-1.125
2	-0.092	-0.090	-0.090	-0.090	-0.090	-0.090	-0.089	0.000
1	0.394	0.872	0.923	0.961	0.961	0.979	0.986	1.125
B	1.061	2.259	2.383	2.475	2.475	2.519	2.450	2.250

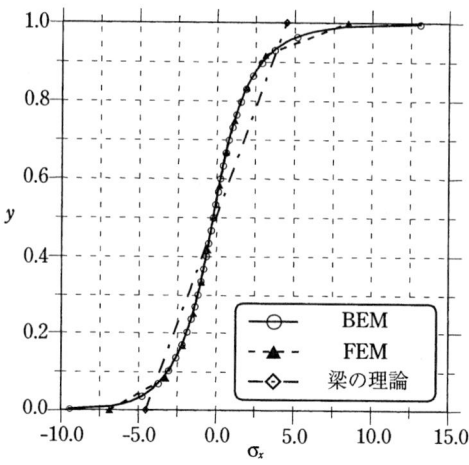

図 7.10 $x = 0.3$ 断面での σ_x の分布

$$v_2 = \frac{q\alpha^4}{384EI}\left[1+8\kappa(1+\nu)\left(\frac{b}{a}\right)^2\right]$$

ただし，κ は断面の形状係数 (長方形断面に対して $\kappa = 1.2$) であり，q は単位長さ当りの荷重である $(q = -ht_y)$．梁の理論より，応力は以下の式より計算される．

$$\sigma_x = \frac{M}{I}(0.5-y)$$

ただし，$M = qa^2/24$ は中心断面での曲げモーメントである．

44 個の一定境界要素では十分な精度の解が得られないことがわかる．BEM の収束は N=1604 (NX=501, NY=301) で達成される．一方，FEM は 432 個の長方形ハイブリッド要素で収束する．最終的に，$x = 3.0$ 断面での σ_x の分布として，それぞれ BEM，

FEM，Timoshenko の梁の理論より得られたものが図 7.10 に示されている．

例題 7.3

図 7.11 に示す内圧 $p=1\mathrm{MPa}$ を受けているパイプの変形と応力の状態を決定せよ．この形状は一様な断面をもっており，z 軸がきわめて長いので，生じる応力状態は平面ひずみである．材料定数は $E=2\times10^5\,\mathrm{kN/m^2}$，$\nu=0.20$ である．その他のすべてのデータは図 7.11 に示されている．

プログラム ELBECON で INPLANE=0, N=348, NB=2, NL(I)=284, NL(2)=348 として結果が得られた．外側境界は N=142 (NX=91, NY=51) の一定境界要素で分割され，一方内側境界は N=32 (NX=21, NY=11) で分割されている．データファイルはプログラム RECTL-MU.FOR を使用して作成した．紙面の制約から，得られた結果は選択された点についてだけ与えられている．境界 $y=0$ に沿う t_y の分布は図 7.12 に示され，境界 $y=0$ と $y=1.5$ に沿う σ_x の分布は図 7.13 に示されている．図 7.14 はパイプ断面の変形を描いている．最後に，パイプ断面での応力 σ_x，σ_y と τ_{xy} の等高線図がそれぞれ図 7.15，図 7.16 と図 7.17 に示されている．

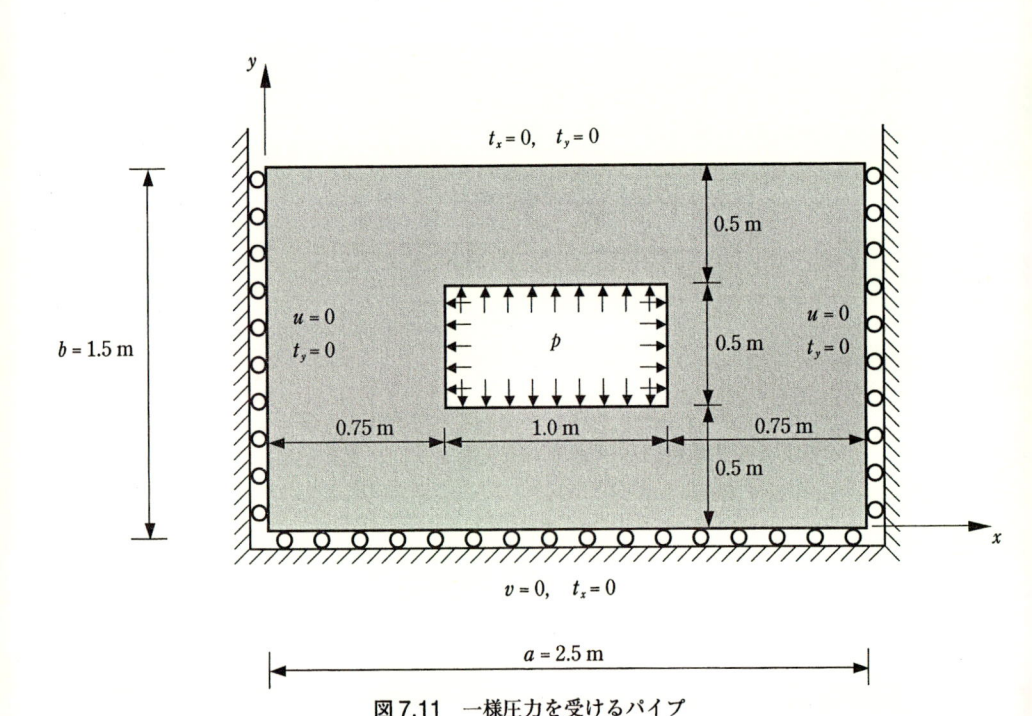

図 7.11 一様圧力を受けるパイプ

7.12 一定要素による平面性弾性問題を解くプログラム ELBECON

例題 7.3 〈結果〉

```
****************************************************************
J.T. KATSIKADELIS
EXAMPLE 7.3


DATA

   NUMBER OF BOUNDARY ELEMENTS =348
   NUMBER OF INTERNAL POINTS   = 28
   NUMBER OF BOUNDARIES        =  2

   PLANE STRAIN PROBLEM

   ELASTIC CONSTANTS:  ELASTIC MODULUS = .2000E+06  POISSON RATIO =  .20



****************************************************************


RESULTS


   BOUNDARY NODES

   NODE     X           Y           U           V          TXB          TYB

     1   .13736E-01  .00000E+00 -.24189E-04  .00000E+00  .00000E+00 -.52996E+03
    21   .56319E+00  .00000E+00 -.72425E-03  .00000E+00  .00000E+00 -.35881E+03
    41   .11126E+01  .00000E+00 -.35833E-03  .00000E+00  .00000E+00  .84725E+03
    46   .12500E+01  .00000E+00 -.82078E-17  .00000E+00  .00000E+00  .92400E+03
    51   .13874E+01  .00000E+00  .35833E-03  .00000E+00  .00000E+00  .84725E+03
    71   .19368E+01  .00000E+00  .72425E-03  .00000E+00  .00000E+00 -.35881E+03
    91   .24863E+01  .00000E+00  .24189E-04  .00000E+00  .00000E+00 -.52996E+03
    92   .25000E+01  .14706E-01  .00000E+00  .41985E-04 -.13765E+03  .00000E+00
   112   .25000E+01  .60294E-01  .00000E+00  .14047E-02 -.24658E+02  .00000E+00
   117   .25000E+01  .75000E+00  .00000E+00  .16518E-02  .93068E+01  .00000E+00
   122   .25000E+01  .89706E+00  .00000E+00  .18227E-02  .19794E+02  .00000E+00
   142   .25000E+01  .14853E+01  .00000E+00  .21831E-02 -.97037E+03  .00000E+00
   143   .24863E+01  .15000E+01  .69463E-04  .22128E-02  .00000E+00  .00000E+00
   163   .19368E+01  .15000E+01  .28213E-02  .46238E-02  .00000E+00  .00000E+00
   183   .13874E+01  .15000E+01  .15391E-02  .12138E-01  .00000E+00  .00000E+00
   188   .12500E+01  .15000E+01 -.32385E-17  .12683E-01  .00000E+00  .00000E+00
   193   .11126E+01  .15000E+01 -.15391E-02  .12138E-01  .00000E+00  .00000E+00
   213   .56319E+00  .15000E+01 -.28213E-02  .46238E-02  .00000E+00  .00000E+00
   233   .13736E-01  .15000E+01 -.69463E-04  .22128E-02  .00000E+00  .00000E+00
   234   .00000E+00  .14853E+01  .00000E+00  .21831E-02  .97037E+03  .00000E+00
   254   .00000E+00  .89706E+00  .00000E+00  .18227E-02 -.19794E+02  .00000E+00
   259   .00000E+00  .75000E+00  .00000E+00  .16518E-02 -.93068E+01  .00000E+00
   264   .00000E+00  .60294E+00  .00000E+00  .14047E-02  .24658E+02  .00000E+00
   284   .00000E+00  .14706E-01  .00000E+00  .41985E-04  .13765E+03  .00000E+00
   285   .75000E+00  .52273E+00 -.10789E-02  .13739E-02 -.10000E+04  .00000E+00
   290   .75000E+00  .75000E+00 -.17573E-02  .24620E-02 -.10000E+04  .00000E+00
   295   .75000E+00  .97727E+00 -.14720E-03  .40572E-02 -.10000E+04  .00000E+00
   296   .77381E+00  .10000E+01  .18298E-02  .70657E-02  .00000E+00  .10000E+04
```

304	.11548E+01	.10000E+01	.69300E-03	.13851E-01	.00000E+00	.10000E+04
306	.12500E+01	.10000E+01	.68200E-18	.14123E-01	.00000E+00	.10000E+04
308	.13452E+01	.10000E+01	-.69300E-03	.13851E-01	.00000E+00	.10000E+04
316	.17262E+01	.10000E+01	-.18298E-02	.70657E-02	.00000E+00	.10000E+04
317	.17500E+01	.97727E+00	.14720E-03	.40572E-02	.10000E+04	.00000E+00
322	.17500E+01	.75000E+00	.17573E-02	.24620E-02	.10000E+04	.00000E+00
327	.17500E+01	.52273E+00	.10789E-02	.13739E-02	.10000E+04	.00000E+00
328	.17262E+01	.50000E+00	-.52574E-04	-.21925E-03	.00000E+00	-.10000E+04
336	.13452E+01	.50000E+00	-.15442E-04	-.23685E-02	.00000E+00	-.10000E+04
338	.12500E+01	.50000E+00	.44900E-18	-.24171E-02	.00000E+00	-.10000E+04
340	.11548E+01	.50000E+00	.15442E-04	-.23685E-02	.00000E+00	-.10000E+04
348	.77381E+00	.50000E+00	.52574E-04	-.21925E-03	.00000E+00	-.10000E+04

DISPLACEMENTS AT INTERNAL POINTS

POINT	X	Y	U	V
1	.50000E-01	.75000E+00	-.17973E-04	.16589E-02
3	.25000E+00	.75000E+00	-.11601E-03	.18458E-02
5	.45000E+00	.75000E+00	-.39619E-03	.22240E-02
8	.65000E+00	.75000E+00	-.11736E-02	.25230E-02
9	.70000E+00	.75000E+00	-.14580E-02	.25163E-02
10	.18000E+01	.75000E+00	.14580E-02	.25163E-02
11	.18500E+01	.75000E+00	.11736E-02	.25230E-02
14	.20500E+01	.75000E+00	.39619E-03	.22240E-02
16	.22500E+01	.75000E+00	.11601E-03	.18458E-02
18	.24500E+01	.75000E+00	.17973E-04	.16589E-02
19	.12500E+01	.50000E-01	-.29477E-18	-.24514E-03
21	.12500E+01	.25000E+00	-.47095E-18	-.12253E-02
23	.12500E+01	.45000E+00	-.34305E-18	-.21906E-02
24	.12500E+01	.10500E+01	-.85212E-18	.13990E-01
26	.12500E+01	.12500E+01	-.13705E-17	.13330E-01
28	.12500E+01	.14500E+01	-.22311E-17	.12828E-01

STRESSES AT THE BOUNDARY NODAL POINTS

NODE	X	Y	SXB	SYB	SXYB
1	.13736E-01	.00000E+00	-.76833E+02	.52996E+03	.00000E+00
21	.56319E+00	.00000E+00	-.14872E+03	.35881E+03	.00000E+00
41	.11126E+01	.00000E+00	.30248E+03	-.84725E+03	.00000E+00
46	.12500E+01	.00000E+00	.32588E+03	-.92400E+03	.00000E+00
51	.13874E+01	.00000E+00	.30248E+03	-.84725E+03	.00000E+00
71	.19368E+01	.00000E+00	-.14872E+03	.35881E+03	.00000E+00
91	.24863E+01	.00000E+00	-.76833E+02	.52996E+03	.00000E+00
92	.25000E+01	.14706E-01	-.13765E+03	.38094E+03	.00000E+00
112	.25000E+01	.60294E+00	-.24658E+02	.38745E+03	.00000E+00
117	.25000E+01	.75000E+00	.93068E+01	.30245E+03	.00000E+00
122	.25000E+01	.89706E+00	.19794E+02	.18846E+03	.00000E+00
142	.25000E+01	.14853E+01	-.97037E+03	-.24593E+02	.00000E+00
143	.24863E+01	.15000E+01	-.74157E+03	-.28422E-13	.00000E+00
163	.19368E+01	.15000E+01	-.98134E+03	-.28422E-13	.00000E+00
183	.13874E+01	.15000E+01	.21656E+04	.00000E+00	.00000E+00
188	.12500E+01	.15000E+01	.24140E+04	.56843E-13	.00000E+00

7.12 一定要素による平面性弾性問題を解くプログラム ELBECON

193	.11126E+01	.15000E+01	.21656E+04	.56843E-13	.00000E+00
213	.56319E+00	.15000E+01	-.98134E+03	-.28422E-13	.00000E+00
233	.13736E-01	.15000E+01	-.74157E+03	-.28422E-13	.00000E+00
234	.00000E+00	.14853E+01	-.97037E+03	-.24593E+02	.00000E+00
254	.00000E+00	.89706E+00	.19794E+02	.18846E+03	.00000E+00
259	.00000E+00	.75000E+00	.93068E+01	.30245E+03	.00000E+00
264	.00000E+00	.60294E+00	-.24658E+02	.38745E+03	.00000E+00
284	.00000E+00	.14706E-01	-.13765E+03	.38094E+03	.00000E+00
285	.75000E+00	.52273E+00	-.10000E+04	.38357E+04	.00000E+00
290	.75000E+00	.75000E+00	-.10000E+04	.76988E+03	.00000E+00
295	.75000E+00	.97727E+00	-.10000E+04	.74041E+04	.00000E+00
296	.77381E+00	.10000E+01	.45463E+04	-.10000E+04	.00000E+00
304	.11548E+01	.10000E+01	-.17027E+04	-.10000E+04	.00000E+00
306	.12500E+01	.10000E+01	-.17871E+04	-.10000E+04	.00000E+00
308	.13452E+01	.10000E+01	-.17027E+04	-.10000E+04	.00000E+00
316	.17262E+01	.10000E+01	.45463E+04	-.10000E+04	.00000E+00
317	.17500E+01	.97727E+00	-.10000E+04	.74041E+04	.00000E+00
322	.17500E+01	.75000E+00	-.10000E+04	.76988E+03	.00000E+00
327	.17500E+01	.52273E+00	-.10000E+04	.38357E+04	.00000E+00
328	.17262E+01	.50000E+00	.24004E+04	-.10000E+04	.00000E+00
336	.13452E+01	.50000E+00	-.29043E+03	-.10000E+04	.00000E+00
338	.12500E+01	.50000E+00	-.28146E+03	-.10000E+04	.00000E+00
340	.11548E+01	.50000E+00	-.29043E+03	-.10000E+04	.00000E+00
348	.77381E+00	.50000E+00	.24004E+04	-.10000E+04	.00000E+00

STRESSES AT THE INTERNAL POINTS

NODE	X	Y	SXIN	SYIN	SXYIN
1	.50000E-01	.75000E+00	.71437E+01	.30748E+03	.33599E+02
3	.25000E+00	.75000E+00	-.50055E+02	.43360E+03	.17188E+03
5	.45000E+00	.75000E+00	-.28878E+03	.78449E+03	.27850E+03
8	.65000E+00	.75000E+00	-.85555E+03	.11362E+04	.18253E+03
9	.70000E+00	.75000E+00	-.96161E+03	.10218E+04	.97657E+02
10	.18000E+01	.75000E+00	-.96161E+03	.10218E+04	-.97657E+02
11	.18500E+01	.75000E+00	-.85555E+03	.11362E+04	-.18253E+03
14	.20500E+01	.75000E+00	-.28878E+03	.78449E+03	-.27850E+03
16	.22500E+01	.75000E+00	-.50055E+02	.43360E+03	-.17188E+03
18	.24500E+01	.75000E+00	.71437E+01	.30748E+03	-.33599E+02
19	.12500E+01	.50000E-01	.32130E+03	-.92963E+03	-.45669E-12
21	.12500E+01	.25000E+00	.19696E+03	-.98046E+03	-.48556E-12
23	.12500E+01	.45000E+00	-.17085E+03	-.10010E+04	-.11087E-11
24	.12500E+01	.10500E+01	-.12449E+04	-.95462E+03	.34186E-11
26	.12500E+01	.12500E+01	.38464E+03	-.52482E+03	.10554E-11
28	.12500E+01	.14500E+01	.18800E+04	-.39172E+02	-.20633E-11

****

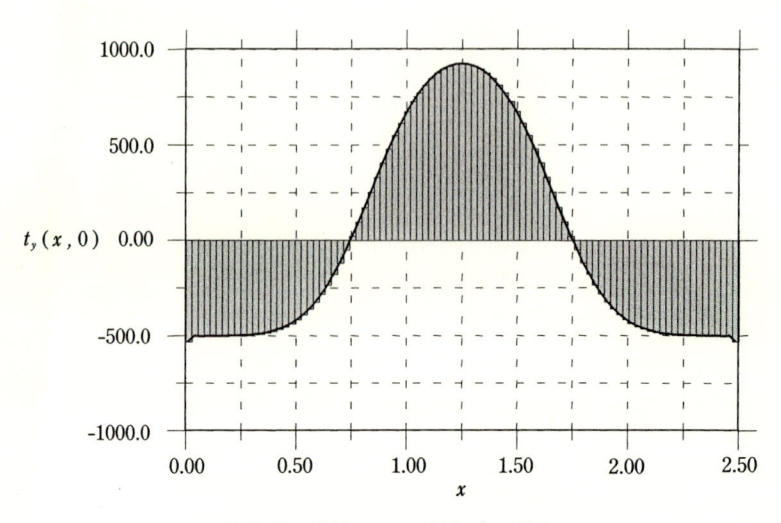

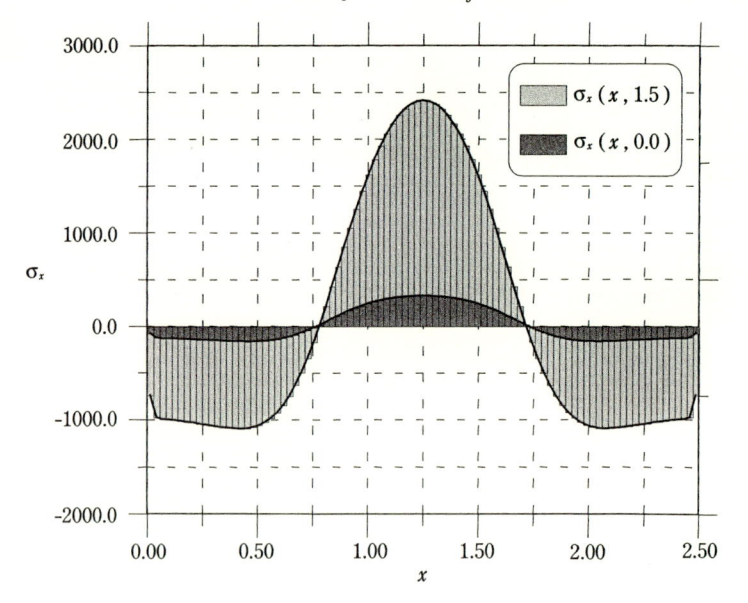

図 7.12 境界 $y=0$ に沿う t_y の分布

図 7.13 境界 $y=0$ と $y=1.5$ に沿う σ_x の分布

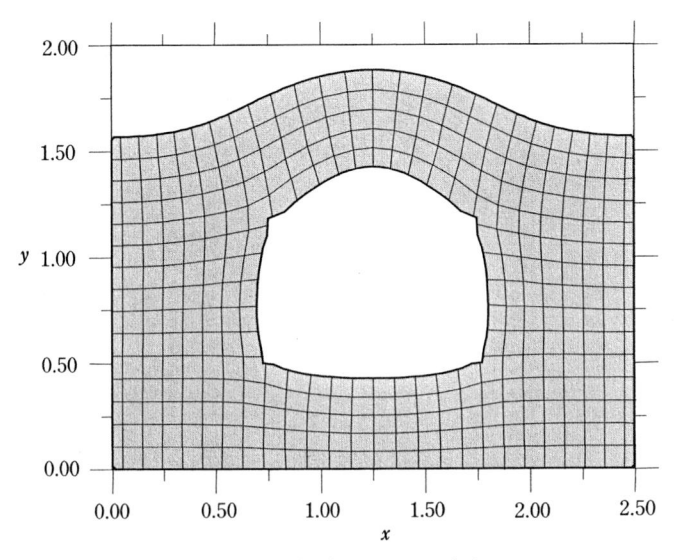

7.12 一定要素による平面性弾性問題を解くプログラム ELBECON

図 7.14 変形したパイプ断面

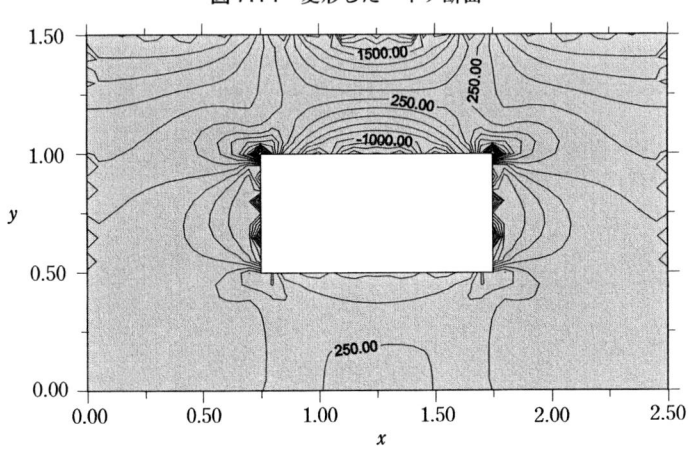

図 7.15 パイプ断面での σ_x の等高線

図 7.16 パイプ断面での σ_y の等高線

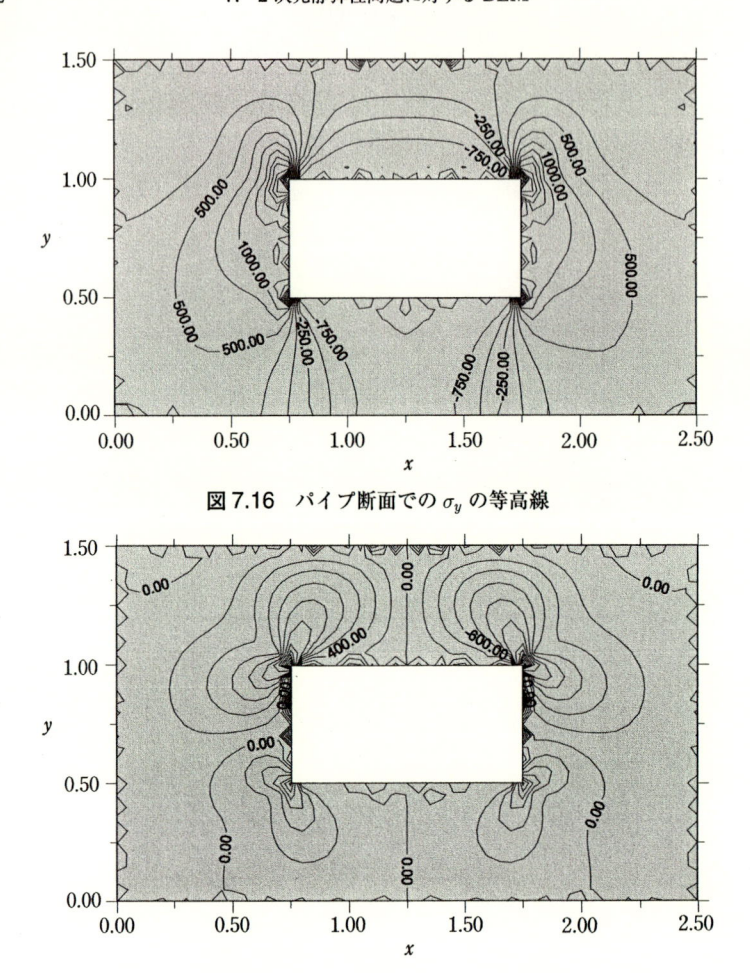

図 7.17 パイプ断面での τ_{xy} の等高線

7.13 おわりに

弾性論の境界値問題はよく知られており，興味をもった読者は多くの関連する本でそれを見つけることができる．そのうちのいくつかを以下に記す．文献 [1, 2, 3, 11, 12, 13] は主にエンジニアに向けられたものである．一方，[14, 15, 16] はより理論的なものである．2次元あるいは3次元静弾性問題に対する BEM の応用に関しては，読者は文献 [6]，[17-26] を参照することをお勧めする．BEM は界面で完全結合された複合平面物体を解析するのに用いられていたり [27]，界面でユニラテラル接合している物

体の解析にも用いられている [28]. 最近, 2次元静弾性問題は類似方程式法により取扱われた [29]. この解法は, Navier の方程式を2つの連成しない Poisson 方程式に変換する BEM に基づいた解の手法であり, そのために解法がかなり簡単になる.

[1] Ugural, A.C. and Fenster, S.K., 1995. *Advanced Strength and Applied Elasticity*, 3rd edition, Prentice Hall PTR, New Jersey.
[2] Timoshenko, S. and Goodier, J.N., 1951. *Theory of Elasticity*, 2nd edition, McGraw-Hill, New York.
[3] Malvern, L.E., 1969. *Introduction to the Mechanics of a Continuous Medium*, Prentice Hall, Englewood Cliffs, New Jersey.
[4] Lass, H., 1950. *Vector and Tensor Analysis*, McGraw-Hill, New York.
[5] Kupradze, V.D., 1965. *Potential Methods in the Theory of Elasticity*, Israel Program for Scientific Translations, Jerusalem.
[6] Banerjee, P.K. and Butterfield, R., 1981. *Boundary Elements in Engineering Science*, McGraw-Hill, New York.
[7] Sladek, V. and Sladek, J. (eds.), 1998. *Singular Integrals in Boundary Element Methods*, Computational Mechanics Publications, Southampton.
[8] Katsikadelis, J.T., 1994. The Analog Equation Method. A Powerful BEM-based Solution Technique for Linear and Nonlinear Engineering Problems, in: Brebbia, C.A. (ed.), *Boundary Element XVI*, pp.167-183, Computational Mechanics Publications, Southampton.
[9] Katsikadelis, J.T. and Armenakas, A.E., 1989. A New Boundary Equation Solution to the Plate Problem, *ASME Journal of Applied Mechanics*, Vol.56, pp.364-374.
[10] Katsikadelis, J.T., 1998. Unpublished notes.
[11] Boversi, A.P., 1965. *Elasticity in Engineering Mechanics*, Prentice Hall, Englewood Cliffs, New Jersey.
[12] Fung, Y.C., 1965. *Foundations in Solids Mechanics*, Prentice Hall, Englewood Cliffs, New Jersey.
[13] Wang, C.T., 1953. *Applied Elasticity*, McGraw-Hill, New York.
[14] Novozhilov, V.V., 1961. *Theory of Elasticity*, Pergamon Student editions, Oxford.
[15] Muskhelishvili, N.I., 1963. *Some Basic Problems of the Mathematical Theory of Elasticity*, 4th edition, P. Noordhoff Ltd., Groningen-The Netherlands.
[16] Sokolnikoff, I., 1950. *Mathematical Theory of Elasticity*, 2nd edition, McGraw-Hill, New York.
[17] Rizzo, F.J., 1967. An Integral Equation Approach to Boundary Value Problems of Classical Elastostatics, *Quarterly of Applied Mathematics*, Vol.25, pp.83-95.
[18] Brebbia, C.A., 1978. *The Boundary Element Method for Engineers*, Pentech Press,

London.

[19] Brebbia, A.A., Telles, J.C.F. and Wrobel, L.C., 1984. *Boundary Element Techniques*, Computational Mechanics Publications, Southampton.

[20] Brebbia, C.A. and Dominguez, J., 2001. *Boundary Elements: An Introductory Course*, 2nd edition, Computational Mechanics Publications, Southampton.

[21] Becker, A.A., 1992. *The Boundary Element Method in Engineering*, McGraw-Hill, New York.

[22] Beer, G. and Watson, J.O., 1992. *Introduction to Finite and Boundary Element Methods for Engineers*, John Wiley and Sons, New York.

[23] Chen, G. and Zhou, J., 1992. *Boundary Element Methods*, Academic Press, London.

[24] Trevelyan, J., 1994. *Boundary Elements for Engineers. Theory and Applications*, Computational Mechanics Publications, Southampton.

[25] Kane, J.H., 1994. *Boundary Element Analysis in Engineering Continuum Mechanics*, Prentice Hall, Englewood Cliffs, New Jersey.

[26] Gaul, L. and Fiedler, C., 1997. *Methode der Randelemente in Statik und Dynamik*, Vieveg-Verlag, Baunschweig/Wiesbaden.

[27] Katsikadelis, J.T. and Kokkinos, F.T., 1987. Static and Dynamic Analysis of Composite Shear Walls by the Boundary Element Method, *Acta Mechanica*, Vol.68, pp.231-250.

[28] Katsikadelis, J.T. and Kokkinos, F.T., 1993. Analysis of Composite Shear Walls with Interface Separation, Friction and Slip Using BEM, *International Journal of Solids and Structures*, Vol.30, pp.1825-1848.

[29] Katsikadelis, J.T. and Kandilas, C.V., 1997. Solving the Plane Elastostatic Problems by the Analog Equation Method, *Computers and Structures*, Vol.64, pp.305-312.

演習問題

7.1 初期ひずみを考慮して平面ひずみ問題の境界積分方程式を導出せよ．

7.2 $\Delta T = 80°\mathrm{C}$ の温度変化より生じる図 7.11 のパイプの変形と応力を決定せよ．線膨張係数 $\alpha = 10^{-5}$ であり，弾性定数は例題 7.3 と同じものとする．

7.3 図 7.11 のパイプにおける変形と応力を次の条件の下で決定せよ．パイプ内の流れの温度は $T_{\mathrm{in}} = 300°\mathrm{C}$，外部の温度は $T_{\mathrm{out}} = 25°\mathrm{C}$，基準温度(パイプの製造温度) は $T_0 = 10°\mathrm{C}$，内圧は $p = 1\,\mathrm{MPa}$，線膨張係数は $\alpha = 10^{-5}$ とする．

7.4 図 7.9 の深い梁の変形と応力を，物体の重さ (比重 $\rho_w = 25\,\mathrm{kN/m^3}$) も考慮して決定せよ．

7.5 2 本の柱による骨組構造が図 7.18 に示すように水平方向に一様分布荷重

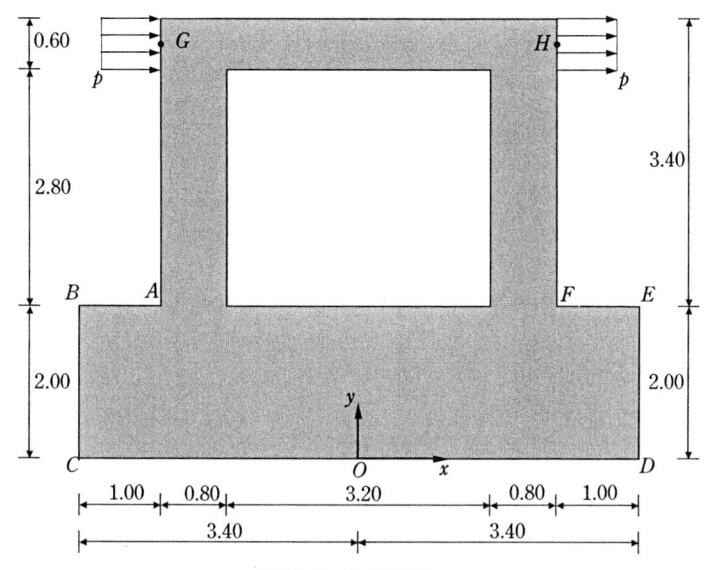

図 7.18 演習問題 7.5

$p = 750\,\mathrm{kN/m}$ を受けている．支持壁はその両側 AB, BC, CD, DE と EF に沿って固定されている $(u=0,\ v=0)$．骨組構造の変形後の形状を決定し，弾性論を使いその等価曲げ剛性 K_el (水平剛性) を求めよ．構造物の厚さは $h = 0.25\,\mathrm{m}$ であり，弾性定数は $E = 2.1 \times 10^7\,\mathrm{kN/m^2}$, $\nu = 0.20$ である．

7.6 図 7.19 のせん断壁が水平方向に分布荷重 $p = 50\,\mathrm{kN/m}$ を受けている．平面物体の変形を決定し，$x = 0.00, 0.90, 1.70\,\mathrm{m}$ と $y = 0.40, 1.60, 4.00\,\mathrm{m}$ の断面に沿う応力分布を決定せよ．厚さは $h = 0.25\,\mathrm{m}$ であり，弾性定数は $E = 2.1 \times 10^7\,\mathrm{kN/m^2}$, $\nu = 0.15$ である．構造物の支持条件は $u(x,0)$ と $v(x,0)$ である．

図 7.19　演習問題 7.6

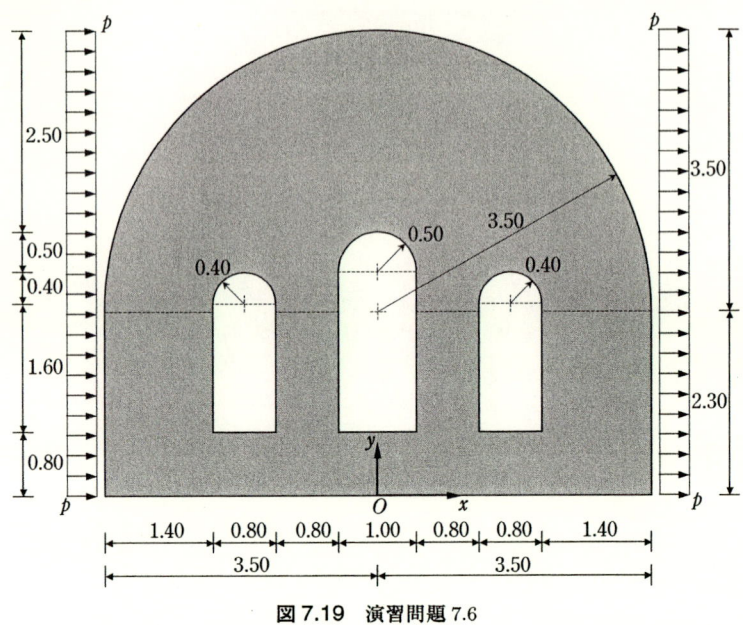

A. r の導関数

ここでは積分方程式の核関数を微分するときの関係式を示す．領域 Ω 内の点は大文字，例えば $P(x,y)$ と表し，境界上の点は小文字，例えば $q(\xi,\eta)$ で表す．x 軸とベクトル r のなす角は α により示され，x 軸と境界の点 q にでの法線方向の単位ベクトル $\mathbf{n}$ との間の角は β により示される (図 A.1 参照)．これら 2 つの角を用いて，角 ϕ を次のように定義する．

$$\phi = \mathrm{angle}\,(\mathbf{r},\mathbf{n}) = \beta - \alpha \tag{A.1}$$

図 A.1 より，以下のようになる．

$$\cos\alpha = \frac{\xi-x}{r} \tag{A.2}$$

$$\sin\alpha = \frac{\eta-y}{r} \tag{A.3}$$

ただし，

$$r = \sqrt{(\xi-x)^2 + (\eta-y)^2} \tag{A.4}$$

式 (A.4) の微分は次式となる．

$$r_{,x} = -r_{,\xi} = -\frac{\xi-x}{r} = -\cos\alpha \tag{A.5}$$

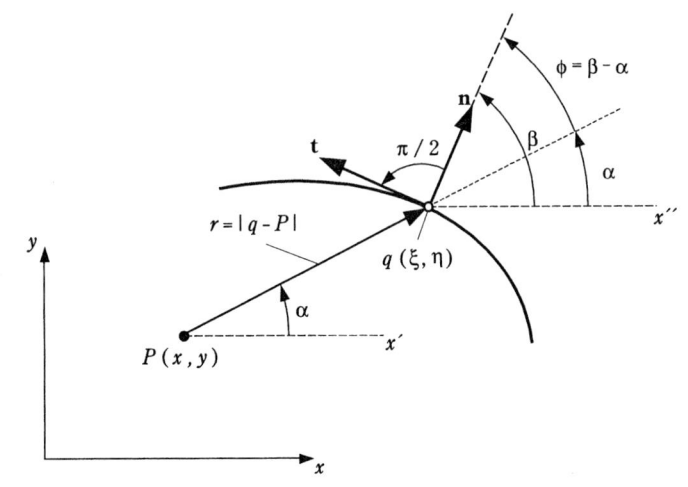

図 A.1 場の点 P と境界の点 q の相対的位置に関する幾何学的定義

A. r の導関数

$$r_{,y} = -r_{,\eta} = -\frac{\eta-y}{r} = -\sin\alpha \tag{A.6}$$

ただし，コンマに続く添字 x, y, ξ と η は，それぞれ対応する独立変数に関する微分を示す．次式が成り立つことを注意する．

$$\cos\beta = n_x$$
$$\sin\beta = n_y$$

このとき，r の導関数に対する次の表示式を得ることができる．

$$\begin{aligned}
r_{,n} &= r_{,\xi}n_x + r_{,\eta}n_y \\
&= r_{,\xi}\cos\beta + r_{,\eta}\sin\beta \\
&= \cos\alpha\cos\beta + \sin\alpha\sin\beta \\
&= \cos(\beta-\alpha) \\
&= \cos\phi
\end{aligned} \tag{A.7}$$

$$\begin{aligned}
r_{,t} &= -r_{,\xi}n_y + r_{,\eta}n_x \\
&= -r_{,\xi}\sin\beta + r_{,\eta}\cos\beta \\
&= -\cos\alpha\sin\beta + \sin\alpha\cos\beta \\
&= -\sin(\beta-\alpha) \\
&= -\sin\phi
\end{aligned} \tag{A.8}$$

$$\begin{aligned}
r_{,xx} &= -\left(\frac{\xi-x}{r}\right)_{,x} \\
&= -\frac{(\xi-x)_{,x}\,r - (\xi-x)\,r_{,x}}{r^2} \\
&= \frac{(\eta-y)^2}{r^3} \\
&= \frac{r_{,y}^2}{r}
\end{aligned} \tag{A.9}$$

同様にして以下の式を得る．

$$r_{,yy} = \frac{r_{,x}^2}{r} \tag{A.10}$$

$$r_{,xy} = -\frac{r_{,x}r_{,y}}{r} \tag{A.11}$$

$$r_{,\xi\xi} = \frac{r_{,\eta}^2}{r} \tag{A.12}$$

$$r_{,\eta\eta} = \frac{r_{,\xi}^2}{r} \tag{A.13}$$

$$r_{,\xi\eta} = -\frac{r_{,\xi}r_{,\eta}}{r} \tag{A.14}$$

$$r_{,\xi x} = -r_{,xx} = -\frac{r_{,y}^2}{r} \tag{A.15}$$

$$r_{,\xi y} = -r_{,xy} = \frac{r_{,x}r_{,y}}{r} \tag{A.16}$$

$$r_{,\eta x} = -r_{,yx} = \frac{r_{,x}r_{,y}}{r} \tag{A.17}$$

$$r_{,\eta y} = -r_{,yy} = -\frac{r_{,x}^2}{r} \tag{A.18}$$

$$\begin{aligned} r_{,nx} &= (r_{,\xi}\cos\beta + r_{,\eta}\sin\beta)_{,x} \\ &= r_{,\xi x}\cos\beta + r_{,\eta x}\sin\beta \\ &= \frac{r_{,y}}{r}(r_{,\eta}\cos\beta - r_{,\xi}\sin\beta) \\ &= \frac{r_{,t}r_{,y}}{r} \end{aligned} \tag{A.19}$$

$$\begin{aligned} r_{,ny} &= (r_{,\xi}\cos\beta + r_{,\eta}\sin\beta)_{,y} \\ &= r_{,\xi y}\cos\beta + r_{,\eta y}\sin\beta \\ &= \frac{r_{,x}}{r}(-r_{,\eta}\cos\beta + r_{,\xi}\sin\beta) \\ &= -\frac{r_{,t}r_{,x}}{r} \end{aligned} \tag{A.20}$$

$$\begin{aligned} r_{,tx} &= (-r_{,\xi}\sin\beta + r_{,\eta}\cos\beta)_{,x} \\ &= -r_{,\xi x}\sin\beta + r_{,\eta x}\cos\beta \\ &= -\frac{r_{,y}}{r}(r_{,\xi}\cos\beta + r_{,\eta}\sin\beta) \\ &= -\frac{r_{,y}r_{,n}}{r} \end{aligned} \tag{A.21}$$

$$\begin{aligned} r_{,ty} &= (-r_{,\xi}\sin\beta + r_{,\eta}\cos\beta)_{,y} \\ &= -r_{,\xi\eta}\sin\beta + r_{,\eta y}\cos\beta \\ &= \frac{r_{,x}}{r}(r_{,\xi}\cos\beta + r_{,\eta}\sin\beta) \\ &= \frac{r_{,x}r_{,n}}{r} \end{aligned} \tag{A.22}$$

B. Gauss 数値積分

B.1 正則関数の Gauss 積分

計算法としての BEM の成功は，線積分と領域積分を精度よく評価することが条件である．任意の数値積分法，例えば台形公式，Simpson の公式，Newton-Cotes の公式などを用いることができる．数値積分法は，通常は等距離にある特定の点での被積分

B. Gauss 数値積分

関数の値に，用いる積分公式によって決まっている重みがかけられたものの和として積分を近似する．したがって，積分公式を選択する本質的な基準は，最も少ない積分点数を用いて積分の近似を望まれる精度で達成することである．Gauss 積分法はこの基準を満足する．この方法では，積分点は等距離にないが，それらはそれ自身で最適状態になるようにする．重みもこの最適状態におけるものに調整される．Gauss の積分の背景にある基本概念はきわめて簡単であり，以下に説明する．

次の積分を考えよう．

$$I = \int_{-1}^{1} f(\xi)\, d\xi \tag{B.1}$$

上の積分は次の和により近似される．

$$I \approx I_n = \sum_{k=1}^{n} f(\xi_k)\, w_k \tag{B.2}$$

ただし，$f(\xi_k)$ は n 個の点 $\xi_k\,(-1 < \xi_k \leq +1)$ での関数 $f(\xi)$ の値であり，w_k は関連する重みである．Gauss 積分点あるいは簡単に Gauss 点と呼ばれる点 ξ_k は積分区間内で等距離にはないが，与えられた n に対してそれらの位置とその重みは誤差 $E_n = I - I_n$ が最小となるなるように選択される．

最初に，関数 $f(\xi)$ が線形の式である簡単な場合を考える．

$$f(\xi) = a_0 + a_1 \xi \tag{B.3}$$

厳密な積分値は次式となる．

$$\begin{aligned}
I &= \int_{-1}^{1} (a_0 + a_1 \xi)\, d\xi \\
&= \left[a_0 \xi + a_1 \frac{\xi^2}{2} \right]_{-1}^{1} \\
&= 2a_0
\end{aligned}$$

一方，$n = 1$ に対して式 (B.2) より得られる近似値は以下のようになる．

$$I_1 = (a_0 + a_1 \xi_1)\, w_1$$

したがって誤差は次式となる．

$$E_1(a_0, a_1) = I - I_1 = 2a_0 - (a_0 + a_1 \xi_1)\, w_1$$

そして以下の式より誤差が最小化される．

$$\left.\begin{aligned}
\frac{\partial E_1}{\partial a_0} &= 2 - w_1 = 0 \\
\frac{\partial E_1}{\partial a_1} &= -w_1 \xi_1 = 0
\end{aligned}\right\} \tag{B.4}$$

これより，以下の式を得る．

$$\xi_1 = 0, \qquad w_1 = 2$$

また，$E_1(a_0, a_1) = 0$ となる．

式 (B.2) は以下の式を与えることがわかる．

B.1 正則関数の Gauss 積分

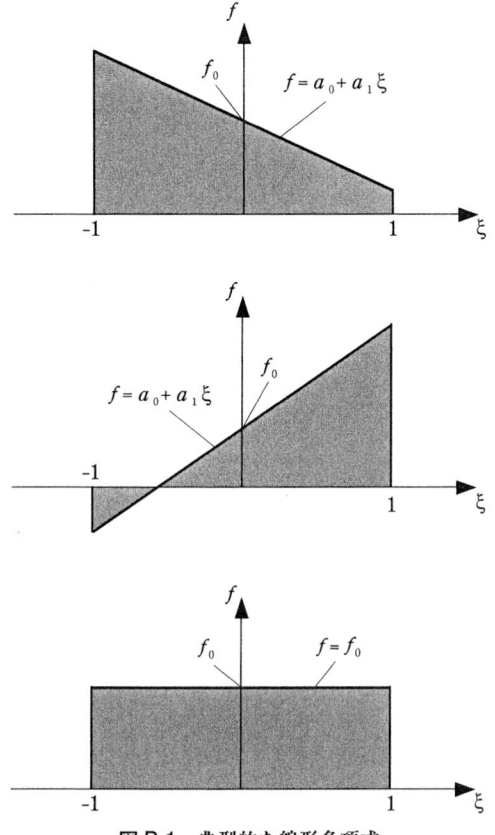

図 B.1 典型的な線形多項式

$$\int_{-1}^{1} f(\xi) \, d\xi = 2f_0$$
$$= 2a_0 \tag{B.5}$$

ただし，$f_0 = f(0)$ である．すなわち，積分値は関数を表している直線の勾配 a_1 に独立である．したがって，点 $(0, f_0)$ を通るすべての線形関数の区間 $[-1, +1]$ での積分は同じ値をとる (図 B.1 参照).

次に，関数 $f(\xi)$ が 2 次多項式の場合を考える．厳密な積分値は次式となる．

$$I = \int_{-1}^{1} \left(a_0 + a_1\xi + a_2\xi^2\right) d\xi$$

$$= \left[a_0\xi + a_1\frac{\xi^2}{2} + a_2\frac{\xi^3}{3}\right]_{-1}^{1}$$

$$= 2a_0 + \frac{2}{3}a_2$$

一方，2点の Gauss 積分 $(n=2)$ で近似した値は次式となる.

$$I_2 = f(\xi_1)w_1 + f(\xi_2)w_2$$
$$= \left(a_0 + a_1\xi_1 + a_2\xi_1^2\right)w_1 + \left(a_0 + a_1\xi_2 + a_2\xi_2^2\right)w_2$$

誤差は以下のようになる.

$$E_2(a_0, a_1, a_2) = I - I_2$$
$$= 2a_0 + \frac{2}{3}a_2 - \left(a_0 + a_1\xi_1 + a_2\xi_1^2\right)w_1$$
$$- \left(a_0 + a_1\xi_2 + a_2\xi_2^2\right)w_2 \tag{B.6}$$

この誤差の最小化を以下の条件で行う.

$$\frac{\partial E_2}{\partial a_0} = 2 - w_1 - w_2 = 0 \tag{B.7}$$

$$\frac{\partial E_2}{\partial a_1} = -\xi_1 w_1 - \xi_2 w_2 = 0 \tag{B.8}$$

$$\frac{\partial E_2}{\partial a_2} = \frac{2}{3} - \xi_1^2 w_1 - \xi_2^2 w_2 = 0 \tag{B.9}$$

上の3つの連立方程式は4つの未知量 w_1, w_2, ξ_1 と ξ_2 を含んでいる．そのため，それらのうちの1つは任意に選択可能であり，そこで点 ξ_1 と ξ_2 を原点に関して対称に配置するのが便利であり，以下のようにおく.

$$\xi_2 = -\xi_1 \tag{B.10}$$

式 (B.8) より $w_1 = w_2$ が得られ，式 (B.7) より次式を得る.

$$w_1 = w_2 = 1 \tag{B.11}$$

最終的に，式 (B.9) から次式が求まる.

$$\xi_1 = \frac{1}{\sqrt{3}} = 0.577350269189626 \tag{B.12}$$

上述の値 ξ_1, ξ_2, w_1, w_2 を式 (B.6) に代入すれば，誤差は $E_2(a_0, a_1, a_2) = 0$ となる．積分の近似された値は次式の和として計算される.

$$I_2 = f(\xi_1)w_1 + f(\xi_2)w_2 \tag{B.13}$$

ただし，ξ_1 と ξ_2 は式 (B.10) と (B.12) より与えられ，w_1 と w_2 は式 (B.11) より与えられる.

関数 $f(\xi)$ が3次多項式である場合も，同じ手順を適用すればよい．厳密な積分値は次式で与えられる.

B.1 正則関数の Gauss 積分

$$I_3 = \int_{-1}^{1} \left(a_0 + a_1\xi + a_2\xi^2 + a_3\xi^3\right) d\xi$$

$$= 2a_0 + \frac{2}{3}a_2$$

2 点の Gauss の積分 $(n=2)$ をここでも用いれば，誤差の表示式は次式になる．

$$E_3(a_0, a_1, a_2, a_3) = \left(2a_0 + \frac{2}{3}a_2\right) - \left(a_0 + a_1\xi_1 + a_2\xi_1^2 + a_3\xi_1^3\right) w_1$$
$$- \left(a_0 + a_1\xi_2 + a_2\xi_2^2 + a_3\xi_2^3\right) w_2$$

以下の条件が満足されるなら誤差が最小となる．

$$\frac{\partial E_3}{\partial a_0} = 2 - w_1 - w_2 = 0 \tag{B.14a}$$

$$\frac{\partial E_3}{\partial a_1} = -\xi_1 w_1 - \xi_2 w_2 = 0 \tag{B.14b}$$

$$\frac{\partial E_3}{\partial a_2} = \frac{2}{3} - \xi_1^2 w_1 - \xi_2^2 w_2 = 0 \tag{B.14c}$$

$$\frac{\partial E_3}{\partial a_3} = -\xi_1^3 w_1 - \xi_2^3 w_2 = 0 \tag{B.14d}$$

$f(\xi)$ が 2 次多項式のときに得られた解 $w_1 = w_2 = 1$ と $\xi_1 = -\xi_2 = 1/\sqrt{3}$ はまた，連立方程式 (B.14) の解であり，このとき $E_3(a_0, a_1, a_2, a_3) = 0$ となる．したがって，式 (B.2) から同じ Gauss 積分公式 (すなわち，同じ積分点と同じ重み) を用いて，2 次と 3 次多項式の積分の厳密積分値が得られる．

この手順はより高次の多項式にも適用できる．一般に，n の項を伴う公式 (B.2) は $2n-1$ と等しいかそれより小さい次数の多項式 $f(\xi)$ の積分に対して厳密な積分値を与えることが証明できる．しかしながら，この手順は Gauss 点の座標と重みの決定に用いることは実際にはほとんどない．なぜなら，この手順は，多項式の次数が高くなると複雑で困難になるからである．Gauss 点は簡単な方法で得ることができる．この方法では，関数 $f(\xi)$ を表すのに Legendre の直交多項式を使用する [1,2]．そのために，この積分法は Gauss-Legendre 積分として知られている．

Legendre の多項式は以下のように定義される．

$$P_n(\xi) = \frac{1}{2^n n!} \frac{d^n}{d\xi^n} \left(\xi^2 - 1\right)^n \tag{B.15}$$

例えば，1 次，2 次あるいは 3 次の多項式は以下のようになる．

$$\left. \begin{array}{l} n=1: P_1(\xi) = \xi \\ n=2: P_2(\xi) = \dfrac{1}{2}\left(3\xi^2 - 1\right) \\ n=3: P_3(\xi) = \dfrac{1}{2}\left(5\xi^3 - 3\xi\right) \end{array} \right\} \tag{B.16}$$

積分点の座標 ξ_k は，これらの多項式が 0 となる点である．重み w_k は次式で計算される．

表 B.1 Gauss-Legendre 積分に対する積分点の座標と重み

$$I = \int_{-1}^{1} f(\xi)\,d\xi \approx \sum_{k=1}^{n} f(\xi_k)\,w_k$$

n	$\pm\xi_k$	w_k
$n=2$	0.57735 02691 89626	1.00000 00000 00000
$n=3$	0.00000 00000 00000	0.88888 88888 88889
	0.77459 66692 41483	0.55555 55555 55556
$n=4$	0.33998 10435 84856	0.65214 51548 62546
	0.86113 63115 94053	0.34785 48451 37454
$n=5$	0.00000 00000 00000	0.56888 88888 88889
	0.53846 93101 05683	0.47862 86704 99366
	0.90617 98459 38664	0.23692 68850 56189
$n=6$	0.23861 91860 83197	0.46791 39345 72691
	0.66120 93864 66265	0.36076 15730 48139
	0.93246 95142 03152	0.17132 44923 79170
$n=7$	0.00000 00000 00000	0.41795 91836 73469
	0.40584 51513 77397	0.38183 00505 05119
	0.74153 11855 99394	0.27970 53914 89277
	0.94910 79123 42759	0.12948 49661 68870
$n=8$	0.18343 46424 95650	0.36268 37833 78362
	0.52553 24099 16329	0.31370 66458 77887
	0.79666 64774 13627	0.22238 10344 53374
	0.96028 98564 97536	0.10122 85362 90376
$n=10$	0.14887 43389 81631	0.29552 42247 14753
	0.43339 53941 29247	0.26926 67193 09996
	0.67940 95682 99024	0.21908 63625 15982
	0.86506 33666 88985	0.14945 13491 50581
	0.97390 65285 17172	0.06667 13443 08688
$n=12$	0.12523 34085 11469	0.24914 70458 13403
	0.36783 14989 98180	0.23349 25365 38355
	0.58731 79542 86617	0.20316 74267 23066
	0.76990 26741 94305	0.16007 83285 43346
	0.90411 72563 70475	0.10693 93259 95318
	0.98156 06342 46719	0.04717 53363 86512
$n=16$	0.09501 25098 37637	0.18945 06104 55068
	0.28160 35507 79258	0.18260 34150 44923
	0.45801 67776 57227	0.16915 65193 95002
	0.61787 62444 02643	0.14959 59888 16576
	0.75540 44083 55003	0.12462 89712 55533
	0.86563 12023 87831	0.09515 85116 82492
	0.94457 50230 73232	0.06225 35239 38647
	0.98940 09349 91649	0.02715 24594 11754

B.1 正則関数の Gauss 積分

$$w_k = \frac{2\left(1-\xi_k^2\right)}{n^2\left[P_{n-1}\left(\xi_k\right)\right]^2} \tag{B.17}$$

表 B.1 は様々な n の値に対する積分点の座標とその重みを示している.

関数 $f(\xi)$ が多項式でない場合, 積分は次式で近似的に評価できる.

$$\int_{-1}^{1} f(\xi)\,d\xi \approx \sum_{k=1}^{n} f(\xi_k)\,w_k \tag{B.18}$$

ただし, 関数は $2n-1$ の次数の多項式により実際は近似される. Gauss-Legendre 積分に関連する誤差は, 次の形で Lanczos より与えらている [1].

$$E_n = I - I_n = \frac{1}{2n+1}\left[f(1)+f(-1)-I_n-\sum_{k=1}^{n} w_k \xi_k f'(\xi_k)\right] \tag{B.19}$$

ただし, n は積分点の数である. この評価は滑らかな関数 $f(\xi)$ に対してきわめて良い.

通常は, 関数が積分される区間は $[-1,+1]$ とは異なる. 次の積分を求めなければならないとしよう.

$$I = \int_a^b f(x)\,dx \tag{B.20}$$

次の変換を用いる.

$$x = \frac{b-a}{2}\xi + \frac{b+a}{2} \tag{B.21}$$

そのことで, 式 (B.20) の区間は区間 $[-1,+1]$ 上に写像される. このことより次式となる.

$$I = \int_a^b f(x)\,dx = \frac{b-a}{2}\int_{-1}^{1} f(\xi)\,d\xi \tag{B.22}$$

例題 B.1

以下の積分値を計算しよう.

$$I = \int_1^3 \frac{\sin^2 x}{x}\,dx$$

変換 $x = \xi+2$ より, 積分区間は区間 $[-1,+1]$ となり, 積分は次式となる.

$$I = \int_{-1}^{1} \frac{\sin^2(\xi+2)}{\xi+2}\,d\xi$$

積分は Gauss の積分を用いて計算される. 様々な n の値に対する結果が表 B.2 に示されている. 5 点の Gauss の積分は 7 桁まで積分値を十分によく近似していることがわかる.

表B.2　Gauss 点の数 n の様々な値に対する積分 $I = \int_1^3 \frac{\sin^2 x}{x} dx$ の計算値

n	ξ_k	w_k	$\int_1^3 \frac{\sin^2 x}{x} dx$
1	$\xi_1 = 0$	$w_1 = 2.0000000000$	0.82682181
2	$\xi_1 = -0.5773502692$	$w_1 = 1.0000000000$	0.79856002
	$\xi_2 = -\xi_1$	$w_2 = w_1$	
3	$\xi_1 = -0.7745966692$	$w_1 = 0.5555555556$	0.79465269
	$\xi_2 = 0$	$w_2 = 0.8888888889$	
	$\xi_3 = -\xi_1$	$w_3 = w_1$	
4	$\xi_1 = -0.8611363116$	$w_1 = 0.3478548451$	0.79482835
	$\xi_2 = -0.3399810436$	$w_2 = 0.6521451549$	
	$\xi_3 = -\xi_2$	$w_3 = w_2$	
	$\xi_4 = -\xi_1$	$w_4 = w_1$	
5	$\xi_1 = -0.9061798459$	$w_1 = 0.2369268851$	0.79482516
	$\xi_2 = -0.5384693101$	$w_2 = 0.4786286705$	
	$\xi_3 = 0$	$w_3 = 0.5688888889$	
	$\xi_4 = -\xi_2$	$w_4 = w_2$	
	$\xi_5 = -\xi_1$	$w_5 = w_1$	
Exact value			0.79482518

B.2　対数特異性を有する積分

関数 $f(\xi)$ が滑らかに積分区間内で変化するとき，Gauss 積分はよい結果を与える．もし被積分関数が特異なら Gauss-Legendre 積分を用いることはできない．このため特別な積分手法がそれぞれの特異性の種類に応じて発展してきた．被積分関数が対数特異性をもつ積分は次の公式により近似される [3]．

$$\int_0^1 f(\xi) \ln \xi d\xi \approx \sum_{k=1}^n f(\xi_k) w_k \tag{B.23}$$

積分点 ξ_k と重み w_k は表 B.3 で与えられている．

B.3　正則関数の2重積分

Gauss 積分法は2重積分の評価にも用いることができる．この場合，積分法は積分が実行される領域の形状に依存する．様々な Gauss の積分方法が特定形状の領域 (例えば，長方形，三角形，円形) およびその形状に写像できる領域に対して発展してきた．その努力は任意形状の領域に対する Gauss の積分の発展に向けられている．例えば，有限扇形の手法 [4] などである．以下に，長方形領域あるいは三角形領域に対する Gauss の積分に関する議論に制限して解説する．それらの形状は2次元の離散化に対しては共通のものである．

B.3 正則関数の2重積分

表 B.3 対数特異性をもつ関数の Gauss 積分法に対する積分点とその重み

$$I = \int_0^1 f(\xi)\ln\xi d\xi \approx \sum_{k=1}^{n} f(\xi_k)w_k$$

n	$\pm\xi_k$	w_k
$n=2$	0.11200 88061 66976	0.71853 93190 30384
	0.60227 69081 18738	0.28146 06809 69615
$n=3$	0.06389 07930 873254	0.51340 45522 32363
	0.36899 70637 15618	0.39198 00412 01487
	0.76688 03039 38941	0.09461 54065 661491
$n=4$	0.04144 84801 993832	0.38346 40681 45135
	0.24547 49143 20602	0.38687 53177 74762
	0.55616 54535 60278	0.19043 51269 50142
	0.84898 23945 32985	0.03922 54871 299598
$n=5$	0.02913 44721 519720	0.29789 34717 82894
	0.17397 72133 20897	0.34977 62265 13224
	0.41170 25202 84902	0.23448 82900 44052
	0.67731 41745 82820	0.09893 04595 166331
	0.89477 13610 31008	0.01891 15521 431957
$n=6$	0.02163 40058 441169	0.23876 36625 78547
	0.12958 33911 54950	0.30828 65732 73946
	0.31402 04499 14765	0.24531 74265 63210
	0.53865 72173 51802	0.14200 87565 66476
	0.75691 53373 77402	0.05545 46223 248862
	0.92266 88513 72120	0.01016 89586 929322
$n=7$	0.01671 93554 082581	0.19616 93894 25248
	0.10018 56779 15675	0.27030 26442 47272
	0.24629 42462 07930	0.23968 18730 07690
	0.43346 34932 57033	0.16577 57748 10432
	0.63235 09880 47766	0.08894 32271 376579
	0.81111 86267 40105	0.03319 43043 565710
	0.94084 81667 43347	0.05932 78701 512592
$n=8$	0.01332 02441 608924	0.16441 66047 28002
	0.07975 04290 138949	0.23752 56100 23306
	0.19787 10293 26188	0.22684 19844 31919
	0.35415 39943 51909	0.17575 40790 06070
	0.52945 85752 34917	0.11292 40302 46759
	0.70181 45299 39099	0.05787 22107 177820
	0.84937 93204 41106	0.02097 90737 421329
	0.95332 64500 56359	0.03686 40710 402761

B.3.1 長方形領域に対する Gauss 積分

次元の低い形状のデカルト積として生じる領域 (例えば正方形, 立方体, 柱など) に対する積分方法は, 次元の低い形状の積分公式を掛け算することにより定式化される [2,5]. 例えば, 次式が1次元領域の公式なら,

表B.4 側面 $2h$ の正方形領域での Gauss 積分の座標と重み

Gauss 点の数とその配置	x_k	y_k	w_k
$n=9$	0	0	4/9
	$\pm h$	$\pm h$	1/36
	$\pm h$	0	1/9
	0	$\pm h$	1/9
$n=4$	$\pm h\frac{\sqrt{3}}{3}$	$\pm h\frac{\sqrt{3}}{3}$	1/4
$n=9$	0	0	16/81
	$\pm h\sqrt{\frac{3}{5}}$	$\pm h\sqrt{\frac{3}{5}}$	25/324
	0	$\pm h\sqrt{\frac{3}{5}}$	10/81
	$\pm h\sqrt{\frac{3}{5}}$	0	10/81

$$\int_{-1}^{1} f(\xi)\,d\xi \approx \sum_{k=1}^{n} f(\xi_k)\, w_k \tag{B.24}$$

次式が対応した2次元領域の公式となる.

$$\int_{-1}^{1}\int_{-1}^{1} f(\xi,\eta)\,d\xi d\eta \approx \sum_{j=1}^{n}\sum_{i=1}^{n} f(\xi_j,\eta_i)\, w_i w_j \tag{B.25}$$

しかしながらこの方法は,積分点の数に関しては必ずしも経済的ではない.正方形領域 $\Omega : |x|<h,\ |y|<h$ に対しては,以下の簡単な方法を適用することができる [2].

$$\frac{1}{4h^2}\int\int_{\Omega} f(x,y)\,dxdy \approx \sum_{k=1}^{n} f(x_k,y_k)\, w_k \tag{B.26}$$

Gauss 点の座標 x_k と y_k に関連する重みは表B.4で与えられる.誤差のオーダーは,表中の最初の2つの場合は $E = O(h^4)$ であり,3番目のものに対しては $E = O(h^6)$ である.

B.3.2 三角形領域に対する Gauss 積分

三角形領域にわたる積分は,ここでは三角形座標系 (triangular coordinate system, 図B.2) と呼ぶ自然座標系を用いれば簡単になる.辺 a_1, a_2, a_3 は反対側の頂点の番号で識別される.内点 P に対する三角形座標系 $\xi_i\,(i=1,2,3)$ は,三角形のすべての領域 A に対する部分 A_i の比率で定義される.すなわち,

B.3 正則関数の2重積分

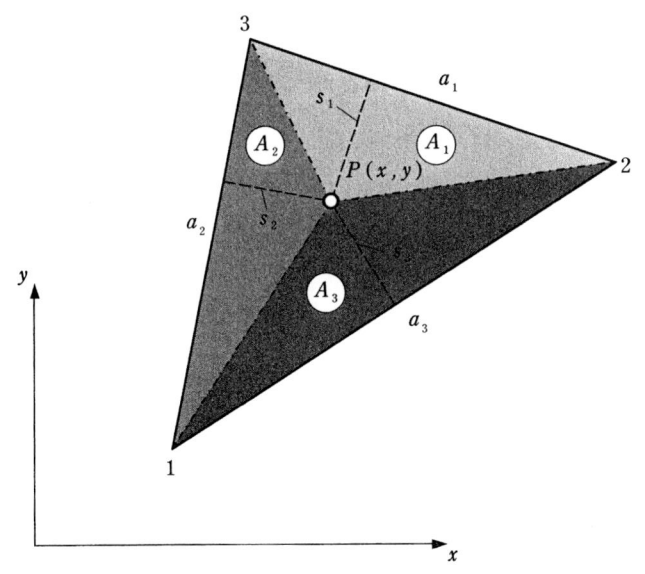

図 B.2 三角形座標系

$$\xi_1 = \frac{A_1}{A}, \quad \xi_2 = \frac{A_2}{A}, \quad \xi_3 = \frac{A_3}{A} \tag{B.27}$$

領域の和は,

$$A_1 + A_2 + A_3 = A$$

となるので，次式が成り立つことは明らかである．

$$\xi_1 + \xi_2 + \xi_3 = 1 \tag{B.28}$$

P のデカルト座標系 x と y は，以下のように三角形座標系に関係付けられる．

$$\left.\begin{array}{l} x = \xi_1 x_1 + \xi_2 x_2 + \xi_3 x_3 \\ y = \xi_1 y_1 + \xi_2 y_2 + \xi_3 y_3 \end{array}\right\} \tag{B.29}$$

ただし，$x_i, y_i\ (i = 1, 2, 3)$ は三角形の頂点の座標である．

式 (B.29) が成り立つことは，いくつかの特定の点において確認することができる．例えば，三角形の図心では次式となる．

$$A_1 = A_2 = A_3 = \frac{A}{3}, \quad x = \frac{x_1 + x_2 + x_3}{3}, \quad y = \frac{y_1 + y_2 + y_3}{3}$$

一方，点 2 (図 B.2 参照) においては次のようになる：$A_2 = A$, $A_1 = A_3 = 0$, $x = x_2$, $y = y_2$.

式 (B.28) と (B.29) は三角形座標系と直交座標系との関係を与え，以下のようにマトリックス形で書くことができる．

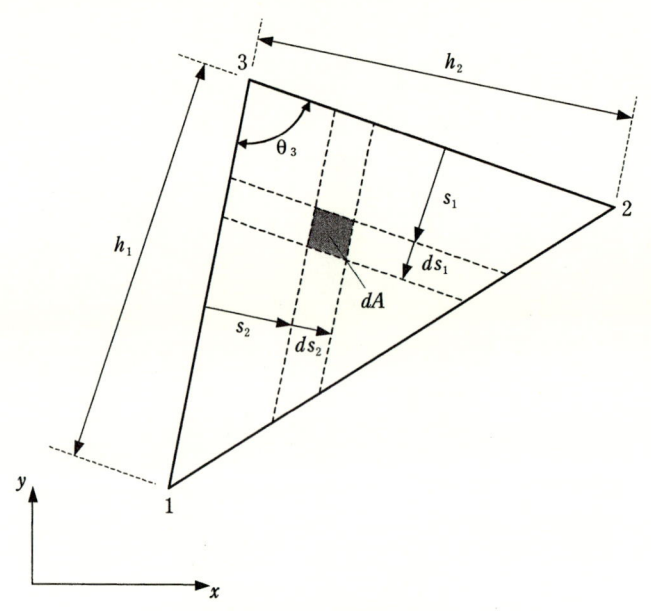

図 B.3 三角形領域の積分

$$\begin{Bmatrix} 1 \\ x \\ y \end{Bmatrix} = \begin{bmatrix} 1 & 1 & 1 \\ x_1 & x_2 & x_3 \\ y_1 & y_2 & y_3 \end{bmatrix} \begin{Bmatrix} \xi_1 \\ \xi_2 \\ \xi_3 \end{Bmatrix} \tag{B.30}$$

三角形領域の積分は，図 B.3 に示すような微小な平行四辺形を考えることにより実行される．点 P から対応する反対側の辺への距離をそれぞれ s_1, s_2, s_3 と表し，それぞれの頂点から対応する反対側の辺までの距離を h_1, h_2, h_3 と表せば，以下のように書くことができる．

$$A = \frac{a_i h_i}{2}, \qquad A_i = \frac{a_i s_i}{2} \quad (i=1,2,3)$$

式 (B.27) なので次式を得る．

$$\frac{s_i}{h_i} = \frac{A_i}{A} = \xi_i$$

したがって，

$$s_i = h_i \xi_i$$

これより，微小面積要素 dA は次のように表すことができる．

B.3 正則関数の2重積分

$$dA = \frac{ds_1 ds_2}{\sin \theta_3}$$
$$= \frac{(h_1 d\xi_1)(h_2 d\xi_2)}{\sin \theta_3}$$
$$= 2A d\xi_1 d\xi_2 \tag{B.31}$$

したがって，領域積分は以下のように表される．

$$\int_A f(x,y) \, dA = 2A \int_0^1 \int_0^{1-\xi_1} f(\xi_1, \xi_2, \xi_3) \, d\xi_2 d\xi_1$$
$$= 2A \int_0^1 \int_0^{1-\xi_1} f[\xi_1, \xi_2, (1-\xi_1-\xi_2)] \, d\xi_2 d\xi_1 \tag{B.32}$$

$f(\xi_1, \xi_2, \xi_3)$ が $\xi_1^a \xi_2^b \xi_3^c$ の形の多項式 (ただし，a, b, c は負でない整数) ならば，次式が得られる [6]．

$$\int_A \xi_1^a \xi_2^b \xi_3^c \, dA = \frac{a! b! c!}{(a+b+c+2)!} 2A \tag{B.33}$$

三角形座標系に関しての包括的な説明は Gallagher[7] の本にある．

三角形領域の Gauss 積分法は三角形座標により導出され，以下の形をとる．

$$I = \int_0^1 \left[\int_0^{1-\xi_1} f(\xi_1, \xi_2, \xi_3) \, d\xi_2 \right] d\xi_1$$
$$\approx \sum_{k=1}^n f\left(\xi_1^k, \xi_2^k, \xi_3^k\right) w_k \tag{B.34}$$

次数1から5の多項式に対して精度のよい積分公法について，座標 ξ_1^k, ξ_2^k, ξ_3^k とその重み w_k が表 B.5 に与えられる．これらの値は Hammer ら [8] により導出されたものである．

例題 B.2

下の積分は，図 B.4 に示される三角形領域での4点の Gauss 積分を用いて計算される．式 (B.29) を図 B.4 の三角形領域に対して適用すれば次式を得る．

$$x = 2\xi_1 + 3\xi_2 + \xi_3$$
$$y = \xi_1 + 2\xi_2 + 3\xi_3$$

また，式 (B.34) は次式となる．

$$\int_A (1) \, dA = \sum_{k=1}^4 (1)_k w_k$$
$$= (1)\left(-\frac{27A}{48}\right) + (1)\left(\frac{25A}{48}\right) + (1)\left(\frac{25A}{48}\right) + (1)\left(\frac{25A}{48}\right) = A$$

B. Gauss 数値積分

表 B.5 三角形領域での Gauss 積分の座標と重み

Gauss 点の数とその配置	k	ξ_1^k	ξ_2^k	ξ_3^k	w_k/A
$n=1$ Degree of accuracy 1	1	1/3	1/3	1/3	1
$n=3$ Degree of accuracy 2	1	1/2	1/2	0	1/3
	2	0	1/2	1/2	1/3
	3	1/2	0	1/2	1/3
$n=4$ Degree of accuracy 3	1	1/3	1/3	1/3	$-27/48$
	2	3/5	1/5	1/5	25/48
	3	1/5	3/5	1/5	25/48
	4	1/5	1/5	3/5	25/48
$n=7$ Degree of accuracy 5	1	0.33333333	0.33333333	0.33333333	0.22500000
	2	0.79742699	0.10128651	0.10128651	0.12593918
	3	0.10128651	0.79742699	0.10128651	0.12593918
	4	0.10128651	0.10128651	0.79742699	0.12593918
	5	0.05971587	0.47014206	0.47014206	0.13239415
	6	0.47014206	0.05971587	0.47014206	0.13239415
	7	0.47014206	0.47014206	0.05971587	0.13239415

$$\int_A x dA = \sum_{k=1}^{4} \left(2\xi_1^k + 3\xi_2^k + \xi_3^k\right) w_k$$

$$= \left(2 \times \frac{1}{3} + 3 \times \frac{1}{3} + \frac{1}{3}\right)\left(-\frac{27}{48}A\right) + \left(2 \times \frac{3}{5} + 3 \times \frac{1}{5} + \frac{1}{5}\right)\left(\frac{25}{48}A\right)$$

$$+ \left(2 \times \frac{1}{5} + 3 \times \frac{3}{5} + \frac{1}{5}\right)\left(\frac{25}{48}A\right) + \left(2 \times \frac{1}{5} + 3 \times \frac{1}{5} + \frac{3}{5}\right)\left(\frac{25}{48}A\right)$$

$$= 2A$$

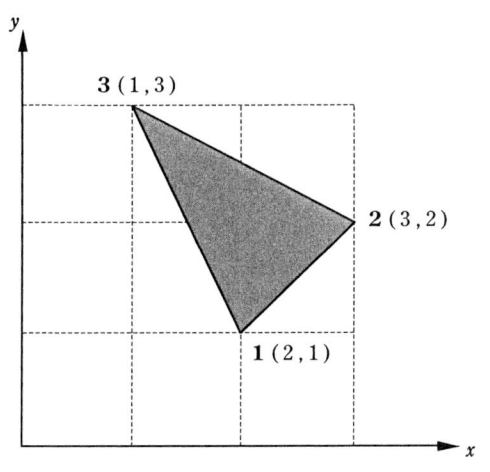

図 B.4　三角形領域の積分

$$\int_A y^2 dA = \sum_{k=1}^4 \left(\xi_1^k + 2\xi_2^k + 3\xi_3^k\right)^2 w_k$$

$$= \left(\frac{1}{3} + 2 \times \frac{1}{3} + 3 \times \frac{1}{3}\right)^2 \left(-\frac{27}{48}A\right) + \left(\frac{3}{5} + 2 \times \frac{1}{5} + 3 \times \frac{1}{5}\right)^2 \left(\frac{25}{48}A\right)$$

$$+ \left(\frac{1}{5} + 2 \times \frac{3}{5} + 3 \times \frac{1}{5}\right)^2 \left(\frac{25}{48}A\right) + \left(\frac{1}{5} + 2 \times \frac{1}{5} + 3 \times \frac{3}{5}\right)^2 \left(\frac{25}{48}A\right)$$

$$= \frac{25}{6}A$$

4 点積分公式が 3 次以上の多項式に対して厳密なので，計算された値は厳密値となる．

B.4　2 重特異積分

Poisson 方程式 (7.105) に対する積分 (4.30)，あるいは平面静弾性問題に対する積分 (7.105) と (7.116) を計算するための領域離散化法では，被積分関数が $\ln r$，$1/r$ または $1/r^2$ のような振る舞いをする 2 重積分を評価する必要がある．場の点が配置されている要素上で積分を実行するとき，これらの積分は特異または超特異積分となる．いくつかの特別な手法がこれらの積分の評価のために開発されている [9]．ここで紹介する方法は比較的簡単でありかつ効率的な手法である．それは Laplace 方程式の基本解に対して文献 [10] で開発されたものである．ここでは Navier の方程式に対しても拡張する．

B.4.1　Laplace 方程式に対する基本解の領域積分

e 番目の要素上の領域積分に関して考える．

$$\int_{\Omega^e} v \, d\Omega \tag{B.35}$$

ただし，$v(r)$ は Laplace 方程式の基本解である．

$$v = \frac{1}{2\pi} \ln r, \qquad r = |Q-P| \quad (P, Q \in \Omega^e) \tag{B.36}$$

領域積分 (B.35) は，境界 Γ^e 上の正則な線積分に変換することにより評価できる．これは次の Green の恒等式を用いることで達成される．

$$\int_{\Omega^e} \left(u \nabla^2 U - U \nabla^2 u \right) d\Omega = \int_{\Gamma^e} \left(u \frac{\partial U}{\partial n} - U \frac{\partial u}{\partial n} \right) ds \tag{B.37}$$

関数 u と U は以下のように定義される．

$$u = 1, \qquad \nabla^2 U = v^* \tag{B.38}$$

ただし，

$$v^* = \frac{1}{2\pi} (\ln r + 1) \tag{B.39}$$

なので，次式となる．

$$\int_{\Omega^e} v^* \, d\Omega = \int_{\Gamma^e} \frac{\partial U}{\partial n} ds \tag{B.40}$$

式 (B.36) と (B.39) を結合することで次式を得る．

$$\int_{\Omega^e} v \, d\Omega = \int_{\Omega^e} v^* \, d\Omega - \frac{A^e}{2\pi}$$
$$= \int_{\Gamma^e} U_n \, ds - \frac{A^e}{2\pi} \tag{B.41}$$

ただし，A^e は e 番目要素の面積である．

式 (B.38) の第 2 式を極座標で表すことで，関数 U が求められる．すなわち，

$$\frac{1}{r} \frac{d}{dr} \left(r \frac{dU}{dr} \right) = \frac{1}{2\pi} (\ln r + 1)$$

であり，上式を 2 回続けて積分すれば次式を得る．

$$U = \frac{1}{8\pi} r^2 \ln r \tag{B.42}$$

領域積分が v の導関数を含む場合は，式 (B.41) の関数 U は対応する導関数で置き換えられる．すなわち，

$$\int_{\Omega^e} v_{,m} \, d\Omega = \int_{\Gamma^e} U_{,mm} \, ds \qquad (m = x, y, xx, xy, yy) \tag{B.43}$$

ただし，コンマに続く添字は微分を表す．

導関数 $U_{,n}$ と $U_{,mn}$ は次の関係から計算される．

$$U_{,n} = \frac{1}{8\pi}\left(2\ln r+1\right)rr_{,n} \tag{B.44a}$$

$$U_{,xn} = -\frac{1}{8\pi}\left[(2\ln r+1)\cos(\alpha+\phi)+2\cos\alpha\cos\phi\right] \tag{B.44b}$$

$$U_{,yn} = -\frac{1}{8\pi}\left[(2\ln r+1)\sin(\alpha+\phi)+2\sin\alpha\sin\phi\right] \tag{B.44c}$$

$$U_{,xxn} = \frac{1}{4\pi r}\left(\cos\phi-\sin 2\alpha\sin\phi\right) \tag{B.44d}$$

$$U_{,xyn} = \frac{1}{4\pi r}\cos 2\alpha\sin\phi \tag{B.44e}$$

$$U_{,yyn} = \frac{1}{4\pi r}\left(\cos\phi+\sin 2\alpha\sin\phi\right) \tag{B.44f}$$

ただし,$\alpha = \text{angle}(\mathbf{x},\mathbf{r})$ および $\phi = \text{angle}(\mathbf{r},\mathbf{n})$ である (図 A.1 参照).

B.4.2 Navier の方程式に対する基本解の領域積分

e 番目の要素上での領域積分に関して考えよう.

$$\int_{\Omega^e} v^* d\Omega \tag{B.45}$$

ただし,

$$v^* = U_{\xi x} \quad , \quad U_{\eta x} \quad , \quad U_{\xi y} \quad , \quad U_{\eta y} \tag{B.46}$$

式 (B.45) の積分は,境界 Γ^e 上での正則な線積分に変換して評価することができる.このことは式 (7.139) と (7.140) を用いることで達成される.例えば,式 (7.135) と (7.139) におけるポテンシャル関数として $V = \xi$ を選択すれば次式となる.

$$\int_{\Omega^e} U_{\xi x} d\Omega = \frac{2(1-\bar{\nu})}{8\pi G}\int_{\Gamma^e}\left[\xi\left(\frac{\partial\phi_{,\xi}}{\partial n}\right)-\phi_{,\xi}n_x\right]ds$$

$$+ \int_{\Gamma^e}(U_{\xi x}n_x+U_{\eta x}n_y)\,ds \tag{B.47}$$

核関数 $T_{\xi x}$, $T_{\eta x}$, $T_{\xi y}$, $T_{\eta y}$, $\sigma_{x\xi}$, $\sigma_{x\eta}$, $\cdots$, $\tau_{xy\eta}$, $\bar{\sigma}_{x\xi}$, $\bar{\sigma}_{x\eta}$, $\cdots$, $\bar{\tau}_{xy\eta}$ は式 (B.45) の導関数の項で表され,それらは線積分に変換された後に評価される.

B.5 参考文献

[1] Scheid, F., 1968. *Numerical Analysis*, Schaums Outline Series, McGraw-Hill, New York.
[2] Abramowitz, M. and Stegun, I. (eds.), 1972. *Handbook of Mathematical Functions*, 10th edition, Dover Publications, New York.
[3] Stroud, A.H. and Secrest, D., 1966. *Gaussian Quadrature Formulas*, Prentice Hall, Inc., Englewood Cliffs, New Jersey.
[4] Katsikadelis, J.T., 1990. A Boundary Element Solution to the Vibration Problem

of plates, *Journal of Sound and Vibration*, Vol.141, pp.313-322.

[5] Davis, P. and Rabinowitz, P., 1975. *Methods of Numerical Integration*, Academic Press, New York.

[6] Eisenberg, M.A. and Malvern, L.E., 1973. On Finite Element Integration in Natural Coordinates, *International Journal for Numerical Methods in Engineering*, Vol.7, pp.574-575.

[7] Gallagher, R.H., 1975. *Finite Element Analysis Fundamentals*, Prentice Hall, Englewood Cliffs, New Jersey.

[8] Hammer, P.C., Marlowe, O.J. and Stroud, A.H., 1956. Numerical Integration over Simplexes and Cones, *Mathematical Tables and Other Aids to Computation*, Vol.X, pp.130-137.

[9] Sladek, V. and Sladek, J. (eds.), 1998. *Singular Integrals in Boundary Element Methods*, Computational Mechanics Publications, Southampton.

[10] Katsikadelis, J.T., 1994. The Analog Equation Method. A Powerful BEM-based Solution Technique for Linear and Nonlinear Engineering Problems, in: Brebbia, C.A. (ed.), *Boundary Element XVI*, pp.167-183.

演習問題の解法

2 章

2.1 解答：

(i) $\displaystyle\int_\Gamma \frac{x^2}{2} n_x ds$ または $\displaystyle\int_\Gamma xy n_y ds$

(ii) $\displaystyle\int_\Gamma xy n_x ds$ または $\displaystyle\int_\Gamma \frac{y^2}{2} n_y ds$

(iii) $\displaystyle\int_\Gamma \frac{x^2 y}{2} n_x ds$ または $\displaystyle\int_\Gamma \frac{xy^2}{2} n_y ds$

(iv) $\displaystyle\int_\Gamma \frac{x^3}{3} n_x ds$ または $\displaystyle\int_\Gamma x^2 y n_y ds$

(v) $\displaystyle\int_\Gamma xy^2 n_x ds$ または $\displaystyle\int_\Gamma \frac{y^3}{3} n_y ds$

(vi) $\displaystyle\int_\Gamma \frac{1}{3}\left(x^3 n_x + y^3 n_y\right) ds$ または $\displaystyle\int_\Gamma xy\left(y n_x + x n_y\right) ds$

(vii) $\displaystyle\int_\Gamma \sin x\, n_x ds$ または $\displaystyle\int_\Gamma y \cos x\, n_y ds$

2.2 ヒント：

(a) デカルト座標系から極座標系への変換の関係を用いる．
$$x = r\cos\theta, \qquad y = r\sin\theta$$

(b) 極座標系における導関数の微分の連鎖則を適用する．
$$\frac{\partial}{\partial x} = r_{,x}\frac{\partial}{\partial r} + \theta_{,x}\frac{\partial}{\partial \theta}, \quad \frac{\partial}{\partial y} = r_{,y}\frac{\partial}{\partial r} + \theta_{,y}\frac{\partial}{\partial \theta}$$

$$r_{,x} = \cos\theta, \quad r_{,y} = \sin\theta, \quad \theta_{,x} = -\frac{\sin\theta}{r}, \quad \theta_{,y} = \frac{\cos\theta}{r}$$

(c) 2 階の導関数を得るために微分を繰り返し，極座標系のラプラシアンを得るためにそれらを加える．

$$\nabla^2 = \frac{\partial^2}{\partial r^2} + \frac{1}{r}\frac{\partial}{\partial r} + \frac{1}{r^2}\frac{\partial^2}{\partial \theta^2}$$

軸対称の $v = v(r)$ に対しては以下のようになる．

$$\nabla^2 = \frac{\partial^2}{\partial r^2} + \frac{1}{r}\frac{\partial}{\partial r} = \frac{1}{r}\frac{\partial}{\partial r}\left(r\frac{\partial}{\partial r}\right)$$

(d) 方程式の特解を確立する．
$$\nabla^2 U = \ln r$$
(e) $u=1$ と U に Green の恒等式を適用して次式を得る．
$$\int_\Omega \ln r\, d\Omega = \int_\Gamma \frac{\partial U}{\partial n} ds$$
ただし，
$$U = \frac{1}{4}r^2 (\ln r - 1)$$

2.3 解答：

(i) $\int_a^b \delta(x-x_0)\, dx = 1$

(ii) $\int_a^b \delta(kx) f(x)\, dx = \dfrac{f(0)}{|k|}$

(iii) $\int_a^b \delta(-x)\, dx = 1$

(iv) $\int_a^b \delta^{(n)}(x) \phi(x)\, dx = (-1)^n \phi^{(n)}(x_0)$

2.4 ヒント：式 (2.40) を適切に用いる．

2.5 ヒント：$x = r\cos\phi,\ y = r\sin\phi$ に対して式 (2.40) を用いて以下の式を得る．
$$\delta(P-P_0) = \delta(x-x_0)\delta(y-y_0) = \frac{\delta(r-r_0)\delta(\theta-\theta_0)}{r}$$

2.6 ヒント：以下の積分のすべての項に Gauss-Green の定理を u の導関数すべてが消去されるまで適用し，境界積分の項にまとめる．
$$\int_\Omega vL(u)\, d\Omega$$

2.7 ヒント：u と $v=1$ に対して Green の恒等式を適用する．

2.8 解答：

(iii) $\int_\Omega [vL(u) - uL^*(v)]\, d\Omega = \int_\Gamma \left[v\dfrac{\partial u}{\partial n} - u\dfrac{\partial v}{\partial n} + uv(\mathbf{a}\cdot\mathbf{n}) \right] ds$

3章

3.1 解答：
$$u = \frac{1}{12} xy (x^2 y + xy^2)$$

3.2 解答：
$$\int_\Omega vf\, d\Omega = \frac{1}{4} R^2 (2\ln R - 1) f(x_0, y_0), \quad f(x_0, y_0) = \alpha_0 + \alpha_1 x_0 + \alpha_2 y_0$$

3.3
(i) ヒント：式 (3.49) を用い，それを x に関して微分する．付録 B の B.4 節も参照せよ．

(ii) ヒント：次式を満足する関数 F を求める．
$$\nabla^2 F = x^2 + y^2$$
その後 $v = \ln r / 2\pi$，$u = F$ に対して Green の恒等式を適用し，x に関して微分を行い式 (2.42) を用いる．

3.4
ヒント：最初に積分方程式 (3.18) が以下のように書けることを示す．
$$u(P) = -\int_\Gamma \left\{ v(P,q) \frac{\partial u(q)}{\partial n_q} - [u(q) - u(p)] \frac{\partial v(P,q)}{\partial n_q} \right\} ds_q + u(p)$$
ただし，点 p は Γ 上にある．次に，$\partial u / \partial n_p$ を得るため方向 n に関して微分し，境界上の点 $p \in \Gamma$ の法線方向に一致するように n を選択した極限操作 $P \to p \in \Gamma$ を行う．極限操作は 3.3 節の操作と類似したものである．同じ方法で $\partial u / \partial t_p$ を求める．境界が滑らかな点 p に対して次式が求められる．
$$\frac{1}{2} \frac{\partial u(p)}{\partial n_p} = -\int_\Gamma \left\{ \frac{\partial v(p,q)}{\partial n_p} \frac{\partial u(q)}{\partial n_q} - [u(q) - u(p)] \frac{\partial^2 v(p,q)}{\partial n_p \partial n_q} \right\} ds_q$$
$$\frac{1}{2} \frac{\partial u(p)}{\partial t_p} = -\int_\Gamma \left\{ \frac{\partial v(p,q)}{\partial t_p} \frac{\partial u(q)}{\partial n_q} - [u(q) - u(p)] \frac{\partial^2 v(p,q)}{\partial t_p \partial n_q} \right\} ds_q$$

3.5
ヒント：$p \in \Gamma$ に対して $\partial u / \partial n_p$ と $\partial u / \partial t_p$ の積分表示式を用い，$\partial u / \partial x$ と $\partial u / \partial y$ に対する表示式を導く．

4 章

4.1
ヒント：6 章のプログラム FLUIDCON のサブルーチン DERIV を参照せよ．

4.3
ヒント：

(a) マトリックス $[H]^1$，$[G]^1$，$[H]^2$ と $[G]^2$ を評価せよ．

領域 Ω_1 は等方性である．境界積分方程式は式 (3.29) で与えられ，離散化すれば次式となる．
$$[H]^1 \{u\}^1 = [G]^1 \{q_n\}^1, \quad \{q_n\}^1 = \{u_{,n}\}^1 \quad (u_{,n} = \nabla u \cdot \mathbf{n})$$
マトリックス $[H]^1$，$[G]^1$ は 4.3 節で述べられた方法で評価される．

領域 Ω_2 は直交異方性である．境界積分方程式は式 (3.79) で与えられ，離散化すると次式になる．
$$[H]^2 \{u\}^2 = [G]^2 \{q_n\}^2, \quad \{q_n\}^2 = \{u_{,m}\}^2 \quad (u_{,m} = \nabla u \cdot \mathbf{m})$$
ただし，
$$H_{ij} = \int_{\Gamma_j} \frac{1}{2\pi \sqrt{|D|}} \frac{r_{,m}}{r} ds_q - \frac{1}{2} \delta_{ij}$$
$$G_{ij} = \int_{\Gamma_j} \frac{1}{2\pi \sqrt{|D|}} \ln r \, ds_q$$

上式で,
$$r(q, p_i) = \sqrt{\frac{(\xi - x_i)^2}{k_{xx}} + \frac{(\eta - y_i)^2}{k_{yy}}}$$

$q : (\xi, \eta) \in \Gamma_j$, $p_i : (x_i, y_i) \in \Gamma_i$ である.これらのマトリックス成分は 4.3 節で記述したのと類似の方法で評価できる.

(b) 外側の境界上で規定された境界条件と界面での連続条件を用いて,4.9 節で示したマトリックス $[A]$ と $\{B\}$ を求める.

5 章

5.1 解答:

(i) $\psi_1 = -\dfrac{1}{16} + \dfrac{1}{16}\xi + \dfrac{9}{16}\xi^2 - \dfrac{9}{16}\xi^3$, $\psi_2 = \dfrac{9}{16} - \dfrac{27}{16}\xi - \dfrac{9}{16}\xi^2 + \dfrac{27}{16}\xi^3$

$\psi_3 = \dfrac{9}{16} + \dfrac{27}{16}\xi - \dfrac{9}{16}\xi^2 - \dfrac{27}{16}\xi^3$, $\psi_4 = -\dfrac{1}{16} - \dfrac{1}{16}\xi + \dfrac{9}{16}\xi^2 + \dfrac{9}{16}\xi^3$

(ii) $\psi_1 = -\dfrac{1}{6} + \dfrac{1}{6}\xi + \dfrac{2}{3}\xi^2 - \dfrac{2}{3}\xi^3$, $\psi_2 = \dfrac{2}{3} - \dfrac{4}{3}\xi - \dfrac{2}{3}\xi^2 + \dfrac{4}{3}\xi^3$

$\psi_3 = \dfrac{2}{3} + \dfrac{4}{3}\xi - \dfrac{2}{3}\xi^2 - \dfrac{4}{3}\xi^3$, $\psi_4 = -\dfrac{1}{6} - \dfrac{1}{6}\xi + \dfrac{2}{3}\xi^2 + \dfrac{2}{3}\xi^3$

5.2 扇形の厳密な面積は次のように与えられる.
$$A_{\text{exact}} = \frac{\theta_0}{2}R^2 \Rightarrow A_{\text{exact}} = \frac{3\pi}{8}$$

(i) 線形要素近似したとき:$A_{\text{linear}} = \frac{1}{2}R^2 \sin\theta_0$

(ii) 2 次要素近似は次の手順で行われる:

    a) 面積を評価するために極座標を用いる.
$$A = \frac{1}{2}\int_0^{\theta_0} r^2 d\theta$$

    b) 積分区間を $[-1 \leq \xi \leq 1]$ に変換する.
$$A = \frac{1}{2}\int_{-1}^{1} \sqrt{x(\xi)^2 + y(\xi)^2} \, |J(\xi)| \, d\xi$$

ただし,$x(\xi)$ と $y(\xi)$ は式 (5.66) より得られ,ヤコビアン $|J(\xi)|$ は式 (5.68) から求まる.

    c) 4 点の Gauss 積分を用いて積分を評価する.

(iii) 立方体要素に対する近似では,まず次の式を確立する.
$$x(\xi) = \sum_{k=1}^{4} x_k \psi_k(\xi), \qquad y(\xi) = \sum_{k=1}^{4} y_k \psi_k(\xi)$$

上式の 4 つの節点の既知の座標は次式で与えられる.

$$x_k = R\cos\left[(k-1)\frac{\theta_0}{3}\right], \qquad y_k = R\sin\left[(k-1)\frac{\theta_0}{3}\right]$$

ただし，$k=1,2,3,4$ である．形状関数 $\psi_k(\xi)$ は問題 5.1-(i) で求められるものである．次に，(ii) の場合と同じ手順で面積分を評価する．
3種類の要素で計算された面積の計算値と厳密値を次の表に示す．

	厳密値	線形要素	2次要素	立方体要素
部分区間	1.178097	1.164686	1.178086	1.178099
誤差 (%)	0	1.14	9.34×10^{-6}	-1.70×10^{-6}

5.3 被積分関数は $x=2.5$ でピークをもつ (以下の図を参照)．積分区間は以下に示すような部分区間に分割され，Gauss の積分がそれぞれに適用される．

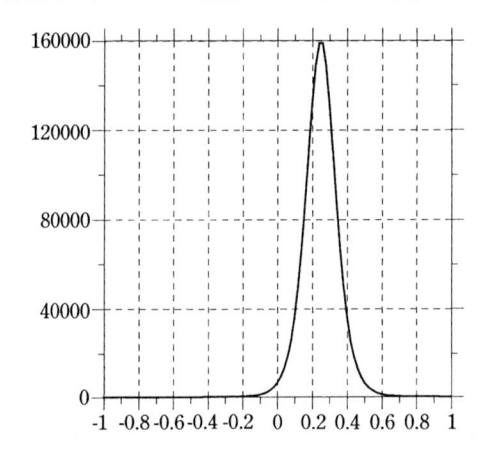

部分区間の数	部分区間	ガウス点の数	$\int_{-1}^{1}\dfrac{dx}{[(x-0.25)^2+0.05]^4}$
4	$[-1.00,+0.10]$	8	35124.17
	$[+0.10,+0.25]$	6	
	$[+0.25,+0.40]$	6	
	$[+0.40,+1.00]$	8	
厳密解			35123.22

5.4 ヒント：積分区間を $[-1\le\xi\le+1]$ に変換して，Gauss 積分をそれを評価するために用いる．以下の手順を踏んで評価する．

(a) 2次要素上の点の座標を式 (5.63) を用いて ξ の項で表す．すなわち，
$$x(\xi) = 4.30\psi_1(\xi)+4.10\psi_2(\xi)+3.80\psi_3(\xi)$$
$$y(\xi) = 2.50\psi_1(\xi)+2.90\psi_2(\xi)+3.20\psi_3(\xi)$$

(b) 以下の形の被積分関数を得るために $r(\xi)$ と $|J(\xi)|$ の表示式を求める．

$$f(\xi) = \psi_1(\xi) \ln[r(\xi)] |J(\xi)|$$
$$= -\frac{1}{2}\xi(1-\xi)\ln\left\{\sqrt{[x(\xi)-4.15]^2+[y(\xi)-2.65]^2}\right\} \times \sqrt{[x'(\xi)]^2+[y'(\xi)]^2}$$

(c) 積分が正則か特異であるかを調べる.このために,$r(\xi)$ が最小となる $\xi = \xi_0$ を求め,同様に $r(\xi_0)$ と $f(\xi_0)$ を求める(答え:$\xi_0 = -0.56595534$, $r(\xi_0) = 0.08357687$, $f(\xi_0) = -0.49520518$).したがって,積分は特異でも特異に近いものでもない.このことはまた図示の被積分関数のグラフより明らかである.

(d) Gauss 積分を用いて積分を評価する.
$$\int_{-1}^{1} f(\xi)\,d\xi \simeq \sum_{k=1}^{n} f(\xi_k) w_k = I_n \Rightarrow \begin{cases} I_4 = -0.34181408 \\ I_6 = -0.35966759 \\ I_8 = -0.35957404 \end{cases}$$

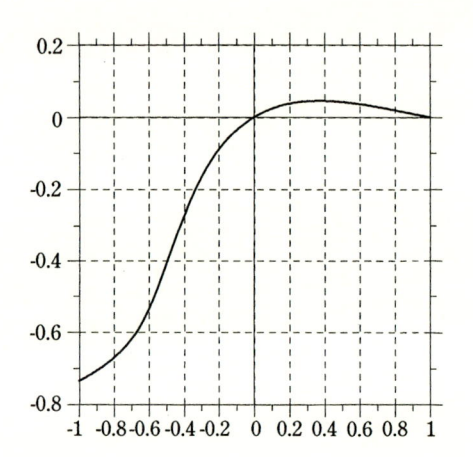

5.5 ヒント:

(a) j 番目の要素長を計算する.
$$l_j = \frac{2}{\kappa}\sqrt{(x_2-x_1)^2+(y_2-y_1)^2} = 1.166190$$

(b) 式 (5.27) と式 (5.32) および (5.35) を用いて g_1^{ij} を評価する.

(c) 式 (5.36) と式 (5.37) および (5.38) を用いて g_2^{ij} を評価する.

ソース点 i が積分が実行される要素 j の局所的に番号付けした節点 1 と 2 一致するとき,影響係数は次のようになる.

$$\text{点 } \xi_1 = -0.5 \text{ の節点 } i \text{ に対して:} \quad g_1^{1j} = -0.215355, \quad g_2^{1j} = -0.039519$$
$$\text{点 } \xi_2 = +0.5 \text{ の節点 } i \text{ に対して:} \quad g_1^{2j} = -0.046087, \quad g_2^{2j} = -0.184665$$

6 章

6.1 3つの断面形状に対して必要とされる値を評価するためにプログラム TORSCON を用いる．計算値が厳密値あるいは他の近似によって得られた値とともに，以下の表に示されている．

断面	解法	$\dfrac{I_t}{h^4}$	$\dfrac{\max \tau_{tz}}{G\theta h}$
	BEM(N=250)	0.028593	0.464960
	解析解 [1]	0.028585	0.465030
	BEM(N=250)	0.053527	0.779140
	近似解 [2]	0.051157	
	BEM(N=250)	0.053780	0.677690
	近似解 [2]	0.057911	

[1] 例題 6.2 参照
[2] 文献 [19] の 6 章参照

6.2 ヒント：同次解と特解の和として解を探索する．

$$u = u_0 + u_1$$

(a) 特解は 3.4.2 項で記述した手順により得られる．

$$\nabla^2 u_1 = -\frac{1}{30}x$$

上式より次式を得る．

$$u_1 = -\frac{x\left(x^2+y^2\right)}{240}$$

(b) 同次解は以下に示す境界値問題をプログラム LABECON を用いて得られる．

$$\nabla^2 u_0 = 0 \quad \text{in } \Omega$$
$$u_0 = \frac{x\left(x^2+y^2\right)}{240} \quad \text{on } \Gamma$$

解答：N=200 の境界要素を用いて $u(a/2, b/3) = 0.018\,\text{m}$

6.3 ヒント：プログラム LABECONMU を用いる．

6.4 ヒント：境界の断熱部分では $T_n = 0$ である．

解答：軸対称の断面上での選択された点における温度 T の値は，N=240 でプログラム LABECON を用いて得られ，その結果が以下の表で与えられる．

y	0.05	0.25	0.45	0.65	0.85
T	14.54	32.67	50.82	67.35	77.86

6.5 ヒント：4.9節で記述した手順(領域分割法)によりプログラム LABECON を，そのプログラムが複合領域にも適用できるように修正する．
6.6 ヒント：問題 4.2 の要求を満たすように開発したプログラムを用いる．
6.7 ヒント：プログラム FLUIDCON を用いる．
解答：流出断面での選択された点での速度成分 v_n の値は，N=240 としたプログラム FLUIDCON を使用して得られる．その結果は以下の表で与えられる．

y	1.70	1.30	0.90	0.50	0.10
v_n	0.484	0.492	0.503	0.512	0.516

7章

7.1 初期ひずみ $\{\varepsilon_0\}$ が与えられているとき，式 (7.13) を用いて対応する応力 $\{\sigma_0\}$ を求める．次に，式 (7.26) を $b_x = b_y = 0$ とした釣り合い方程式 (7.18) に代入すると次式を得る．

$$\nabla^2 u + \frac{1}{1-2\nu}\left(\frac{\partial^2 u}{\partial x^2} + \frac{\partial^2 v}{\partial x \partial y}\right) + \frac{1}{G}b_x^0 = 0$$

$$\nabla^2 v + \frac{1}{1-2\nu}\left(\frac{\partial^2 u}{\partial x \partial y} + \frac{\partial^2 v}{\partial y^2}\right) + \frac{1}{G}b_y^0 = 0$$

ただし，

$$b_x^0 = -\left(\frac{\partial \sigma_x^0}{\partial x} + \frac{\partial \tau_{xy}^0}{\partial y}\right)$$

$$b_y^0 = -\left(\frac{\partial \tau_{xy}^0}{\partial x} + \frac{\partial \sigma_y^0}{\partial y}\right)$$

初期ひずみによる境界表面力は，式 (7.26) を (7.22) に代入し次式が成立することを考慮することで得られる．

$$t_x = t_x^t - t_x^0 = 0$$
$$t_y = t_y^t - t_y^0 = 0$$

ただし，t_x^t と t_y^t は境界の表面力を表している．導出される式は以下のようになる．

$$t_x^t = t_x^0 = -\left(\sigma_x^0 n_x + \tau_{xy}^0 n_y\right)$$
$$t_y^t = t_y^0 = -\left(\tau_{xy}^0 n_x + \sigma_y^0 n_y\right)$$

したがって，初期ひずみによる変位場 u_0 と v_0 は，領域 Ω 内での相当物体力 b_x^0 と b_y^0 と境界 Γ 上で規定された表面力 t_x^0 と t_y^0 によるものである．この場合，境界積分方程式は式 (7.90) で b_x, b_y と t_x, t_y を，それぞれ b_x^0, b_y^0, t_x^0, t_y^0 で置き換えることで導出される．この問題をプログラム ELBECON を用いて解く場合，マトリックス $[H]$ の逆行列が求められるように，物体の剛体運動を抑制するように注意しなくてはならない．

7.2 温度変化 $\Delta T(x,y)$ に起因する初期応力の分布は式 (7.28) により与えられ，相当物体力は次のようになる (問題 7.1 の解答を参照)．

$$b_x^0 = -\frac{\bar{E}\alpha}{1-\bar{\nu}}\frac{\partial \Delta T}{\partial x} = 0, \quad b_y^0 = -\frac{\bar{E}\alpha}{1-\bar{\nu}}\frac{\partial \Delta T}{\partial y} = 0$$

一方,境界表面力は次式となる.

$$t_x^0 = \frac{\bar{E}\alpha \Delta T}{1-\bar{\nu}}n_x = 222.22 n_x, \quad t_y^0 = \frac{\bar{E}\alpha \Delta T}{1-\bar{\nu}}n_y = 222.22 n_y$$

この問題の解は以下の3つの手順で求められる:

(a) 温度変化による変位の評価.断面の2軸対称性により,解析対象は下方左の四分の一に限定できる(図を参照).この問題は図示のような境界条件でプログラム ELBECON を用いて解かれる.

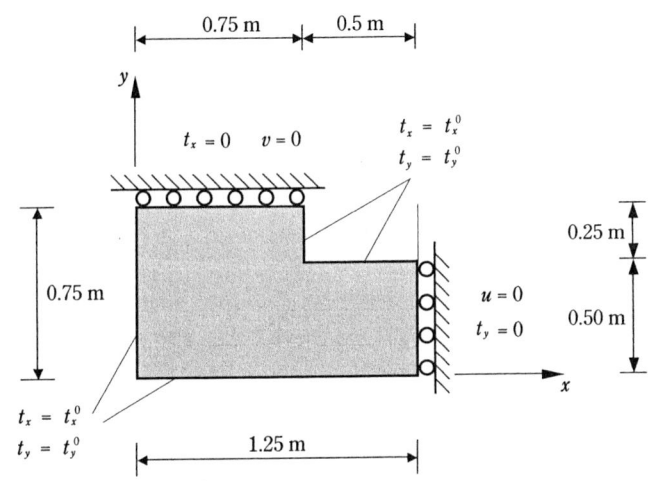

(b) 以下の境界条件に従うすべての領域に対しての問題を解く.

外側の境界上: $u(0,y) = -u^0(0,y), \; t_y(0,y) = 0$
$v(x,0) = -v^0(x,0), \; t_x(x,0) = 0$
$u(2.5,y) = -u^0(2.5,y), \; t_y(2.5,y) = 0$
$t_x(x,1.5) = 0, \; t_y(x,1.5) = 0$

内側の境界上: $t_x = 0, \; t_y = 0$ (表面力無し)

(c) 手順 (a) と (b) の解を重ね合わせる.

N=348 個の境界要素に対する数値解は以下の表に与えられる.

y	$x=0$		$x=0.425$				
	$v \times 10^3$	t_x	$u \times 10^3$	$v \times 10^3$	σ_x	σ_y	τ_{xy}
0.3125	0.366	145.71	0.040	0.371	−166.29	15.90	21.50
0.5125	0.577	120.34	0.115	0.595	−118.07	2.93	40.49
0.9875	1.018	119.13	0.126	−0.616	−111.11	−1.93	−27.24
1.1875	1.216	150.09	0.043	−0.477	−164.88	8.29	−12.87

7.3 ヒント:
(a) 温度変化に対する変位場と応力場を,問題7.2のような2段階の手順で決定する.しかしながらこの問題では0にはならない次の物体力を含む.

$$b_x^0 = -\frac{\bar{E}\alpha}{1-\bar{\nu}}\frac{\partial T}{\partial x}, \quad b_y^0 = -\frac{\bar{E}\alpha}{1-\bar{\nu}}\frac{\partial T}{\partial y}$$

しかし,物体力を含む領域積分を式(7.139)と(7.140)により境界線積分に変換することが可能であり,それらはポテンシャルT ($\nabla^2 T = 0$) から導出される.この問題を解くに当たって必要なことは,プログラムELBECONを物体力より生じる式(7.111)のベクトル$\{F\}$を含むように修正しなければならないことである.

(b) (a)で得られた解を内圧に対する解と重ね合わせ,パイプの変形と応力を求める.

7.4 ヒント:例題7.1で導出した関連する式を用いて特解u_1, v_1を決定する.次に,式(7.124)において示されたように,境界条件を適切に修正した後,プログラムELBECONを用いる.

7.5 解答:

$$u_G = u_H = 7.3699\times 10^{-3}\,\mathrm{m}$$

$$K_{\mathrm{el}} = \frac{P_{\mathrm{total}}}{u_G} = \frac{2\times 750\,\mathrm{kN/m}\times 0.60\,\mathrm{m}}{7.3699\times 10^{-3}\,\mathrm{m}} = 1.22118\times 10^5\,\mathrm{kN/m}$$

ここで3つの梁要素(せん断変形も考慮する)をもつ与えられた骨組構造をモデル化し,その構造が2つの柱の底辺で固定されていることを考慮すると,横方向の変位とそれに対応する剛性は以下のようになる.

$$u_{\mathrm{beam}} = 7.6\times 10^{-3}\,\mathrm{m}$$
$$K_{\mathrm{beam}} = 1.18421\times 10^5\,\mathrm{kN/m}$$

索　引

ア　行

アイソパラメトリック要素　78
アナログ方程式法　6

一定要素　40, 42
異方性体　33
　──のねじり　128

渦なしの流れ　141
内側積分　89
運動学的関係　151
運動学的条件　25

影響係数　42
エネルギー保存則　136

応力　165, 172, 175, 176
Ohm の法則　146

カ　行

外部領域　54
Gauss-Green の定理　12
Gauss 点 (積分点)　210
Gauss の数値積分　209
　重み　210
　正則関数　209
Gauss の積分法　45, 217
Gauss の発散定理　14
Gauss-Legendre 積分　213
かど点　26, 40, 85, 169
Galerkin 関数　161
Galerkin ベクトル　162, 178, 179

間接法　23

記号関数　20
疑似特異積分　104
基準点　42
基本解　4
　──の導関数　44
　異方性体　34
　弾性問題　160
　Laplace 方程式　23
基本的条件　137
境界積分方程式　28, 29, 36, 168
境界積分方程式法　4
境界値問題
　混合問題　22
　弾性問題　155
　Dirichlet 問題　22
　Neumann 問題　22
　Robin 問題　23
境界要素　40
　不連続要素　42, 79
　要素間の連続性　40
　連続要素　79
極座標　32
距離 r の導関数　207

Green 関数　4, 25
Green の第 2 公式　14
Green のテンソル　164
クロネッカーデルタ　43

形状関数　83, 99
形状係数　195

Kelvin の解　161

高次要素　98
構成関係式　152
構成式　112, 128, 158
剛性マトリックス　154
剛体回転　117
後退差分　121
剛体変位　175
勾配　14
合モーメント　115
Cauchy 型特異性　96
Cauchy の四面体　156

サ　行

座標系　46
　局所座標系　46
　全体座標系　46
座標変換　19, 47
サブパラメトリック要素　78
三角形座標系　218

自己随伴　16
自然条件　25, 137
質量保存則　142
重調和演算子　134, 162
柔軟性マトリックス　154
初期応力　156
初期ひずみ　156

随伴作用素　15, 16
水平剛性　205
数値積分　93
スーパーパラメトリック要素　40, 78

静弾性問題　151
積分点　42, 46
節点　40
セル　49
線形要素　40, 79, 83
前進差分　121
線積分　45, 87

せん断弾性係数　130
Saint-Venant のねじり理論　111
全ポテンシャルエネルギー　131
全ポテンシャルエネルギー原理　132

相当弾性定数　153
外側積分　87

タ　行

Darcy の法則　146
対数特異性　49, 89
　――の数値積分公式　216
多重連結領域　65
単純支持版の曲げ問題　134
弾性定数　152, 158

中心差分　121
調和演算子　15
直接法　23

釣り合い方程式　113, 154, 158

Taylor 級数展開　120
Dirac デルタ関数　16, 18
　――の導関数　20
　1 次元のデルタ関数　18
　2 次元のデルタ関数　18
適合関係　28
伝導率マトリックス　136

特異積分　89
特解　29, 51, 132, 162, 177-179

ナ　行

内積　14
流れの安定条件　142
Navier 演算子　160
Navier の釣り合い方程式　155
Navier 方程式　177

2 重積分　216
　三角形領域　218

長方形領域　217
2重相反法 (DRM)　49
　選点　50
　半径基底関数 (RBF)　50
2重特異積分　223
2次要素　40, 98

ねじり剛性　115
ねじり剛性係数　115
ねじり中心　111, 116
ねじり定数　115
ねじりモーメント　129, 134
ねじり問題　111
熱応力　157, 159
熱伝導方程式　136
熱伝導問題　136
　対流条件　138
熱膨張係数　157
熱流　146
熱流束　136

ハ 行

発散　14
梁の理論　196

非圧縮性　141
ひずみ　151, 153
ひずみエネルギー　117, 131
　――の最小化条件　117
非適合要素　79
表面力　155, 165
　釣り合い　155

Fick の法則　146
Fourier の法則　72, 136, 146
複合領域　70
Hooke の法則　128
物体力　154, 157, 159, 177
部分積分　13
Prandtl の応力関数　119
プログラム ELBECON　181
プログラム FLUIDCON　143

プログラム LABECON　52
プログラム LABECONMU　66
プログラム TORSCON　121

平面応力　157
平面ひずみ　151
Betti の相反恒等式　159
Betti-Maxwell の法則　164
Hermite 多項式　103
変位　151, 175
　――の相互作用　164
変換のヤコビアン　20, 35, 47
変分の演算　132

補間多項式　83
ポテンシャル方程式　22
ポテンシャル問題　22
骨組構造　204
Poisson 比　134
Poisson 方程式　22, 49

マ 行

膜の線形たわみ理論　130
膜のたわみ問題　130
曲げ剛性　134
曲げモーメント　134

無次元化　80
無粘性　141

ヤ 行

有限要素法 (FEM)　2
ゆがみ関数　111

要素再分割法　106

ラ 行

Lamé の定数　152
Laplace 演算子　15
Laplace 方程式　22, 224

離散化　3, 42, 78

理想流体　141
流束　14
流体流れの問題　141
領域積分　31, 48, 177, 179, 180, 224, 225
領域分割法　70

Legendre の多項式　213

連続条件　72
　ポテンシャル　72
　流束　72
連続の式　141

訳者略歴

田中正隆(たなか まさたか)
- 1973年 大阪大学大学院工学研究科博士課程機械工学専攻修了
  アレキサンダー・フォン・フンボルト財団奨学研究員としてドイツ・シュツットガルト大学留学等を経て，
- 現　在　信州大学教授（工学部）
  工学博士
  日本機械学会・理事および同学会北陸信越支部・支部長，日本材料学会・理事および同学会北陸信越支部・支部長等を歴任し，現在は日本計算数理工学会・代表として境界要素法とその周辺技術の研究開発を行っている．
- 主　著　『境界要素法』(培風館, 1991, 共著)
  『逆問題のコンピュータアナリシス』(コロナ社, 1991, 共著)
  『詳解 境界要素法』(オーム社, 1993, 共訳)
  "Inverse Problems in Engineering Mechanics IV" (Elsevier, 2004, Ed.)

荒井雄理(あらい ゆうり)
- 2003年 信州大学大学院工学研究科機械システム工学専攻博士前期課程修了
- 同　年 信州大学助手（工学部）
  境界要素法とその周辺技術の研究開発を行い，現在に至る．

境界要素法—基本と応用—　　　　定価はカバーに表示

2004年10月25日　初版第1刷
2012年 4月25日　　　第2刷

訳　者　田　中　正　隆
　　　　荒　井　雄　理
発行者　朝　倉　邦　造
発行所　株式会社　朝　倉　書　店
　　　　東京都新宿区新小川町6-29
　　　　郵便番号　162-8707
　　　　電　話　03(3260)0141
　　　　ＦＡＸ　03(3260)0180
　　　　http://www.asakura.co.jp

〈検印省略〉

ⓒ 2004〈無断複写・転載を禁ず〉　　東京書籍印刷・渡辺製本

ISBN 978-4-254-23104-5　C 3053　　Printed in Japan

JCOPY ＜(社)出版者著作権管理機構 委託出版物＞
本書の無断複写は著作権法上での例外を除き禁じられています．複写される場合は，そのつど事前に，(社)出版者著作権管理機構（電話 03-3513-6969, FAX 03-3513-6979, e-mail: info@jcopy.or.jp）の許諾を得てください．

好評の事典・辞典・ハンドブック

物理データ事典	日本物理学会 編	B5判 600頁
現代物理学ハンドブック	鈴木増雄ほか 訳	A5判 448頁
物理学大事典	鈴木増雄ほか 編	B5判 896頁
統計物理学ハンドブック	鈴木増雄ほか 訳	A5判 608頁
素粒子物理学ハンドブック	山田作衛ほか 編	A5判 688頁
超伝導ハンドブック	福山秀敏ほか 編	A5判 328頁
化学測定の事典	梅澤喜夫 編	A5判 352頁
炭素の事典	伊与田正彦ほか 編	A5判 660頁
元素大百科事典	渡辺 正 監訳	B5判 712頁
ガラスの百科事典	作花済夫ほか 編	A5判 696頁
セラミックスの事典	山村 博ほか 監修	A5判 496頁
高分子分析ハンドブック	高分子分析研究懇談会 編	B5判 1268頁
エネルギーの事典	日本エネルギー学会 編	B5判 768頁
モータの事典	曽根 悟ほか 編	B5判 520頁
電子物性・材料の事典	森泉豊栄ほか 編	A5判 696頁
電子材料ハンドブック	木村忠正ほか 編	B5判 1012頁
計算力学ハンドブック	矢川元基ほか 編	B5判 680頁
コンクリート工学ハンドブック	小柳 洽ほか 編	B5判 1536頁
測量工学ハンドブック	村井俊治 編	B5判 544頁
建築設備ハンドブック	紀谷文樹ほか 編	B5判 948頁
建築大百科事典	長澤 泰ほか 編	B5判 720頁

価格・概要等は小社ホームページをご覧ください．